KB175218

건강기능식품의 개발

건강기능식품의 개발

허선진 · 이승연 · 이승재 · 최동수 지음

한국학술정보

본 저서는 농촌진흥청 2013년도 농업현장실용화기술개발 사업의 지원에 의해 수행된 연구(PJ009376012013)입니다. 지원에 감사를 드립니다.

　안전하고 건강에 유익한 식품에 대한 소비자의 욕구가 증가하고 있는 시대적인 상황에 편승하여 검증되지 않은 수많은 산야초 또는 식품 원료들이 약재, 건강보조식품, 건강식품 또는 건강기능식품 등으로 둔갑되어 판매되고 있으며, 이로 인한 소비자 피해가 급증하고 있는 실정이다. 식품의약품안전처에서는 2002년 8월에 "건강기능식품법"을 제정하고 공포하였으며, 2004년 1월에 이 법을 시행함으로써 "일반식품"과 "건강기능식품"을 명확하게 구분하고 있다. 그러므로 소비자들은 "건강기능식품"으로 허가받지 않은 모든 일반 식품이나 식품 원료에서는 기본적으로 질병발생 위험 감소나 생리활성기능 등과 같은 보건기능을 기대하지 않아야 한다. 뿐만 아니라 건강기능식품으로 허가를 받고 관련 마크를 획득하고 기능성을 표시한 제품 외에 모든 식품은 건강기능식품으로 판매되지 않아야 한다.

　예로부터 우리는 식품과 약을 하나로 인식하는 문화를 가지고 있으며, 많은 소비자들이 식품에서 의약품의 효능을 기대하고 있는 실정이다. 그러나 본 대표 저자는 식품과 건강기능식품 및 의약품은 각기 그들만의 고유한 기능을 가지고 있으며, 그들이 가지는 고유한 기능이 서로 혼동되어 소비자들에게 인식되지 않기를 희망한다. 이러한 이유로 식품학 전공자뿐만 아니라 식품산업체 종사자 및 일반 소비자들에게 건강기능식품에 관한 올바른 정보를 제공하고, 건강기능식품을 개발하고자 하는 모든 이들에게 올바른 제조 방법과 개발 기술을 제공할 수 있도록 건강기능식품 개발 순서대로 본 저서를 집필하였다.

　본 저서는 보건복지부, 농림축산식품부, 해양수산부, 식품의약품안전처, 농촌진흥청, 한국건강기능식품협회, 한국식품연구원 및 관련 기업 등의 법률자료 및 보고서뿐만 아니라 관련 논문과 저서 등의 자료를 발췌하고 취합하여 저술하였으며, 인용된 모든 자료에는 출처를 빠짐없이 표기하고자 노력하였다. 참고문헌 표기가 없는 문장은 단락의 끝 부분에 출처를 따로 표기하였다. 또한 영문과 한글 용어는 일치시키지 않고, 인용문헌에 있는 용어를 그대로 사용하였다.

본 저서에서 제시되는 방법이나 용어 등은 제안하거나 권고한다는 의미이며, 법적인 책임을 지지 않는다. 뿐만 아니라 관련 법률이나 절차 등은 계속해서 계정되거나 신규로 제정되고 있는바 해당 기간에 식품의약품안전처나 법제처 등에서 제공하는 최신 관련 법률을 참고하기 바란다. 그리고 저서에 제시된 실제 제품 사진들 중에는 건강기능식품이 아닌 외국 제품과 국내 제품도 포함하고 있으며, 이는 참고용으로 제시한 것으로써 해당 제품이 효능이 크다거나 구입을 권장한다는 의미가 아님을 밝혀둔다. 끝으로 본 저서가 출판되기까지 협조해준 한국학술정보(주) 관계자 여러분께 감사를 드린다.

2014년 12월

대표 저자 허선진

〈그림〉식품의약품안전처

- 위의 마크가 부착된 식품만이 "건강기능식품"이다.
- 마크가 부착되지 않은 모든 식품은 "일반식품"이며, 기본적으로 질병발생 위험 감소나 생리활성기능을 기대할 수 없다.
- 마크가 부착되지 않는 일반 식품을 구매하여 건강증진 효능을 기대하지 않아야 한다.
- 건강기능식품은 약이 아니며 질병을 치료하지 못한다.

식품의약품안전처에서 제시하는 올바른
건강기능식품 구매방법

1. 나에게 꼭 필요한 기능성이 무엇인가 생각한다

- 제품 표면에 표시된 [영양, 기능정보]를 확인한다.

- 내 몸에 알맞은 기능성을 갖춘 제품을 지혜롭게 선택한다.

2. [건강기능식품]이라는 문구 또는 마크가 있는지 확인한다

- 식품의약품안전처에서 인정·신고가 된 제품만 제품 포장에 [건강기능식품]

이라는 표시 또는 도안이 있으며, 제품 앞면에 이러한 표시가 없다면 식품의
약품안전처에서 인정한 것이 아니다.
- 제품 앞면에 먼저 [건강기능식품]이라는 문구 또는 마크가 있는지 확인한다.

- 제품 앞면에 문구 또는 마크가 없는 제품은 유사건강식품으로 무분별하게 사
  용하면 건강을 해칠 수 있다.
- 수입품의 경우 한글로 표시되어 있지 않다면 식품의약품안전처를 거쳐 정식
  수입된 것이 아니다.

3. 믿을 수 있는 표시·광고인지 확인한다
- 기능성을 인정받은 건강기능식품은 소비자에게 판매되기 전 제품 포장에 표
  시를 하거나 광고를 하게 된다. 이때 표시·광고하는 내용에 대해서 사전심의
  를 받아야 한다.
- 사전심의를 통과한 제품은 "사전심의필 도안"을 사용할 수 있다.
- 방송매체, 인쇄매체, 인터넷 등을 통한 표시·광고에 대하여 사전 심의를 통과
  한 제품들은 방송 중 자막 또는 멘트 등의 방법으로 "이 광고는 기능성 표시·
  광고 심의위원회의 심의를 받은 내용입니다" 등의 방법을 사용할 수 있다.

4. 안전한 섭취방법을 알아야 한다
- 건강기능식품은 일반식품과 달리 섭취량과 섭취방법이 정해져 있으므로 반드
  시 확인하고 이를 지켜야 한다. 또한 많이 섭취한다고 기능성이 더 좋아지는

것은 아니다.

- 건강기능식품에는 많은 성분들이 포함되어 있으므로 여러 제품을 동시에 섭취할 경우 각각의 성분들이 흡수를 방해하거나 부작용을 초래할 수 있다.

- 제품 표면에 표기된 "섭취 시 주의사항"을 확인하고 그에 합당하게 섭취한다.
- 의약품을 복용하고 있는 경우에는 의사와 먼저 상의한다. 의약품과 건강기능식품을 함께 복용할 경우 예상치 못한 부작용이 발생할 수 있다.

5. 우수한 품질인가를 알아야 한다

- [GMP] 마크를 먼저 확인한다.

- [우수건강기능식품제조 기준(Good Manufacturing Practice, GMP)]은 건강기능식품의 품질을 보증하기 위한 제조 및 품질관리 기준으로, 제조 및 품질관리가 우수한 업소는 "GMP 인증 도안을 사용할 수 있다.
- "GMP" 인증 도안이 있는 제품을 구매하면 좀 더 우수한 품질의 건강기능식품을 구매할 수 있다. 다만 "GMP" 인증을 받지 못한 업체라고 해서 잘못된 것은 아니다.

6. 건강기능식품의 유통기한이 충분한지 확인한다

- 자신이 섭취할 기간을 고려하여 유통기한이 충분히 남은 제품을 구매하여야 한다.
- 제품 표면에 기재된 저장이나 보관방법을 잘 따라야 한다.

7. 건강기능식품 관련 정보의 검색은 식품의약품안전처 건강기능식품 홈페이지
(http://www.foodnara.go.kr/hfoodi/)에서 검색한다

- 제품명, 업소명, 신고번호, 기능성 원료 등 건강기능식품 관련 정보를 검색하
여 올바른 구매와 섭취를 할 수 있도록 한다.

(이상 그림 출처: 식품의약품안전처)

제1장

건강기능식품의 정의

1. 건강기능식품의 정의

"건강기능식품"은 일상 식사에서 결핍되기 쉬운 영양소나 인체에 유용한 기능을 가진 원료나 성분을 사용하여 제조한 식품으로 건강을 유지하는 데 도움을 주는 식품이다. 식품의약품안전처는 동물시험, 인체적용시험 등 과학적 근거를 평가하여 기능성 원료를 인정하고 있으며, 이런 기능성 원료를 가지고 만든 제품이 "건강기능식품"이다(이상 식품의약품안전처).

건강기능식품법에서 건강기능식품의 정의는 "인체에 유용한 기능성을 가진 원료나 성분을 사용하여 제조(가공포함)한 식품"(건강기능식품법 제3조 제1호)으로 정의하고 있으며, "기능성"이란 "인체구조 및 기능에 대하여 영양소를 조절하거나 생리학적 작용 등과 같은 보건 용도에 유용한 효과를 얻는 것"(건강기능식품법 제3조 제2호)으로 정의하고 있다. 건강기능식품은 제조 가공한 제품을 말하는 것이며, 예를 들어 인삼이나 산삼 또는 산야초 등이 생리학적으로 인체에 유용한 효능이 있다고 하더라고 제조·가공하지 않으면 법적으로 건강기능식품이 될 수 없다. 또한 건강기능식품은 넓은 의미에서 식품의 범주에 포함되며, 질병을 치료하는 약이 아니다.

2. 건강기능식품법의 제정 배경

건강기능식품법을 제정한 배경을 보면, 과거에는 "건강식품", "건강보조식품", "특수영양식품", "인삼제품류" 등의 용어를 사용하였으며, 식품공전이나 식품첨가물공전에 수록된 원료나 첨가물에 한하여 제조할 수 있었다. 그러나 이러한 제품은 기능성 표시나 광고가 제한적으로 허용되어 시장 형성에 제한이 컸을 뿐만 아니라 허위, 과대광고가 범람하면서 소비자 피해가 증가하게 되었다. 이에 국민의 건강증진과 소비자를 보호하고 건강기능식품의 품질향상과 건전한 유통, 판매를 도모하여 건강기능식품산업의 건전한 육성을 그 목적으로 건강기능식품법이 입법되었다(이상 식품의약품안전처). 건강기능식품법의 제정 배경은 크게 보건 정책적 측면, 경제 정책적 측면 및 법 정책적 측면으로 나눌 수 있다.

(1) 보건 정책적 측면의 제정 배경

국가가 식품의 제조와 판매를 엄격하게 관리 감독하여 식품의 안전성을 제고하고, 식품업계의 연구 및 개발을 활성화하며, 양질의 안전한 건강기능식품의 제조와 소비를 도모하기 위해 제정하였다. 이러한 법을 통하여 장기적으로 국민의 건강을 유지할 뿐만 아니라 국가가 국민을 위해 부담해야 하는 의료비의 부담을 절감 시킬 수 있다(이상 식품의약품안전처).

(2) 경제 정책적 측면의 제정 배경

건강기능증진 효능을 가진 식품소재의 품목을 확대하고, 이를 규격화, 제도화하여 식품업계의 신소재 개발 및 천연 자원물의 이용성을 확대시킬 수 있다(이상 식품의약품안전처).

(3) 법 정책적 측면의 제정 배경

"건강기능식품"을 식품위생법에서 규정하는 "일반식품"과 차별화할 뿐만 아니라, 의약품과 명확하게 구분할 수 있는 법체계를 마련하기 위함이다. 또한 기능성을 표시하고 광고할 수 있도록 허용하여 소비자에게 알 권리를 확보할 뿐만 아니라 허위, 과대, 과장 광고를 단속함으로써 건전한 유통질서를 확립하기 위함이다(이상 식품의약품안전처).

3. 건강기능식품 법률의 구조

제1장	[총칙] 총칙, 책무, 정의
제2장	[영업] 종류, 시설기준, 허가, 신고 , 교육 등
제3장	기준, 규격, 원료인정, 표시, 광고, 공전
제4장	[검사] 출입·검사·수거, 자가품질검사
제5장	[GMP]
제6장	[금지] 위해, 기준규격 위반, 표시기준 위반, 유사표시
제7장	[심의위원회] 심의위원회, 단체 설립
제8장	[행정제재] 시정명령, 폐기처분, 시설개수명령
제9장	타 법률관계, 국고보조, 포상금, 권한위임, 수수료
제10장	[벌칙] 벌칙, 양벌규정, 과태료, 특례

시행령	과징금 산정기준, 과태료
시행규칙	시설기준, 수입신고, 영업자준수사항, 허위·과대 표시·광고 범위, 수거량, 자가품질검사기준, GMP 기준 행정처분기준 과징금 부과 제외대상, 수수료 과태료 부과기준
고시	· 건강기능식품공전 · 건강기능식품 인정에 관한 규정 · 건강기능식품 기능성 원료 인정에 관한 규정 · 건강기능식품 표시 및 광고 심의 기준 · 건강기능식품의 표시기준 · GMP 제조 기준 · 수입 건강기능식품 신고 및 검사 세부처리 규정 · 자가품질검사 업무처리 기준 · 건강기능식품에 관한 법률 위반행위 신고 포상금 운영지침 · 건강기능식품에 사용할 수 없는 원료 등에 관한 규정

건강기능식품 법률은 10장으로 나누어져 있으며, 하위 법령으로 "시행령", "시행규칙" 및 "고시"로 구분하고 있다.

4. 건강기능식품의 분류

	식품		의약품
	일반식품	건강기능식품	
관련법규	식품위생법	건강기능식품법	약사법
제형	일상식품 형태	정제, 캡셀, 분말, 과립, 액상, 환 등	정제, 캡셀, 분말, 과립, 액상, 환 등
안전절차	기준규격형	기준규격형, 개별안정형	기준규격형, 개별안정형
기능성	표시 못함	기능성 표시 기능 • 영양소 기능 표시 • 기타기능 표시 • 질병발생 위험감소표시	유효성 표시 기능 • 질병의 진단, 치료, 경감, 처치 또는 예방 효과

　식품은 크게 "일반식품"과 "건강기능식품"이 있으며, 이는 의약품과 명확하게 구분된다. 일반식품은 식품위생법으로 관리되고, 건강기능식품은 건강기능식품법으로 관리되며, 의약품은 약사법으로 각각 관리되고 있다. 일반식품, 건강기능식품 및 의약품은 그 기능과 목적이 명확하게 구분되고, 법률로 분리하여 관리되는 만큼 오용하지 않도록 해야 한다. 건강기능식품은 일반식품과 의약품의 중간에 위치하고 있지만 약이 아니라 식품의 범주에 포함되며, 일반식품이 건강기능식품으로 제조, 광고 및 판매되어서는 안 되고, 건강기능식품이 의약품으로 제조, 광고 및 판매되어서도 안 된다.

5. 기능성 원료

　"건강기능식품"은 기능성 원료를 사용하여 제조가공한 제품으로 기능성 원료는 식품의약품안전처에서 [건강기능식품공전]에 기준 및 규격을 고시하여 누구나 사용할 수 있는 "고시된 원료"와 개별적으로 식품의약품안전처의 심사를 거쳐 인정받은 영업자만이 사용할 수 있는 "개별인정 원료" 두 가지로 나눌 수 있다(이상 식품의약품안전처). 그러나 "개별인정 원료" 또한 일정한 시간과 과정을 통해 "고시된 원료"로 변경될 수 있다. 즉 고시된 원료를 이용하여 제조하면 고시형 건강기능식품이 되고, 개별인정 원료를 이용하여 제조하면 개별인정형 건강기능식품이 된다.

(1) 고시된 원료

　고시된 원료란 [건강기능식품공전]에 등재되어 있는 기능성 원료를 말하며, 공전에서 정하고 있는 제조 기준, 규격, 최종 제품의 요건에 적합할 경우 별도의 인정절차가 필요하지 않고 제조 판매할 수 있다. 다만 건강기능식품 제조 허가를 받은 업체만이 제조할 수 있으며, 일반식품 제조 허가를 받은 업체는 제조하려면 건강기능식품 제조 허가를 받아야 한다. 고시된 원료는 오랜 기간 그 효능과 안전성이 검증된 원료로써 영양소(비타민 및 무기질, 식이섬유 등) 등 약 83여 종의 원료가 등재되어 있다(이상 식품의약품안전처). 이는 2014년 현재 상황이며, 계속해서 새로운 원료가 등재되고 있기 때문에 해당 기간의 식품의약품안전처 자료를 참고해야 한다. 즉 고시된 원료는 원재료 개발 연구나 인체적용시험 등의 방법이 필요치 않으며, 건강기능식품 제조 허가를 받은 업체가 건강기능식품공전에서 제시하는 방법대로 제조 판매할 수 있다.

[표] 식약처장이 고시한 원료 또는 성분(83종)

구분	기능성을 가진 원료 또는 성분
영양소 (28종)	· 비타민 및 무기질(또는 미네랄) 25종: 비타민 A, 베타카로틴, 비타민 D, 비타민 E, 비타민 K, 비타민 B_1, 비타민 B_2, 나이아신, 판토텐산, 비타민 B_6, 엽산, 비타민 B_{12}, 비오틴, 비타민 C, 칼슘, 마그네슘, 철, 아연, 구리, 셀레늄(또는 셀렌), 요오드, 망간, 몰리브덴, 칼륨, 크롬 · 필수지방산 · 단백질 · 식이섬유
기능성 원료 (55종)	인삼, 홍삼, 엽록소 함유 식물, 클로렐라, 스피루리나
	녹차 추출물, 알로에 전잎, 프로폴리스 추출물, 코엔자임Q10, 대두이소플라본, 구아바잎 추출물, 바나바잎 추출물, 은행잎 추출물, 밀크씨슬(카르두스 마리아누스) 추출물, 달맞이꽃 종자 추출물
	오메가-3 지방산 함유유지, 감마리놀렌산 함유유지, 레시틴, 스쿠알렌, 식물스테롤/식물스테롤에스테르, 알콕시글리세롤 함유 상어간유, 옥타코사놀 함유유지, 매실 추출물, 공액리놀레산, 가르시니아캄보지아 추출물, 루테인, 헤마토코쿠스 추출물, 쏘팔메토열매 추출물, 포스파티딜세린
	글루코사민, N-아세틸글루코사민, 뮤코다당·단백, 알로에 겔, 영지버섯 자실체 추출물, 키토산/키토올리고당, 프락토올리고당

기능성 원료 (55종)	식이섬유(14종): 구아검/구아검 가수분해물, 글루코만난(곤약, 곤약만난), 귀리 식이섬유, 난소화성말토덱스트린, 대두 식이섬유, 목이버섯 식이섬유, 밀 식이섬유, 보리 식이섬유, 아라비아검(아카시아검), 옥수수겨 식이섬유, 이눌린/치커리 추출물, 차전자피 식이섬유, 폴리덱스트로스, 호로파종자 식이섬유
	프로바이오틱스, 홍국
	대두단백, 테아닌
	디메틸설폰(Methyl sulfonyl methane, MSM)

(출처: 식품의약품안전처, 2012. 12.)

(2) 개별인정 원료

[건강기능식품공전]에 등재되지 않은 원료로, 식품의약품안전처장이 개별적으로 인정한 원료를 말한다. 이 경우 영업자가 원료의 안정성, 기능성, 기준 및 규격 등의 자료를 제출하여 관련 규정에 따른 평가를 통해 기능성 원료로 인정을 받아야 하며, 인정받은 업체만이 동 원료를 제조 또는 판매할 수 있다. 2014년 현재 약 140여 종의 기능성 원료가 있다. 다만 개별 인정된 기능성 원료는 다음 중 하나에 해당될 경우 건강기능식품공전에 등재되어 고시형 원료로 전환될 수 있다.

- 기능성 원료로 인정 후 품목제조/수입 신고한 날부터 3년이 경과 하였거나 3개 이상의 영업자가 인정받은 후 품목제조/수입 신고한 경우
- 인정받은 자가 등재를 요청한 경우(다만 인정받은 자가 3명 이상인 경우에는 3분의 2가 요청해야 함)(이상 식품의약품안전처)

즉 개별인정 원료는 고시된 원료와 달리 영업자가 직접 개별인정 원료의 안정성, 기능성, 기준 및 규격 등의 자료를 준비해야 하며, 인체적용시험 등을 통해 그 효능과 안전성을 객관적으로 입증하는 자료를 제출해야 한다. 그러나 모든 개별인정원료 개발이 인체적용시험을 필요로 하는 것은 아니며, 인체적용시험 결과가 미비할 경우 건강기능식품의 생리활성 등급이 낮아질 수 있다. 상기 언급한 바와 같이 현재 시중에는 건강기능식품으로 허가받지 않은 많은 제품들이 보건용도나 건강기능식품 유사품으로 시중에 판매되고 있으나, 이는 인체적용시험과 같은 객관적인 연구를 통해 입증되지 않은 것이 대부분이다. 민간요법이나 과학적인 연구가 부족한 일부 전통의학에 근거한 많은 식품들 또한 건강기능식품이 아니며, 대부분은 그 효능이 미미하다.

[표] 식약처장이 인정한 개별원료 또는 성분

번호	기능성		기능성을 가진 원료 또는 성분	건수
1	간 건강	간 건강에 도움	밀크씨슬 추출물, 브로콜리 스프라우트 분말, 표고버섯균사체, 표고버섯균사체 추출물, 복분자 추출분말	5
		알코올성 손상으로부터 간 보호에 도움	헛개나무과병 추출물, 유산균발효다시마 추출물	2
2	갱년기 여성 건강	갱년기 여성의 건강에 도움	석류 추출/농축물, 백수오 등 복합추출물, 회화나무열매 추출물	3
3	관절/ 뼈 건강	관절 건강에 도움	가시오갈피 등 복합추출물, 글루코사민, 로즈힙 분말, 지방산 복합물, 전칠삼 추출물 등 복합물, 차조기 등 복합추출물, 초록입홍합 추출오일, 호프 추출물, 황금 추출물등 복합물, N-아세틸글루코사민, Dimethylsulfone(MSM)	11
		뼈 건강에 도움	흑효모배양액 분말, 대두이소플라본	2
4	기억력 개선	기억력 개선에 도움	녹차 추출물/테아닌 복합물, 인삼가시오갈피 등 혼합추출물, 원지 추출분말, 은행잎 추출물, 테아닌 등 복합추출물, 피브로인 효소 가수분해물, 홍삼 농축액, 당귀 등 추출복합물	8
5	긴장 완화	스트레스로 인한 긴장 완화에 도움	유단백 가수분해물, L-테아닌, 아쉬아간다 추출물	3
6	눈 건강	눈의 피로도 개선에 도움	빌베리 추출물, 헤마토코쿠스 추출물	2
		눈 건강에 도움	지아잔틴 추출물, 루테인복합물, 루테인에스테르	3
7	면역 기능	면역력 증진에 도움	게르마늄효모, 금사상황버섯, 당귀 혼합추출물, 스피루리나, 클로렐라, 표고버섯균사체, L-글루타민, 청국장균배양정제물(폴리감마글루탐산칼륨)	8
		과민면역반응 완화에 도움	구아바잎 추출물 등 복합물, 다래 추출물, 소엽 추출물, 피카오프레토 분말 등 복합물, Enterococcus faecalis 가열처리건조분말	5
8	위 건강/ 소화 기능	소화기능 개선에 도움	아티초크 추출물	1
9	배뇨 기능	방광에 의한 배뇨기능 개선에 도움	호박씨 추출물 등 복합물	1
10	요로 건강	요로 건강에 도움	크랜베리 추출분말, 크랜베리 추출물	2
11	운동수행 능력	운동능력 향상에 도움	마카젤라틴화 분말, 크레아틴	2
		지구력 증진에 도움	동충하초발효 추출물	1
12	인지능력	인지능력 개선에 도움 향상	참당귀뿌리 추출물, 포스파티딜세린	2

번호	기능성		기능성을 가진 원료 또는 성분	건수
13	장 건강	장내 유익균 증식 및 유해균 억제에 도움	갈락토올리고당, 구아검 가수분해물, 대두올리고당, 라피노스, 락추로스파우더, 밀전분유래 난소화성말토덱스트린, 프락토올리고당, 이소말토올리고당, 자일로올리고당, 커피만노올리고당분말, 프로바이오틱스	11
		면역을 조절하여 장 건강에 도움	프로바이오틱스(VSL#3)	1
		배변활동 원활에 도움	대두올리고당, 목이버섯, 분말한천, 라피노스, 액상프락토올리고당, 이소말토올리고당, 자일로올리고당, 프로바이오틱스, 커피만노올리고당분말	9
14	전립선 건강	전립선 건강 유지에 도움	쏘팔메토열매 추출물, 쏘팔메토열매 추출물 등 복합물	2
15	체지방	체지방 감소에 도움	가르시니아캄보지아껍질 추출물, 공액리놀레산(유리지방산), 공액리놀레산(트리글리세라이드), 그린마떼 추출물, 녹차 추출물, 대두배아 추출물 등 복합물, 레몬밤 추출물혼합분말, 중쇄지방산 함유유지, 콜레우스포스콜리 추출물, 히비스커스 등 복합추출물, 깻잎 추출물, L-카르니틴 타르트레이트, 식물성유지 디글리세라이드, 키토올리고당	14
16	치아 건강	충치발생위험 감소에 도움	자일리톨	1
17	칼슘 흡수	칼슘 흡수에 도움	액상프락토올리고당, 폴리감마글루탐산	2
18	콜레스테롤	혈중 콜레스테롤 개선에 도움	대나무잎 추출물, 보리베타글루칸 추출물, 보이차 추출물, 사탕수수 왁스알코올, 스피루리나, 식물스타놀에스테르, 아마인, 알로에 추출물, 알로에 복합추출물, 창녕 양파 추출액, 홍국쌀, 씨폴리놀 감태주정 추출물	12
19	피로 개선	피로 개선에 도움	발효생성아미노산 복합물, 홍경천 추출물	2
20	피부 건강	자외선에 의한 피부손상으로부터 피부 건강을 유지하는 데 도움	소나무껍질 추출물 등 복합물, 홍삼·사상자·산수유복합 추출물	2
		피부 보습에 도움	N-아세틸글루코사민, 히알우론산나트륨, 쌀겨 추출물, AP 콜라겐 효소분해 펩타이드, 지초 추출분말, 곤약감자 추출물, 민들레 등 복합추출물, Collactive콜라겐펩타이드, 핑거 추출분말	9
21	항산화	항산화에 도움	대나무잎 추출물, 메론 추출물, 복분자 추출물, 비즈왁스알코올, 코엔자임Q10, 토마토 추출물, 포도종자 추출물, 프랑스해안송껍질 추출물, 고농축녹차 추출물	9
22	혈당 조절	식후 혈당상승 억제에 도움	구아바잎 추출물, 난소화성말토덱스트린, 동결건조 누에분말, 마주정 추출물, 바나바 추출물, 솔잎증류 농축액, 알부민, 인삼 가수분해 농축액, 지각상엽 추출혼합물, 쥐눈이콩 펩타이드 복합물, 콩발효 추출물, 타가토스, 탈지달맞이꽃 종자 추출물, 피니톨, 홍경천 등 복합추출물, nopal 추출물, 실크단백질 효소 가수분해물	17

번호	기능성		기능성을 가진 원료 또는 성분	건수
23	혈압 조절	높은 혈압 감소에 도움	가쯔오부시 올리고펩타이드, 연어 펩타이드, 올리브잎 추출물, 정어리 펩타이드, 카제인 가수분해물, 코엔자임Q10, 해태올리고펩타이드, L-글루타민산 유래GABA함유분말, 니토균배양 분말	9
24	혈중 중성 지방	혈중중성지방 개선에 도움	글로빈 가수분해물, 난소화성말토덱스트린, 대나무잎 추출물, 식물성유지 디글리세라이드, 정제 오징어유, 정어리 정제어유, DHA 농축유지	7
25	혈행 개선	혈행 개선에 도움	나토배양물, 은행잎 추출물, 정어리 정제어유, 정제 오징어유, 프랑스해안송껍질 추출물, 홍삼농축액, DHA 농축유지	7
총계				175*

(출처: 식품의약품안전처, 2012. 12.)
1)_: 고시형 원료로 전환된 기능성 원료
2)*: 인정된 기능성 원료는 총 153개(2012. 12)이나, 동일한 원료에서 2개 이상 기능성이 인정된 경우가 포함되어 합산되었음.

(3) 원료의 정의 및 규격

원료의 정의에서 기능성 원료란 동물, 식물, 미생물 기원의 원재료를 그대로 가공한 것 또는 이들의 추출물 또는 정제물, 정제물 합성물 및 이들의 복합물로 규정하고 있다. 영양소는 건강기능식품공전에 등재된 합성품 또는 식품에서 추출한 것으로 합성품은 식품첨가물공전의 기준 및 규격에 적합한 것을 말한다. 그리고 기타원료란 기능성을 표시하지 않고 사용되는 원료로써 식품첨가물, 식품원료 및 기능성 원료(단, 기능성 원료는 섭취량 미만으로 사용하여야 함) 등을 말한다. 건강기능식품공전에서 원료의 규격은 원재료의 기준, 기능성 원료의 제조방법, 기능성분(지표성분)의 함량과 제조 시 유의사항 등이 포함된다. 제품의 규격은 제품의 규격(원료성, 최종제품)과 최종 제품의 섭취량 및 기능성 내용을 포함한다(이상 식품의약품안전처).

6. 기능성의 종류와 등급

　　건강기능성식품은 크게 "영양소기능", "질병발생 위험감소 기능" 및 "생리활성기능" 의 3가지 기능이 있으며, 그 기능에 따라 영양소 기능을 가진 건강기능식품, 질병발생 위험감소 기능을 가진 건강기능식품 및 생리활성기능을 가진 건강기능식품 세 가지로 구분할 수 있다.

　　첫 번째 "영양소기능"은 인체의 성장·증진 및 정상적인 기능에 대한 영양소의 생리학적 작용이고, 두 번째 "생리활성기능"은 인체의 정상기능이나 생물학적 활동에 특별한 효과가 있어 건강상의 기여나 기능향상 또는 건강유지·개선 기능을 말한다. 세 번째 "질병발생 위험감소 기능"은 식품의 섭취가 질병의 발생 또는 건강상태의 위험을 감소하는 기능이다. 기능성의 종류는 기능성 입증자료의 수준에 따라 4개 등급(질병발생 위험 감소기능, 생리활성기능 1등급, 생리활성기능 2등급, 생리활성기능 3등급)으로 세분화되어 있다(이상 식품의약품안전처).

[표] 건강기능식품의 기능성 구분

기능성 구분	기능성 내용	
영양소 기능	인체의 정상적인 기능이나 생물학적 활동에 대한 영양소의 생리학적 작용	
생리활성기능	인체의 정상기능이나 생물학적 활동에 특별한 효과가 있어 건강상의 기여나 기능향상 또는 건강유지·개선을 나타내는 기능 ※ 과학적 근거 정도에 따라 3가지 등급으로 구분	
	기능성 등급	**기능성 내용**
	생리활성기능 1등급	00에 도움을 줌.
	생리활성기능 2등급	00에 도움을 줄 수 있음.
	생리활성기능 3등급	00에 도움을 줄 수 있으나 관련 인체적용시험이 미흡함.
질병발생 위험감소 기능	질병의 발생 또는 건강상태의 위험감소와 관련한 가능	

(출처: 식품의약품안전처)

(1) 질병발생 위험 감소기능

현재까지 식품의약품안전처에서 "질병발생 위험 감소 기능" 허가를 받은 품목은 제품 표면에 "골다공증 발생 위험 감소에 도움을 줌" 표시를 할 수 있는 "칼슘"과 "비타민 D" 두 종류만 있다. 참고로 건강기능식품으로써 칼슘은 일일섭취량 210~800㎎이며, 비타민 D는 일일섭취량이 1.5~10㎍로 규정하고 있다(이상 식품의약품안전처).

(2) 생리활성기능

인체의 구조 및 기능에 대하여 생리학적 작용 등과 같은 보건 용도에 유용한 효과로 24개의 기능성 있다.

[표] 생리활성기능의 종류

번호	기능성 분야	번호	기능성 분야	번호	기능성 분야
1	기억력 개선	9	관절/뼈 건강	17	칼슘흡수 도움
2	혈행 개선	10	전립선 건강	18	요로 건강
3	간 건강	11	피로 개선	19	소화 기능
4	체지방 감소	12	피부 건강	20	항산화
5	갱년기 여성 건강	13	콜레스테롤 개선	21	혈중중성지방 개선
6	혈당 조절	14	혈압 조절	22	인지 능력
7	눈 건강	15	긴장 완화	23	운동수행능력 향상/지구력 향상
8	면역 기능	16	장 건강	24	충치발생위험감소

(출처: 식품의약품안전처)

(3) 영양소기능

영양소 기능을 가진 건강기능식품은 비타민 및 무기질, 단백질, 식이섬유 및 필수지방산 등이 해당된다.

[표] 건강기능식품 영양소의 종류

번호	영양소	기능성 내용	일일섭취량	섭취 시 주의사항
1	비타민 A	① 어두운 곳에서 시각 적응을 위해 필요 ② 피부와 점막을 형성하고 기능을 유지하는 데 필요 ③ 상피세포의 성장과 발달에 필요	210~1,000㎍ RE	-
2	베타카로틴	① 어두운 곳에서 시각 적응을 위해 필요 ② 피부와 점막을 형성하고 기능을 유지하는 데 필요 ③ 상피세포의 성장과 발달에 필요	0.42~7mg	-
3	비타민 D	① 칼슘과 인이 흡수되고 이용되는 데 필요 ② 뼈의 형성과 유지에 필요 ③ 골다공증 발생 위험 감소에 도움을 줌(질병발생위험 감소기능)	1.5~10㎍	-
4	비타민 E	유해산소로부터 세포를 보호하는 데 필요	3~400mg α-TE	-
5	비타민 K	① 정상적인 혈액응고에 필요 ② 뼈의 구성에 필요	16.5~1,000㎍	-
6	비타민 B_1	탄수화물과 에너지 대사에 필요	0.3~100mg	-
7	비타민 B_2	체내 에너지 생성에 필요	0.36~40mg	-
8	나이아신	체내 에너지 생성에 필요	① 니코틴산: 3.9~23mg ② 니코틴산아미드: 3.9~670mg	-
9	판토텐산	지방, 탄수화물, 단백질 대사와 에너지 생성에 필요	1.5~200mg	-
10	비타민 B_6	① 단백질 및 아미노산 이용에 필요 ② 혈액의 호모시스테인 수준을 정상으로 유지하는 데 필요	0.45~67mg	-
11	엽산	① 세포와 혈액생성에 필요 ② 태아 신경관의 정상 발달에 필요 ③ 혈액의 호모시스테인 수준을 정상으로 유지하는 데 필요	75~400㎍	-
12	비타민 B_{12}	정상적인 엽산 대사에 필요	0.3~2,000㎍	-
13	비오틴	지방, 탄수화물, 단백질 대사와 에너지 생성에 필요	9~900㎍	-
14	비타민 C	① 결합조직 형성과 기능 유지에 필요 ② 철의 흡수에 필요 ③ 유해산소로부터 세포를 보호하는 데 필요	30~1,000mg	-
15	칼슘	① 뼈와 치아 형성에 필요 ② 신경과 근육 기능 유지에 필요 ③ 정상적인 혈액응고에 필요 ④ 골다공증 발생 위험 감소에 도움을 줌(질병발생위험 감소기능)	210~800mg	-

16	마그네슘	① 에너지 이용에 필요 ② 신경과 근육 기능 유지에 필요	66~250mg	-
17	철	① 체내 산소운반과 혈액생성에 필요 ② 에너지 생성에 필요	4.5~15mg	특히 6세 이하는 과량섭취 주의
18	아연	① 정상적인 면역기능에 필요 ② 정상적인 세포분열에 필요	3.6~12mg	-
19	구리	① 철의 운반과 이용에 필요 ② 유해산소로부터 세포를 보호하는 데 필요	0.45~7.0mg	-
20	셀레늄 (또는 셀렌)	유해산소로부터 세포를 보호하는 데 필요	15~135㎍	-
21	요오드	① 갑상선 호르몬의 합성에 필요 ② 에너지 생성에 필요 ③ 신경발달에 필요	22.5~150㎍	-
22	망간	① 뼈 형성에 필요 ② 에너지 이용에 필요 ③ 유해산소로부터 세포를 보호하는 데 필요	0.6~3.5mg	-
23	몰리브덴	산화·환원 효소의 활성에 필요	7.5~230㎍	-
24	칼륨	체내 물과 전해질 균형에 필요	1.05~3.7g	-
25	크롬	-	0.015~9mg	-
26	식이섬유	식이섬유 보충	식이섬유로서 5g 이상	반드시 충분한 물과 함께 섭취할 것 (액상 제외)
27	단백질	① 근육, 결합조직 등 신체조직의 구성성분 ② 효소, 호르몬, 항체의 구성에 필요 ③ 체내 필수 영양성분이나 활성물질의 운반과 저장에 필요 ④ 체액, 산-염기의 균형 유지에 필요 ⑤ 에너지, 포도당, 지질의 합성에 필요	단백질로서 12.0g 이상	특정 단백질에 알레르기를 나타내는 경우에는 섭취 주의
28	필수 지방산	필수지방산의 보충	리놀레산은 4.0g 이상, 리놀렌산은 0.6g 이상	-

(출처: 식품의약품안전처)

7. 기능성 표시

 기능성 원료를 사용하여 건강기능식품을 제조했을 때는 의약품과 마찬가지로 그 효능을 나타내기 위해서 일일섭취량을 규정하고 있으며, 효능을 반드시 표시하도록 되어 있다. 예를 들어 장 건강에 도움을 주는 식품, 건강한 콜레스테롤 유지에 도움을 주는 식품, 건강한 혈액의 흐름에 도움을 주는 식품, 건강한 혈압 유지에 도움을 주는 식품, 건강한 체지방 유지에 도움을 주는 식품, 건강한 혈당 유지에 도움을 주는 식품, 인체에 유해한 활성산소 제거에 도움을 주는 식품, 건강한 면역기능 유지에 도움을 주는 식품, 뼈와 관절 건강에 도움을 주는 식품, 인지능력에 도움을 주는 식품, 치아 건강에 도움을 주는 식품 등이다(이상 식품의약품안전처). 그러므로 건강기능식품을 섭취할 때에는 반드시 규정한 섭취량과 효능에 맞게 섭취해야 한다.

8. 건강기능식품의 특징

건강기능성식품은 첫 번째 "기능성 원료를 함유"하고 있어야 하며, 두 번째 "일일섭취량이 표기"되어야 하며, 세 번째 "식약처장이 인정한 기능성 내용이 표시"되어 있어야 한다. 기능성 원료를 함유하고 있어야 함은 인체에 유용한 기능성 원료 또는 성분을 함유하고 있어야 한다는 것을 말한다. 일일섭취량이란 제품의 표면에 표기하는 기능성과 안전성을 확보할 수 있는 권장섭취량을 말하며, 이보다 적게 섭취하거나 더 많이 섭취하게 되면 기능성과 안전성을 확보할 수 없다. 식약처장이 인정한 기능성 내용 표시란 "영양소 기능", "생리활성기능", "질병발생위험감소 기능" 등을 제품의 표면에 표기하는 내용으로 소비자들이 필요로 하는 건강기능식품을 구매하도록 정확한 정보를 제공하는 역할을 한다. 즉 상기 언급한 이 세 가지를 모두 가지고 있는 것만이 건강기능식품이며, 기능성 원료를 함유하고 있으면서 제품 표면에 기능성 내용과 섭취량이 표기되어 있지 않은 제품은 건강기능식품이 아니다.

제2장
일반식품과 건강기능식품의 차이

1. 일반식품과 건강기능식품의 차이

  식품은 크게 3가지 기능을 가지고 있는데, 그 첫 번째 기능은 생명을 영위하는데 필요로 하는 영양소를 섭취하는 목적이다(1차 기능). 두 번째 기능은 맛, 향, 색 등과 같은 감각적 기호적인 기능이며(2차 기능), 세 번째 기능은 건강을 유지하거나 건강을 증진시키는 생체조절기능(3차 기능)이다. "식품위생법"에서 관리되는 "일반식품"의 역할은 식품의 1차 기능과 2차 기능에 해당되며, "건강기능식품법"에서 관리되는 "건강기능식품"의 역할은 식품의 3차 기능에 해당된다(이상 식품의약품안전처). 따라서 "건강식품", "건강보조식품", "천연식품" 등과 같은 명칭을 가진 식품들은 [건강기능식품]과 다르다(이상 식품의약품안전처).

  언론매체나 상인 또는 주변인들에 의해 건강에 좋다고 알려져 있다고 해서 건강기능식품이 되는 것은 아니며, 규정과 절차를 거쳐 효능이 과학적으로 검증된 제품으로 식품의약품안전처에서 허가를 받고 [건강기능식품]이라는 문구 또는 인증마크를 받은 식품만이 건강기능식품이다.

- 일반식품: 기능성 표시가 없으며, 식품위생법 적용 대상이다.
- 건강기능식품: 기능성 표시가 있으며, 건강기능식품법 적용 대상이다.

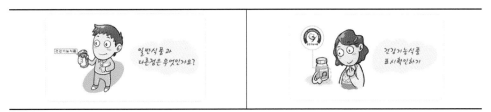

(출처: 식품의약품안전처)

많은 사람들이 건강기능식품을 질병을 치료하는 의약품으로 오해하고 있다. 그러나 건강기능식품은 의약품과 달리 질병을 직접적으로 치료하거나 예방하는 것이 아니라 인체의 정상적인 기능을 유지하거나 생리기능 활성화를 통하여 건강을 유지하고 개선시키는 역할을 한다(이상 식품의약품안전처). 즉 일반식품이 건강기능식품이 아닌 것과 같이 건강기능식품 또한 의약품이 아니다. 건강기능식품으로 허가받지 않은 일반식품에서 생리활성 효능을 기대해서는 안 되며, 건강기능식품에서 의약품과 같은 질병치료 효능을 기대해서도 안 된다. 또한 TV나 언론매체에서 매일 같이 나오는 천연물의 효능을 대부분 과학적인 근거가 미약하므로 이를 맹신해서는 안 된다. 그 이유는 언론매체 등에서는 부작용이나 효능을 경험하지 못한 사람의 사례는 배재하고 효과가 있는 부분만 부각시키기 때문이다. 누군가의 경험 사례를 듣고 그것이 본인에게도 효능이 있을 것으로 믿는 것은 매우 위험한 일이다. 동일한 DNA를 가진 일란성 쌍둥이 형제간에도 약의 효능이 다르게 나타날 수 있다는 것은 주지의 사실이다. 그렇기 때문에 질병을 치료하고자 한다면 가장 먼저 병의원을 찾아 의사의 처방전을 받은 의약품을 섭취해야 하며, 건강을 유지하고 개선하고자 한다면 건강기능식품을 섭취해야 한다. 기본적으로 의약품과 건강기능식품으로 허가받지 않은 모든 식품에서 건강증진 효능이나 치료 효능을 기대하는 것은 바람직하지 않다.

[표] 주요 국가에서 사용되는 건강기능식품 관련 용어

국가	용어	범위
미국	Dietary supplements(Dietary Supplements health and Education Act, 1994)	Vitamins, Minerals, Herb/botanicals, Amino acids, Concentrate, metabolite, constituent, extract
EU	Food supplements	Concentrated sources of nutrients Other substances with a nutritional or physiological effect
캐나다	Natural Health Products	Vitamins & minerals, Herbal remedies, Homeopathic medicines
러시아	Biologically active food supplements	Nutriceuticals(Vitamins, Minerals, amino acids, dietary fibers)
호주	Complementary medicines	Herbal medicines, Vitamins and minerals, Nutritional supplements
일본	Foods for Specific Health Use(특정보건용 식품에 관한 법률, 1991)	Functional foods are foods that can have three functions: Nutrition, Sensory satisfaction, Physiological Improvements

(출처: 한국보건산업진흥원)

제3장
건강기능식품에 사용할 수 없는 원료

건강기능식품의 기준 및 규격에 의한 건강기능식품 제조에 사용할 수 없는 성분은 다음 중 하나에 해당된다.

- [건강기능식품의 기준 및 규격] <별표 5>를 포함하여 원료의 특성상 심각한 독성이나 부작용이 있는 것으로 알려진 것
- 의약품의 용도로만 사용되는 원료 등 섭취방법 또는 섭취량에 대해 의·약학적 전문지식을 필요로 하는 것

건강기능식품에서 사용할 수 없는 원료 목록(식품의약품안전처)

1. 식물성 원료

원료명	학명	이명
감수(甘遂)	*Euphorbia kansui* Liou ex Wang	감택(甘澤), Euphorbiae kansui Radix
겔세민(Gelsemine)	*Gelsemine sempervirens*	-
견우자(牽牛子)	*Pharbitis nil* Choisy(나팔꽃), *Pharbitis purpurea* Voigt(둥근잎나팔꽃)	흑축(黑丑), Pharbitidis Semen, Pharbitis Seed
관동(款冬)	*Tussilago farfara* Linné	관동화(款冬花, Farfarae flos), Farfarae herba, Farfarae radix, Ass's foot, Bull's foot, Colt's foot, Coltsfoot, Coughwort, Farfara, Foal's wort, Fieldhove, Horse hoof, Horse-foot, Horse-shoe, Horsehoof

원료명	학명	이명
낙타봉(駱駝蓬)	*Pregnum harmala* Linné	-
다투라(Datura)	*Datura stramonium* Linné(독말풀), *Datura metel* Nees(흰독말풀), 기타 동속 근연식물	만타라엽(曼陀羅葉, Datura Leaf), Daturae Folium
대극(大戟)	*Euphorbia pekinensis* Ruprecht	경대극(京大戟), Euphorbiae pekinensis Radix
대황(大黃)	*Rheum palmatum* Linné(장엽대황), *Rheum tanguticum* Maximowicz ex Balf.(탕구트대황), *Rheum officinale* Baillon(약용대황)	Rhubarb, Rhei Radix et Rhizoma
독미나리	*Conium maculatum*	독당근, Hemlock, Conium leaf and fruits
등황(藤黃)	*Garcinia hanburyi* Hooker f.(등황나무), 기타 동속 근연식물	옥황(玉黃), 월황(月黃), Gutti
디기탈리스(Digitalis)	*Digitalis purpurea* Linné	디기탈리스엽(洋地黃葉, Digitalis leaf), Digitalis folium
마두령(馬兜鈴)	*Aristolochia contorta* Bunge(쥐방울), *Aristolochia* spp.	Aristolochiae fructus
마전자(馬錢子)	*Strychnos nux-vomica* Linné(마전자나무)	호미카(Nux Vomica), Strychni Semen
마편초(馬鞭草)	*Verbena officinalis* Linné	철마편(鐵馬鞭), 베르베날린(Verbenalin), Vervain
마황(麻黃)	*Ephedra sinica* Stapf(초마황, 草麻黃), *Ephedra intermedia* Schrenk et C.A.Meyer(중마황), *Ephedra equisetina* Bunge(목적마황)	Ephedra Herb, Ephedrae Herba, 마황근(麻黃根, Ephedrae Radix)
만년청(萬年靑)	*Rhodea japonica* Roth	Lobelia
면마(綿馬)	*Dryopteris crassirhizoma* Nakai(관중)	관중(貫衆, Aspidium, Male Fern), Crassirhizomae Rhizoma
목단피(牧丹皮)	*Paeonia suffruticosa* Andrews(모란)	Moutan Root Bark, Moutan Cortex
목방기(木防己)	*Cocculus trilobus* De Candole(댕댕이덩굴)	Cocculi radix
목통(木桶)	*Akebia quinata* Decaisne(으름덩굴)	정옹(丁翁), 만년등(萬年藤), Akebia Stem, Akebia Caulis
반하(半夏)	*Pinellia ternata* Breitenbach	Pinellia Tuber

원료명	학명	이명
방기(防己)	*Sinomenium acutum* Rehder et Wilson	청풍등(淸風藤), Sinomenium Stem and Rhizome, Sinomeni Caulis et Rhizoma
방풍(防風)	*Saposhnikovia divaricata* Schiskin	Saposhnikovia Root, Saposhnikoviae Radix
백굴채(白屈菜)	*Chelidonium majus* Linné(애기똥풀)	Chelidon Ⅱ Herba
백부자(白附子)	*Aconitum koreanum* Raymond	Aconiti Koreani Tuber
백선피(白鮮皮)	*Dictamnus dasycarpus* Turcz(백선)	북선피(北鮮皮), Dictamni Cortex
베라트룸(Veratrum)	*Veratrum nigrum* Linné var. *ussuriense* Loes. fil.(참여로), 기타 동속 근연식물	여로(藜蘆, White Hellebore), 여로두(藜蘆頭), Veratri Rhizoma et Radix
벨라돈나(Belladonna)	*Atropa belladonna* Linné	벨라돈나근(Belladonna Root), Belladonnae Radix
보두(寶豆)	*Strychnos ignat Ⅱ* Bergius(보두나무)	여송과(呂宋果), Strychni Ignat Ⅱ Semen
복수초(福壽草)	*Adonis amurensis* Regel et Radde(복수초)	Adonis
부자(附子)	*Aconitum carmichaeli* Debeaux(부자)	정제부자(精製附子), 가공부자(加工附子), 천오(川烏, Aconite), 오두, Aconiti Tuber, Pulvis Aconiti Tuberis Purificatum, Oriental Aconite
빈랑자(檳榔子)	Areca catechu Linné (빈랑나무)	Areca Semen, 대복자(大腹子)
사리풀(Henbane leaf)	*Hyoscyamus niger* Linné(사리풀)	히요스엽(Hyoscyami Folium)
상륙(商陸)	*Phytolacca esculenta* Houttuyn(자리공), 기타 동속 근연식물	장불로(長不老), Phytolaccae Radix, Poke Root
석류피(石榴皮)	*Punica granatum* Linné(석류나무)	Granate Bark, Granati Cortex
세네키오(Senecio)	*Senecio aureus, Senecio cineraria, Senecio jacobaea, Senecio nemorensis fuchs Ⅱ* C. Gmelin	Golden ragwort, Dusty miller, Ragwort, Groundsel
스코폴리아(Scopolia)	*Scopolia japonica* Maximowiczi(미치광이풀), 기타 동속 근연식물	Scopoliae Rhizoma
스트로판투스(Strophanthus)	*Strophanthus kombe* Oliver, 기타 동속 근연식물	스트로판티자, Strophanthi Semen, Strophanthus Seed
<u>쑥쑥(Wormwood)</u>	*Artemisia absinthium*	<u>wormwood, 향쑥</u>

원료명	학명	이명
앵속 (罌粟)	*Papaver somniferum* L.(양귀비)	Papaveris semen
얄라파(Jalapae)	*Ipomoea purga* Hayne	Jalapa Root, Jalapae Tuber
영란(鈴蘭)	*Convallaria keiskei* Miquel(은방울꽃)	Lily of Valley Herb, Convallariae Herba
요힘베(Yohimbe)	*Pausinystalia yohimbe, Coryanthe yohimbe*	Yohimbe bark
운향풀(루타 그래베올랜스)	*Ruta graveolens* L.sspvulgaris Villkomm	Rue, Herb-of-Grace, Herbygrass, Ruta, Vinruta
원화(芫花)	*Daphne genkwa Seibold et Zuccarini*	Genkwa Flos
위령선(威靈仙)	*Clematis mandshurica* Maximowicz	Clematidis Radix, 으아리(*Clematis mandshurica* Ruprecht), 큰꽃으아리 (*Clematis patens* Morren & Decaisne), 참으아리(*Clematis terniflora* De Candole)
인도사목(印度蛇木)	*Rauwolfia serpentina* Bentham 또는 기타 근연식물, 기타 동속 근연식물	Rauwolfia Lindians Snake Root, Rauwolfia Radix,
저백피(樗白皮)	*Ailanthus altissima* Swingle(가죽나무)	저피(樗皮, Ailanthi radicis Cortex)
천남성(天南星)	*Arisaema amurense Maximowicz*(둥근잎천남성), *Arisaema erubescens Schott*(천남성), *Arisaema heterophyllum Blume*(두루미천남성)	Arisaematis Rhizoma, Arisaema Rhizome
천초근(茜草根)	*Rubia akane* Nakai (꼭두선), 기타 동속 근연식물	혈견수(血見愁), 활혈단(活血丹), 천초(茜草), 홍천근(紅茜根), Madder Root
청목향(靑木香)	*Aristolochia contorta* Bunge (쥐방울), *Aristolochia* spp.	Aristolochiae radix
초오(草烏)	*Aconitum ciliare* Decaisne(놋젓가락나물), 기타 동속 근연식물	오훼(烏喙), 계독(鷄毒), 토부자(土附子), Korean Aconite Root
채퍼랠(Chaparral)	larrea tridentata	Chaparral, Greasewood, Cresote bush, Hediondilla
카바카바(Kava kava)	Piper methysticum	-
카스카라사그라다 (Cascara sagrada)	*Rhamnus purshiana* De canddle	Cascara sagrade bark
카트(Khat)	*Catha edulis*	qat, gat, chat, miraa

원료명	학명	이명
컴프리(Comfrey)	*Symphytum officinale*	common comfrey, 코푸레, 감부리(甘富利), 캄프리, knitbone
콜로신스(Colocynth)	*Citrullus colocynthis* L. Schrader	Bitter Apple, Bitter Cucumber, Egusi, Vine of Sodom, Wild Gourd
콜키쿰(Colchicum)	*Colchicum authumnale*	Colchicum corm
키나(Quina)	*Cinchona succirubra* Pavon et Klotzsch(키나나무), 기타 동속 근연식물	規邦皮, Cinchona Bark
탠지(Tansy)	*Tanacetum vulgare* L., *Chrysanthemum vulgare* L. Bernhardi	Tansy flower and herb
토근(吐根)	*Cephaelis ipecacuanha* A. Richard(리오토근), *Cephaelis acuminata* Karsten(카르타게나토근)	Ipecac, Ipecacuanhae Radix et Rhizoma
투보쿠라린 (Tubocurarine)	*Chondrodendron tomentosum*	Pareira
파두(巴豆)	*Croton Tiglium* Linné	Croton Seed, Croton Semen
팔각련(八角蓮)	*Dysosma pleiantha*(Hance) Woods.	
해총(海葱)	*Urginea scilla* Steinheil	Squill, Scillae Bulbus
행인(杏仁)	*Prunus armeniaca* Linné var. ansu Maximowicz(살구나무), *Prunus mandschurica* Koehne var. glabra Nakai(개살구나무), *Prunus sibrica* Linné(시베리아살구), *Prunus armeniaca* Linné(아르메니아살구)	Apricot Kernel, Armeniacae Semen
황백(黃栢)	*Phellodendron amurense* Ruprecht(황백나무), *Phellodendron chinense* Schneider(향피수)	Phellodendri Cortex, Phellodendron Bark

2. 동물성 원료

원료명	비고
건조갑상선(Dried thyroid)	-
담즙·담낭(Bile & gall bladder)	-
맥각(麥角, Ergot)	-
반묘(斑猫, Blister beetle)	Cantharides, 칸타리스(Cantharis)
사독(蛇毒, Venom)	-
사람의 태반(Human placenta)	-
사람의 혈액(Human Blood)	-
사향(麝香, Musk)	Moschus
섬수(蟾酥, Toad Venom)	Bufonis Venenum, Toad Venom
오공(蜈蚣, Scolopendrae Corpus)	왕지네(Scolopendra subspinipes mutilans Linné Koch)의 충체

3. 기타 원료

원료명
로벨린 또는 그 염류(Lobeline or its salts)
불보카프닌 또는 그 염류(Bulbocapnine or its salts)
브루신 또는 그 염류(Brucine or its salts)
사비나유(Sabina oil)
세파란틴(Cepharanthin)
아가리틴 또는 그 염류(Agaritine or its salts)
아레콜린 또는 그 염류(Arecoline or its salts)
카이닌산(Kainic acid)
코타르닌 또는 그 염류(Cotarnine or its salts)
트로파코카인 또는 그 염류(Tropacocaine or its salts)
방사성물질(Radioactive substance)
「식품의 기준 및 규격」 제2. 식품일반에 대한 공통기준 및 규격 5. 식품일반의 기준 및 규격 12) 기타 유해물질 (1)부터 (3)까지에서 정한 화학구조가 의약품과 근원적으로 유사한 합성물질

제4장

건강기능식품 현황

1. 국내 건강기능식품 시장 현황

최근 들어 국내뿐만 아니라 전 세계적으로 건강기능식품 시장은 폭발적인 증가 추세에 있으며, 현재 국내 건강기능식품 시장은 국내 판매와 수출을 합쳐 1조 5천억 원 수준에 이르는 것으로 추정되고 있다. 농업기술실용화재단의 보고서(2013. 12.)에 따르면 국내 건강기능식품 품목 중 가장 많은 생산량을 차지하는 것은 고시형 원료인 홍삼류이며, 비타민 및 무기질류가 그 뒤를 이었다. 그러나 최근에는 개별인정형 원료를 이용한 제품도 확대되고 있는 추세이며, 일반식품형태의 건강기능식품도 2009년부터 인정하기 시작하여 관련 제품의 생산도 확대되고 있는 것으로 조사되었다.

[표] 건강기능식품 주요 원료별 시장규모 현황

구분	2008(단위: 천 원)	2011(단위: 천 원)	CAGR
비타민 및 무기질	53,114,467	156,102,278	43.24%
인삼	41,266,746	38,127,932	-2.60%
홍삼	418,394,393	719,064,925	19.78%
스피루리나/클로렐라	19,994,895	11,348,757	-17.20%
알로에	63,854,143	69,154,474	2.69%
프로폴리스 추출물	4,916,944	11,380,995	32.28%
오메가-3 지방산 함유유지	26,594,201	50,865,884	24.13%
감마리놀렌산 함유유지	14,517,637	22,364,947	15.49%
식이섬유	120,831	11,551,365	357.25%
키토산/올리고당	8,621,070	10,616,673	7.19%
프로바이오틱스	19,015,722	40,487,779	28.65%
가르시니아캄보지아 추출물	-	20,724,425	-
개별인정형	41,639,135	143,479,074	51.04%
전체	803,067,010	1,368,187,564	19.43%

(출처: 식품의약품안전처)

건강기능식품은 최근 전문제조업체의 연구개발을 통해 생산이 활발하게 이루어지고 있으며, 대기업을 비롯한 전문제조업체에 제품생산을 위탁하는 비율도 높은 것으로 나타났다. 건강기능식품의 유통채널은 건강기능식품 전문 판매점, 대형마트 등의 비율이 높아지고, 방문판매의 비율이 감소하는 경향을 나타내고 있다(이상 농업기술실용화재단 보고서 2013).

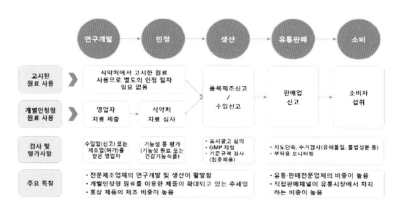

(출처: 한국농수산유통공사, 2013)

〈그림〉 건강기능식품의 생산·유통·흐름

2. 건강기능식품 기술개발의 애로사항

2013년 농업기술실용화재단 조사에서 건강기능식품 관련 업체들이 기술개발시 가장 큰 애로사항으로는 기술개발 자금 부족이 49%로 가장 높게 나타났으며, 전문인력 확보 어려움이 18.3%를 차지했고, 연구 설비 및 기자재 부족이 17.3%로 그 뒤를 이었다. 또한 엄격한 규제로 인한 신제품 개발 어려움이 14.4%를 나타내었고, 최신 기술동향 파악의 어려움도 8.7%를 기록했다. 이러한 조사 결과를 종합하면 아직까지 많은 국내 건강기능식품 관련 업체는 그 규모가 영세하기 때문에 체계적인 연구 개발 및 판매에 어려움을 겪고 있는 것으로 판단된다. 따라서 관련 기업 간의 컨소시엄 구성이나 산, 학, 연 공동연구 등을 통하여 연구 개발 비용을 절감하고 부족한 인력을 대체할 수 있는 효과적인 방안이 필요할 것이다.

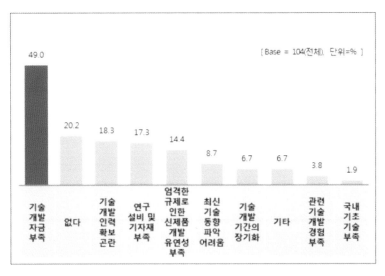

(출처: 농업기술실용화재단, 2013)

〈그림〉 건강기능식품 개발 시 애로사항

3. 건강기능식품 소비자 및 구매현황

한국건강기능식품협회와 기업체(대상, 바이오푸드 네트워크)가 조사한 보고서에 따르면 건강기능식품을 구매한 연령은 30~40대의 비율이 가장 높았으며, 가구소득으로는 중소득층이 많았고, 남성보다 여성의 구입비율이 높은 것으로 조사되었다.

[표] 연령별·성별·가구소득별 건강기능식품 주요 소비집단

구분		최근 1년 구입자 구성비	최근 1년 금액 구성비	최근 1년 건기식 구입률
Base		%	%	1,275
Total		100	100	45.7
성별	남자	29.3	27.3	27.6
	여자	70.7	72.7	63.8
연령별	20대	12.4	8.2	28.1
	30대	27.3	21.9	54.5
	40대	28.3	33.9	54.7
	50대	22.8	23.9	50.7
	60대	9.2	12.1	33.3
소득	249만 원 이하	15.2	13.0	36.7
	205~399만 원	43.5	38.8	51.9
	400만 원 이상	41.2	48.2	44.8

(출처: 바이오푸드 네트워크, 2013)

건강기능식품 구매 시 가장 크게 고려하는 건강조건은 피로 회복으로 56.3%를 나타내었고, 면역력 증진, 전반적 건강 증진, 혈행 개선 등이 그 뒤를 이었다. 피로 회복과 면역력 증진 효능 등이 있는 홍삼 관련 제품이 건강기능식품에서 차지하는 비율이 높은 이유 또한 이러한 조사결과와 일치하는 이유이다.

[표] 건강기능식품 구매 시 고려하는 건강 관련 문제

구분	2010년	2012년
피로 회복	46.5	56.3
면역력 증진	41.7	43.1
전반적 건강 증진	24.7	24.9
혈행 개선	14.2	22.8
영양 보충	19.6	17.5
관절 건강	16.3	16.5
피부 건강	7.3	7.9
눈 건강	5.3	7.5
콜레스테롤 개선	6.5	6.5
노화 방지	5.3	5.8
체질 개선	6.9	5.3

장 건강	4.0	5.1
체지방 감소	1.5	4.8
간 건강	5.6	4.1
뼈 건강	0.0	3.8
배변 활동	0.0	3.6
혈압	3.3	2.9
스트레스	0.0	2.4
기억력	2.0	2.2
혈당	0.2	1.7
지구력 증진	0.0	1.5
당뇨병	0.7	1.4
성장	0.0	1.0
전립선 건강	1.1	0.9
숙면	0.0	0.5
알레르기	0.5	0.3
구강 건강	0.0	0.2
기타	1.3	2.2

(출처: 바이오푸드 네트워크, 2013)

건강기능식품 구매 시 주요 정보 수집 방법은 주위 아는 사람을 통하는 방법이 압도적으로 많았으며, 판매원, 방송 광고, 전문가를 통한 정보탐색 방법도 상대적으로 높은 비율을 차지했다.

[표] 건강기능식품 구매 시 정보 획득 방법 및 신뢰수준

정보탐색방법	수집비율		신뢰수준	
	2012년	2010년	2012년	2010년
주위 아는 사람	86.8	89.7	48.1	51.8
판매원	40.8	50.7	12.9	13.9
TV 광고	36.7	34.5	4.1	3.9
의사, 약사 등 전문가	31.3	27.9	16.5	13.4
인터넷 쇼핑몰	23.3	21.2	9.0	7.0
제품카탈로그/팸플릿	15.2	15.9	1.0	1.7
인터넷 사용 후기	12.9	12.5	3.6	2.8
제조사 홈페이지	11.4	10.3	2.3	2.2
드라마 간접 광고	5.9	10.9	1.0	2.2
잡지/신문 광고	5.2	5.6	0.8	-
라디오 광고	1.3	1.7	-	-
대형마트/매장	0.5	-	0.5	-

(출처: 바이오푸드 네트워크, 2013)

향후 건강기능식품을 통해 개선하고 싶은 문제는 피로회복이 가장 높았으며, 면역력 증진, 전반적 건강 증진과 관절 건강 등도 높은 비율을 차지하는 것으로 조사되었다(이상 농업기술실용화재단 보고서, 2013). 본 조사결과는 근무시간이 길고, 스트레스가 많은 현대인들의 세태를 잘 반영하는 것으로 판단된다. 따라서 향후 건강기능식품 개발의 방향 또한 이러한 소비자들의 요구를 잘 반영할 수 있어야 할 것이다.

[표] 향후 건강기능식품을 통해 개선하고 싶은 건강문제

구분	2010년	2012년	(B-A)
피로 회복	48.1	48.5	0.4
면역력 증진	40.0	38.8	-1.2
전반적 건강 증진	35.6	27.5	-8.1
관절 건강	16.7	19.2	2.5
혈행 개선	14.2	15.8	1.6
눈 건강	12.8	14.0	1.2
영양 보충	20.1	13.8	-6.3
노화 방지	15.8	13.3	-2.5
피부 건강	13.4	12.0	-1.4
콜레스테롤 개선	14.2	11.1	-3.1
간 건강	14.2	10.9	-3.3
체지방 감소	10.9	10.4	-0.5
스트레스	-	9.5	9.5
혈압	10.6	8.2	-2.4
체질 개선	7.8	6.7	-1.1
기억력	4.9	6.7	1.8
장 건강	5.8	6.3	0.5
당뇨병	4.5	4.8	0.3
혈당	2.7	2.9	0.2
전립선 건강	1.8	2.6	0.8
배변 활동	-	2.4	2.4
숙면	-	2.3	2.3
지구력 증진	-	2.1	2.1
골 건강	-	1.6	1.6
구강 건강	-	1.1	1.1
알레르기	1.6	1.0	-0.6
성장	-	0.9	0.9
기타	0.9	1.3	0.4

(출처: 바이오푸드 네트워크, 2013)

제5장

건강기능식품 인허가

건강기능식품을 판매하기 위해서는 가장 먼저 건강기능식품 영업허가를 받거나 신고를 해야 한다. 건강기능식품을 제조하고자 한다면 제조업 허가를 취득해야 하며, 수입하거나 판매하고자 한다면 수입업 및 판매업 허가를 받아야 한다(이하 식품의약품안전처 법률자료).

1. 건강기능식품 영업허가 및 신고

건강기능식품을 취급하는 사업은 제조업, 수입업 및 판매업으로 구분할 수 있으며, 각각의 형태에 맞게 건강기능식품 영업허가 및 신고를 해야 한다.

(1) 제조업 허가

1) 제조업 허가대상
- 건강기능식품전문제조업: 건강기능식품을 전문적으로 제조하는 영업
- 건강기능식품벤처제조업: 벤처기업육성에 관한 특별조치법 제2조의 규정에 의한 벤처기업이 건강기능식품을 건강기능식품전문제조업자에게 위탁하여 제조하는 영업

2) 관련 규정
- 건강기능식품에 관한 법률 제5조 및 동법 시행규칙 제3조

3) 건강기능식품 제조업 허가신청 처리절차

- 처리기간 14일(단, 벤처기업은 10일), 수수료 50,000원

4) 구비서류

① 건강기능식품전문제조업체 구비서류

- 건강기능식품제조업 영업허가신청서
- 제조하고자 하는 제품의 종류 및 제조방법 설명서
- 제조시설배치도 및 주요 기계
- 기구류 목록
- 제조하고자 하는 제품의 종류 및 제조방법 설명서
- 토지 이용 계획 확인서 및 건축물 관리 대장 등본-품질관리인 선임신고서
- 영업자의 교육필증(미리 교육을 받은 경우에 한함)
- 먹는물 관리법 제35조의 규정에 의한 먹는물 수질검사기관이 발행한 수질검
  사(시험)성적서(수돗물이 아닌 지하수 먹는 물 또는 건강기능식품의 제조과
  정이나 세척 등에 사용하는 경우에 한함)
- ※ 영업허가 등의 제한사유에 해당하는지의 여부를 확인하기 위하여 신원확인
  에 필요한 자료인 본적지 주소와 호주 등

② 건강기능식품전문벤처제조업 구비서류

- 건강기능식품제조업 영업허가신청서
- 벤처기업확인서 사본
- 건강기능식품의 기능성 원료-성분에 대한 기술 관련 자료
- 제조하고자하는 제품의 종류 및 제조 방법설명서
- 품질관리인 선임신고서
- 건강기능식품전문제조업소와 체결한 위탁생산계약서
- 영업자 교육필증(미리 교육을 받은 경우에 한함)
- ※ 영업허가 등의 제한사유에 해당하는지의 여부를 확인하기 위하여 신원확인
  에 필요한 자료인 본적지 주소와 호주 등

5) 영업허가를 받을 수 없는 경우

- 건강기능식품에 관한 법률 제32조 제1항 각호(제9호 제외)의 규정에 의하여 영업의 허가가 취소된 후 6개월이 경과하지 아니한 경우에 그 영업소에서 같은 종류의 영업을 하고자 하는 때. 다만, 영업시설의 전부를 철거하여 영업의 허가가 취소된 경우에는 그러하지 아니하다.
- 건강기능식품에 관한 법률 제32조 제1항 각호(제9호 제외)의 규정에 의하여 영업의 허가가 취소된 후 1년이 경과하지 아니한 자(법인의 경우 그 대표자 포함)가 취소된 영업과 같은 종류의 영업을 하고자 하는 때
- 영업의 허가를 받고자 하는 자(법인의 경우 그 대표자 포함)가 금치산자이거나 파산의 선고를 받고 복권되지 아니한 자인 때

6) 영업허가사항 변경허가 및 변경신고

① 변경허가
- 변경허가 대상: 영업장 소재지 변경
- 관련 규정: 건강기능식품에 관한 법률 제5조 및 동법시행규칙 제4조
- 구비서류
- 변경허가신청서 및 영업허가증
- 제조시설의 배치도 및 주요 기계
- 기구류 목록
- 토지 이용 계획 확인서 및 건축물 관리 대장
- 먹는물 관리법 제35조의 규정에 의한 먹는물 수질검사기관이 발행한 수질검사(시험)성적서(수돗물이 아닌 지하수 등을 먹는 물 또는 건강기능식품의 제조과정이나 세척 등에 사용하는 경우에 한함)
- 영업허가 신청기관: 지방식품의약품안전청(민원실)
- 수수료: 30,000원(수입인지)
- 처리기간: 14일(벤처제조업은 10일)

② 변경신고
- 변경신고 대상(법 제11조의 규정에 의한 영업자지위승계에 의한 변경은 제외)
- 대표자의 성명(법인의 경우에 한함)

- 영업소의 명칭 또는 상호-제조시설 중 작업장, 건강기능식품취급시설 또는 급수시설(건강능식품전문제조업에 한함)
- 건강기능식품을 위탁생산하는 제조업소의 명칭 또는 상호(건강기능식품벤처제조업에 한함)
- 관련 규정: 건강기능식품에 관한 법률 제5조 및 동법시행규칙 제4조
- 구비서류
  · 변경신고서 및 영업허가증
  · 제조시설 중 작업장, 건강기능식품취급시설 또는 급수시설 변경내역서(평면도를 포함)
  · 위탁생산계약서(건강기능식품벤처제조업에 한함)
- 신청기관: 지방식품의약품안전청(민원실)
- 수수료: 30,000원(수입인지)
- 처리기간: 7일

7) 품질관리인 선임 및 해임

건강기능식품제조업의 허가를 받아 영업을 하고자 하는 자는 허가를 받은 영업소별로 1인 이상의 품질관리인을 두어야 한다.

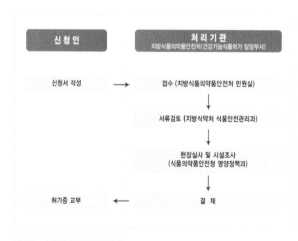

(출처: 식품의약품안전처)

〈그림〉 건강기능식품 제조업 허가 절차

(2) 수입업 허가

1) 수입업 허가대상
- 건강기능식품을 수입하는 영업을 하고자 하는 자

2) 신고기관
- 시. 군. 구 영업신고 담당부서

3) 관련 규정
- 건강기능식품에 관한 법률 제6조 및 동법 시행규칙 제5조

4) 구비서류
- 영업신고서
- 영업시설 배치도
- 영업자 교육필증(사전 교육을 받은 경우에 한함)
- 보관시설 임차계약서(보관 시설을 임차한 경우에 한함)
※ 영업허가 등의 제한사유에 해당하는지의 여부를 확인하기 위하여 신원확인
   에 필요한 자료인 본적지 주소와 호주 등
- 수수료: 28,000원(수입인지)
- 처리기간: 즉시

5) 영업신고를 할 수 없는 경우
- 건강기능식품에 관한 법률 제32조 제1항 각호(제9호 제외)의 규정에 의한 영
  업소의 폐쇄명령을 받은 후 6개월이 경과하지 아니한 경우에 그 영업소에서
  같은 종류의 영업을 하고자 하는 때(다만, 영업시설의 전부를 철거하여 영업
  소가폐쇄명령을 받은 경우는 제외)
- 건강기능식품에 관한 법률 제32조 제1항 각호(제9호 제외)의 규정에 의한 영
  업소의 폐쇄명령을 받은 후 1년이 경과하지 아니한 자(법인의 경우 그 대표자
  를 포함)가 폐쇄명령을 받은 영업과 같은 종류의 영업을 하고자 하는 때

- 영업의 신고를 하고자 하는 자(법인의 경우 그 대표자를 포함)가 금치산자이 거나 파산의 선고를 받고 복권되지 아니한 때

6) 영업신고사항 변경
- 신고사항 변경사항
- 대표자의 성명(법인의 경우에 한함)
- 영업소의 명칭 또는 상호
- 영업소의 소재지
- 보관시설의 소재지(보관시설을 임차한 경우에 한함)
- 관련 규정: 건강기능식품에 관한 법률 제6조 및 동법시행규칙 제6조
- 구비서류
- 영업신고사항 변경신고서
- 영업신고증
- 수수료(수입인지)
- 26,500원(소재지 변경)
- 9,300원(소재지 외 변경)
- 변경신고기관: 시·군·구(영업신고 담당부서)
- 처리기간: 즉시

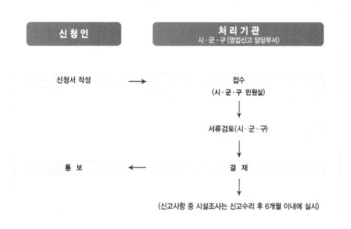

(출처: 식품의약품안전처)

〈그림〉 건강기능식품 수입업 허가 절차

(3) 판매업 허가

1) 판매업 신고대상
- 건강기능식품전문일반판매업: 건강기능식품을 영업장에서 판매하거나 방문판매 등에 관한 법률 제2조의 규정에 의한 방문판매, 다단계판매, 전화권유판매 또는 전자상거래 등에서의 소비자 보호에 관한 법률 제2조의 규정에 의한 전자상거래, 통신판매 등의 방법으로 판매하는 영업
- 건강기능식품유통전문판매업: 건강기능식품전문 제조업자에게 의뢰하여 건강기능식품을 자신의 상표로 유통·판매하는 영업

2) 관련 규정
- 건강기능식품에 관한 법률 제6조 및 동법 시행규칙 제5조

3) 신고기관
- 시·군·구(위생담당부서)

4) 구비서류
- 영업신고서
- 영업시설 배치도(영업장에서 건강기능식품을 판매하는 건강기능식품 판매업에 한함)
- 영업자 교육필증(사전에 교육을 받은 경우에 한함)
- 보관시설 임차계약서(보관시설을 임차한 경우에 한함)
- 건강기능식품전문제조업소와 체결한 위탁생산계약서(건강기능식품유통전문판매업에 한함)
- ※ 영업허가 등의 제한사유에 해당하는지의 여부를 확인하기 위하여 신원확인에 필요한 자료인 본적지 주소와 호주 등
- 수수료: 28,000원(수입인지)
- 처리기간: 즉시

5) 영업신고를 할 수 없는 경우

- 건강기능식품에 관한 법률 제32조 제1항 각호(제9호 제외)의 규정에 의하여 영업의 허가가 취소된 후 6개월이 경과하지 아니한 경우에 그 영업소에서 같은 종류의 영업을 하고자 하는 때. 다만, 영업시설의 전부를 철거하여 영업의 허가가 취소된 경우에는 그러하지 아니하다.
- 건강기능식품에 관한 법률 제32조 제1항 각호(제9호 제외)의 규정에 의하여 영업의 허가가 취소된 후 1년이 경과하지 아니한 자(법인의 경우 그 대표자 포함)가 취소된 영업과 같은 종류의 영업을 하고자 하는 때
- 영업의 허가를 받고자 하는 자(법인의 경우 그 대표자 포함)가 금치산자이거나 파산의 선고를 받고 복권되지 아니한 자인 때

6) 영업신고사항의 변경

- 신고사항 변경사항
- 대표자의 성명(법인의 경우에 한함)
- 영업소의 명칭 또는 상호
- 영업소의 소재지
- 보관시설의 소재지(보관시설을 임차한 경우에 한함)
- 건강기능식품을 위탁생산하는 제조업소의 명칭 또는 상호(건강기능식품유통전문판매업에 한함)
- 관련 규정: 건강기능식품에 관한 법률 제6조 및 동법시행규칙 제6조
- 구비서류
- 영업신고사항 변경신고서
- 영업신고증
- 수수료(수입인지)
- 26,500원(소재지 변경)
- 9,300원(소재지 외 변경)
- 변경신고기관: 시·군·구(위생담당부서)
- 처리기간: 즉시

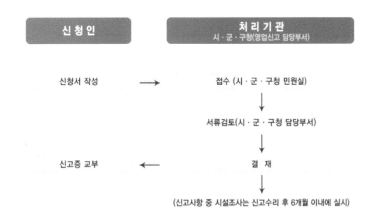

(출처: 식품의약품안전처)

〈그림〉 건강기능식품 판매업 허가 절차

2. 건강기능식품 품목제조 및 수입신고

건강기능식품 품목을 제조하거나 수입하기 위해서는 건강기능식품 품목제조 및 수입신고를 해야 한다.

(1) 품목제조 신고

1) 품목제조 신고대상
- 건강기능식품제조업의 허가를 받은 자가 건강기능식품을 제조하고자 할 경우에는 그 품목의 제조방법설명서 등 보건복지부령이 정하는 사항을 식품의약품안전처장에게 품목제조 신고를 해야 한다.
※ 건강기능식품제조업 영업허가 신청 시 함께 신청한다.

2) 관련 규정

- 건강기능식품에 관한 법률 제7조 및 동법시행규칙 제8조

3) 품목제조신고기관

- 식품의약품안전처 소비자담당관실

4) 구비서류

- 건강기능식품품목제조신고서
- 제조방법설명서
- 원료 또는 성분의 명칭과 함량
- 유통기한 설정 사유서
- 기준·규격의 검사성적서(건강기능식품의 기준·규격 제품에 한함)
- 수수료: 20,000원

5) 품목제조 신고사항의 변경신고

- 변경신고 대상: 제품명, 원료 또는 성분의 함량, 유통기간의 연장 등(단, 수출용 건강기능식품의 경우 제외)
- 관련 규정: 건강기능식품에 관한 법률 제7조 및 동법시행규칙 제9조
- 구비서류
· 품목제조신고사항 변경신고서
· 품목제조신고증
· 유통기간설정사유서(유통기간 연장 시)
- 신고기관: 지방식품의약품안전청(민원실)
- 수수료: 10,000원(수입인지)
- 처리기간: 5일

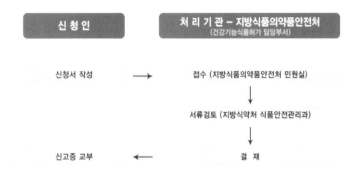

(출처: 식품의약품안전처)

〈그림〉 건강기능식품 품목제조 신고 절차

(2) 수입 신고

1) 수입 신고

- 건강기능식품을 수입하고자 하는 경우에는 건강기능식품에 관한 법률에서 정한 기준 및 규격, 표시기준 등 제방 규정에 적합하여야만 수입이 가능하다.
- 수입신고는 관세청 전자통관시스템 UNIPASS(http://portal.customs.go.kr) 또는 KiFDA 전자민원창구(http://minwon.kfda.go.kr/index.jsp)에 회원가입 후 식품 등 수입신고 민원신청 길라잡이에 따라 신고서를 작성하여 신청하면 된다.
- 수입되는 식품 등의 도착예정일 5일 전부터 미리 신고할 수 있으며, 미리 신고한 도착항, 도착예정일 등 주요사항이 변경되는 때에는 즉시 그 내용을 문서(전자문서 포함한다)로 신고하여야 한다.

(출처: 식품의약품안전처)

〈그림〉 건강기능식품 수입 신고 절차

2) 수입건강기능식품 검사 절차

① 민원인: 식품 등 및 건강기능식품을 수입하고자 하는 자

② 수입신고서 제출

- 지방식품의약품안전처장에게 제출

- 수입식품 등의 도착예정일 5일 전부터 사전 수입신고할 수 있음.

③ 서류검사: 신고서류 등을 검토하여 그 적부를 판단하는 검사를 말함.

④ 관능검사: 제품의 성질·상태·맛·냄새·색깔·표시·포장상태 및 정밀검사 이력 등을 종합하여 식품의약품안전처장이 정하는 기준에 따라 그 적합여부를 판단하는 검사를 말함.

⑤ 정밀검사: 물리적, 화학적 또는 미생물학적 방법에 따라 실시하는 검사를 말함.

⑥ 무작위표본검사: 정밀검사대상을 제외한 식품 등에 대하여 식품의약품안전처장의 표본추출계획에 따라 물리적·화학적 또는 미생물학적 방법으로 실

시하는 검사를 말함.

⑦ 현장검사
- 보관창고 등 현장에 출장하여 관능검사요령에 의거 실시
- 시료채취는 식품공전 및 건강기능식품공전의 검체의 채취 및 취급방법에 의거 실시
⑧ 정밀검사: 식품공전, 식품첨가물공전, 건강기능식품공전의 성분규격, 시험방법 등에 따라 검사
⑨ 적·부 판정: 식품공전, 식품첨가물공전, 건강기능식품공전 및 표시기준 등의 규정에 의거 판정
⑩ 적합: 식품위생법령 및 건강기능식품에 관한 법률에 의거 적합
⑪ 신고필증발급: 식품위생법시행규칙 별지 제4호 서식 및 건강기능식품시행규칙 별지 제20호 서식
⑫ 세관통관: 관세 납부 후 내국 물품화
⑬ 국내유통: 수입식품 등을 제조·가공·판매
⑭ 국내유통 사후관리: 지방식품의약품안전청, 시·도 및 시·군·구
⑮ 부적합: 식품위생법령 및 건강기능식품에 관한 법률 관련 규정에 의거 식품으로 부적합
⑯ 수입자 및 관할세관장에게 부적합 통보
⑰ 반송 및 폐기: 식품위생법시행규칙 제14조 제1항 및 건강기능식품에 관한 법률 시행규칙 제10조 제4항 규정에 의거 처리

3) 수입건강기능식품 검사
① 서류검사: 신고서류 등을 검토하여 그 적부를 판단하는 검사
- 대외무역법시행령 제34조 제1항 제1호·제2호의 규정에 의한 외화획득용으로 수입하는 건강기능식품
- 연구·조사에 사용하는 건강기능식품(법 제4조 제2항 및 법 제15조 제2항의 규정에 따라 건강기능식품이나 원료 또는 성분으로 인정받기 위하여 수입하는 일정량의 연구·조사용 제품을 포함한다)
- 외화획득을 위한 박람회·전시회 등에 사용하기 위하여 수입하는 건강기능식품

- 법 제8조 제3항 제1호의 규정에 의한 수입건강기능식품 사전확인 등록을 하고 수입하는 건강기능식품
- 다목의 정밀검사를 받았던 것 중 제조국·제조업소·제품명·제조방법·원료 및 배합비율이 같은 건강기능식품
- 종전에 실시한 정밀검사 결과 부적합 판정을 받은 적인 없는 건강기능식품으로서 안전성이 확보되었다고 식품의약품안전처장이 인정하는 건강기능식품
- 건강기능식품제조업의 영업허가를 받은 자가 자사의 제품을 생산하기 위하여 직접 또는 위탁하여 원료로 수입하는 건강기능식품
- 직접 제조·가공하지 아니하고 타인에게 의뢰하여 제조·가공된 건강기능식품을 자신의 상표로 유통·판매하는 영업을 하는 자가 자신이 제조·가공을 의뢰한 제품의 원료로 수입하는 건강기능식품
② 관능검사: 제품의 성상·맛·냄새·색깔·표시·포장상태·정밀검사이력 등을 종합하여 그 적부를 판단하는 검사
- 사실 확인이 필요하다고 지방식품의약품안전청장이 인정하는 경우
- 중요한 위해사실이 있다고 지방식품의약품안전청장이 인정하는 경우
③ 정밀검사: 물리적·화학적 또는 미생물학적 방법에 따라 실시하는 검사로서 서류검사 및 관능검사를 포함.
- 최초로 수입하는 건강기능식품
- 서류검사 또는 관능검사 결과 식품위생상의 위해가 발생할 우려가 있다고 인정되는 건강기능식품
- 국내외에서 유해물질이 함유된 것으로 알려져 문제가 제기된 건강기능식품
- 제10조 제4항의 규정에 의한 부적합한 건강기능식품에 대한 조치를 이행하지 아니한 수입신고인이 3년 이내에 수입하는 건강기능식품
- 수입신고에 따른 정밀검사나 무작위표본검사 또는 법 제20조의 규정에 의한 수거검사결과 부적합으로 처분을 받은 수입신고인이 5회 이내에 재수입하는 건강기능식품(부적합처분을 받은 것과 제조국·제조업소·제품명·제조방법·원료 또는 배합 비율이 같은 건강기능식품에 한한다)
- 허위서류를 첨부하는 등의 부정한 방법으로 적합 판정을 받아 수입한 사실이 밝혀진 영업자가 3년 이내에 수입하는 건강기능식품

- 정밀검사를 한 건강기능식품 중 법 제14조 및 법 제15조에 따라 정하여 고시하거나 인정한 기준·규격 또는 원료·성분이 신설되거나 강화된 건강기능식품
- 제2호 가목(2)의 규정에 의하여 정밀검사를 받았던 건강기능식품 중 제조국·제조업소·제품명·제조방법·원료 및 배합비율이 같은 것으로서 3년 이내에 최소 수입량 이상으로 재수입되는 건강기능식품
④ 무작위표본검사: 제1호 가목 및 나목의 검사대상이 되는 건강기능식품 중 식품의약품안전처장이 정하는 바에 따라 실시하는 검사를 말함.

(이상 식품의약품안전처 법률 자료)

3. 기능성 원료 인정을 위한 신청 및 처리절차

(이하 "건강기능식품 기능성 원료 인정에 관한 규정" 등의 자료 참조)

(1) 심사대상

기능성 원료 인정 대상은 기존에 고시되지 아니한 새로운 원료 또는 고시된 원료에서 새로운 기능성 내용을 추가 하고자 하는 경우, 섭취량 또는 제조 기준을 변경하고자 하는 경우 또는 개별인정된 원료이나 인정된 내용을 변경하거나 새로이 추가하는 경우 심사 대상에 포함된다.

즉 기능성 원료 심사대상은 개별인정형 원료의 신규 개발 시, 허가받은 개별인정형 원료의 인정내용 변경, 고시된 원료의 새로운 기능 추가 또는 제조 기준이나 섭취량 등을 변경하는 경우 등이다.

(2) 인정기준 및 신청대상자

인정기준은 건강기능식품에 관한 법률에 적합하여야 하며, 안전성과 기능성이 확보되고, 과학적 근거자료에 의해 명확히 입증되어야 한다. 신청 대상자는 건강 기능식품 제조업 허가를 받은 자와 수입업 영업 허가를 받은 자가 이에 해당된다. 일반식품제조업 허가를 받은 자가 건강기능식품을 제조, 판매하기 위하여 기능성 원료를 인정받기 위해서는 건강기능식품 제조업 허가를 우선적으로 취득해야 한다. 예를 들어 건강기능식품 제조업 허가를 받은 경우에는 건강기능식품 뿐만 아니라 일반 식품을 제조할 수 있으나, 일반식품제조업 허가를 받은 경우에는 건강 기능식품을 제조할 수 없다.

(3) 기능성 원료 인정 처리 절차

기능성 원료를 인정받기 위해서는 아래 별지 제1호 서식의 "건강기능식품 기능성 원료 인정 신청서"를 작성한 후 구비서류와 제출자료를 식품의약품안전처 기능성 원료 인정 담당부서에 제출한다.

1) 구비서류
① 제출자료 1부
② 제출자료 수록 CD 1개
③ 제품 또는 시제품
④ 기능성분(또는 지표성분) 표준품
⑤ 국내·외 검사기관이 발행한 시험성적서

2) 제출자료
① 제출자료 전체의 총괄 요약본
② 기원, 개발경위, 국내·외 인정 및 사용현황 등에 관한 자료
③ 제조방법에 관한 자료

④ 원료의 특성에 관한 자료

⑤ 기능성분(또는 지표성분)에 대한 규격 및 시험방법에 관한 자료

⑥ 유해물질에 대한 규격 및 시험방법에 관한 자료

⑦ 안전성에 관한 자료

⑧ 기능성 내용에 관한 자료

⑨ 섭취량, 섭취 시 주의사항 및 그 설정에 관한 자료

⑩ 의약품과 같거나 유사하지 않음을 확인하는 자료

접수된 서류는 검토한 후 현지조사와 자문 과정을 거쳐 인정한 후 신청자에게 통보한다.

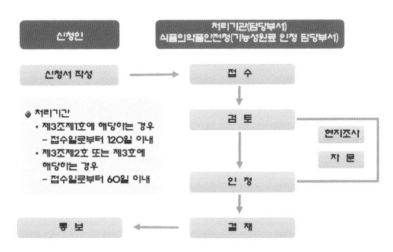

(출처: 식품의약품안전처)

〈그림〉 기능성 원료 인정 처리 절차

건강기능식품 기능성 원료 인정 신청서

		처리기간	
		120일	60일

신청인	대표자					
	업체명		영업허가/ 신고번호	제조업		
				수입업		
	업체 소재지		(전화번호)		(Fax)	
	수입 건강 기능 식품	수리번호				
		수출국				
		제조회사				
		소재지				
원료명						

「건강기능식품 기능성 원료 및 기준·규격 인정에 관한 규정」제5조에 따라 건강기능식품 기능성 원료 인정을 신청합니다.

년   월   일

신청인   (서명 또는 인)

식품의약품안전처장 귀하

※ 구비서류	수수료
1. 제출자료 1부 2. 제출자료 수록 CD 1개 3. 제품 또는 시제품 4. 기능성분(또는 지표성분) 표준품 5. 국내·외 검사기관이 발행한 시험성적서	100,000원

※ 제출자료
1. 제출자료 전체의 총괄 요약본
2. 기원, 개발경위, 국내·외 인정 및 사용현황 등에 관한 자료
3. 제조방법에 관한 자료
4. 원료의 특성에 관한 자료
5. 기능성분(또는 지표성분)에 대한 규격 및 시험방법에 관한 자료
6. 유해물질에 대한 규격 및 시험방법에 관한 자료
7. 안전성에 관한 자료
8. 기능성 내용에 관한 자료
9. 섭취량, 섭취 시 주의사항 및 그 설정에 관한 자료
10. 의약품과 같거나 유사하지 않음을 확인하는 자료

210㎜×297㎜[일반용지 60g/㎡(재활용품)]

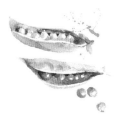

제6장

건강기능식품 기능성 원료의 개발

(이하 식품의약품안전처 "기능성 원료 기준규격 설정방법", "기능성 원료 표준화 지침서" 등의 자료 참조)

1. 기능/지표성분

(1) 기능/지표성분이란?

고시형이 아닌 개별인정형 건강기능식품을 신규로 개발하기 위해서는 가장 먼저 생리활성 효능을 가진 기능성 원료를 개발해야 하는데 기능성 원료의 개발 초기 단계에서 가장 먼저 진행되어야 하는 부분은 기능/지표성분을 설정하는 것이다. 기능성분과 지표성분은 동일한 성분일 수도 있고, 다른 성분일 수도 있으며, 혼동되기 쉽기 때문에 그 차이를 확실히 구분해야 한다.

첫 번째 기능성분(Biologically active compound)이란, 건강기능식품 내에 단일성분 또는 높은 함량으로 존재하면서 인체구조 및 기능에 대하여 생리학적 작용 등과 같은 효과를 나타내는 성분을 말한다. 또한 기능성분은 그 농도와 기능 간의 상관성이 있어야 한다. 즉 기능성분의 함량이 높을수록 생리학적 작용 효능이 더 높게 나타나야 하는 것을 말한다.

두 번째 지표성분(Marker compound)이란, 건강기능식품에서 원재료를 제대로 사용하고 있는지 확인할 수 있는 성분을 말하며, 제조공정의 표준화 관리뿐만 아니라 품질관리의 목적으로 정한 성분을 말한다. 그러나 지표성분은 기능성분과 달리 해당 성분의 농도와 기능성 간의 상관관계는 크지 않아도 된다. 건강기능식품 중에서는 기능성분과 지표성분이 동일한 성분인 경우도 있고, 기능성분과 지표성분이 다른 경우도 있다. 인삼의 경우 기능성분과 지표성분 모두 진세노사이드로 동일하고, 각종 추출물로 이루어진 건강기능식품의 경우 기능성분은 추출물 또는 농축 추출물에 가장 함유량이 높은 성분이 해당되거나 생리활성 효능이 큰 물질이 되고, 지표성분은 그중 가장 많은 함량을 차지하는 성분이거나 안정된 구조를 가지고 측정이 용이한 물질이 될 수 있다. 기능성분 또는 지표성분은 "1일 영양소기준치"의 비율(%)과 별개로 아래의 그림과 같이 그 함량만을 건강기능식품 제품 표면에 표기할 수 있다.

1일 섭취량당	함량	%영양소기준치
열량	5kcal	-
탄수화물	2g	0%
단백질	0g	0%
지방	0g	0%
나트륨	0mg	0%
비타민C	30mg	30%
총(-)-HCA	750mg	
※%영양소기준치 : 1일 영양소기준치에 대한 비율		

1회 분당량	함량	%영양소기준치
열량	0kcal	
탄수화물	1g미만	0%
단백질	0g	0%
지방	0g	0%
나트륨		
총(-)-HCA	375mg	
%영양소기준치 : 1일 영양소기준치에 대한 비율		

(2) 기능/지표성분 설정 시 고려사항

기능/지표성분을 설정하는 것은 건강기능식품개발의 성패를 좌우하는 가장 중요한 부분 중에 하나이므로 매우 신중하게 결정해야 한다. 기능/지표성분 설정 시 고려해야 하는 부분은 크게 특이성, 안정성, 안전성, 대표성 및 용이성으로 구분할 수 있다.

(3) 기능/지표성분 탐색방법

기능/지표성분을 탐색하는 방법은 문헌조사와 실험에 의한 탐색 방법의 두 가지로 크게 나눌 수 있다. 문헌조사는 저렴한 비용으로 짧은 시간에 많은 분량의 자료를 획득할 수 있는 장점이 있으나, 실제 건강기능식품개발에 직접 적용하는 데 제한이 있을 수 있다. 이와 반대로 실험에 의한 탐색방법은 필요로 하는 기능/

지표성분을 직접 분석 획득함으로써 성분의 이용성을 높이는 장점이 있으나, 많은 비용과 시간을 필요로 하는 단점이 있을 수 있다.

1) 문헌조사에 의한 기능/지표성분 탐색방법

최근에는 인터넷 검색을 통하여 연구논문, 연구보고서 또는 저서에 수록된 성분들의 효능을 빠르게 검색할 수 있으며, 가장 널리 이용되고 효과적인 문헌조사 방법이다.

www.google.com

www.scholar.google.com

www.naver.com

www.ncbi.nlm.nih.gov/pubmed/

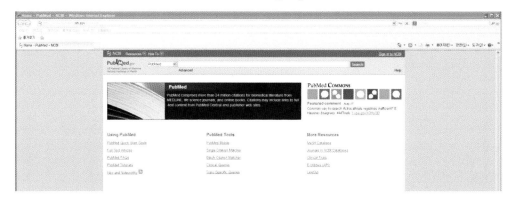

www.ipet.re.kr

www.atis.rda.go.kr

http://kiss.kstudy.com

2) 실험에 의한 기능/지표성분 탐색

건강기능식품 개발에 필요한 기능/지표성분을 탐색하기 위하여 목표로 하는 원료를 추출, 정제 및 분획 등의 방법을 통하여 생리활성 물질을 탐색한 이후 단일물질로 분리한다. 추출 또는 분리된 물질은 GC나 HPLC 등의 장비를 이용하여 함량을 분석하고 기능/지표물질로 설정할 수 있다.

(4) 기능/지표성분 설정 시 유의사항

기능/지표성분을 탐색하고 설정한 이후에는 분리된 기능/지표성분의 특이성, 대표성, 안정성, 안전성 및 용이성이 적절한지 검토해야 한다.

1) 기능/지표성분의 안정성 확인

문헌조사 또는 실험을 통하여 설정된 기능/지표성분의 가공 적성 또는 저장 안정성을 측정해야 한다. 기능/지표성분의 안정성을 확인하는 방법은 아래와 같다.

- 관능검사(색, 형태, 냄새, 맛, 질감 등 오감으로 관찰)를 통하여 기능/지표성분의 이상 유무를 확인한다. 관능검사 시에 과량의 기능/지표성분에 노출되어 인체에 해가 없도록 유의해야 한다(예: 가능한 삼키지 않아야 하며, 소량으로 검사하는 것이 바람직하다).
- 기능/지표성분이 수분에 노출되었을 때 가수분해되거나 부패되는 것을 측정한다.
- 기능/지표성분을 저장하는 동안 미생물의 생성 여부를 측정한다.
- 기능/지표성분이 고온, 저온에 노출되었을 때 성분 변화를 측정한다.
- 기능/지표성분이 산과 알칼리에 노출되었을 때 성분 변화를 측정한다.

기능/지표성분을 획득하기 위해서는 추출 또는 분획하는 과정에서 고온이나 수분 및 용매에 노출되기 때문에 그 안정성은 매우 중요한 요소가 된다.

기능/지표성분의 시험방법은 "식품의약품안전청 고시 제2009-176호 건강기능식품 기능성 원료 인정에 관한 규정 제13조 제6항 나목"에서 "기능성분(또는 지표성분)의 시험방법은 기능성분 (또는 지표성분)의 규격을 분석하는 데 적합하여야 하며, 「건강기능식품의 기준 및 규격」, 「식품의 기준 및 규격」(식품의약품안전청고시), 「식품첨가물의 기준 및 규격」(식품의약품안전청고시), 국제식품규격위원회(Codex Alimentarius Commission, CAC) 규정, AOAC 방법 등에 따라 국내·외에서 공인된 방법을 사용하여야 한다."라고 규정하고 있다. 따라서 가장 중요한 것은 공인된 시험법에 따라 기능/지표성분을 분석하고 그 결과를 제시해야 한다는 것이다. 비록 기능/지표성분의 안정성에 관한 좋은 시험 결과를 얻었다고 하더라도 그 시험 방법이 공인된 방법에 의해 수행된 것이 아니면 법적으로 인정받기 어렵다는 사실을 알아야 한다(이상 식품의약품안전처 기능성 원료 기준규격 설정방법 자료 참조).

2) 기능/지표성분의 조건

기능/지표성분은 불순물 또는 다른 성분과 혼합된 상태에서도 정확하게 측정될 수 있어야 하며, 시료의 농도에 따라 일정하게 검출이 되어져야 한다. 또한 여러 번 시험했을 때에도 같은 결과가 나오는 재연성이 높아야 한다.

- 정밀성: 기능/지표성분은 반복해서 10회 이상 실험했을 때 동일한 값을 얻을 수 있는 반복정밀성이 높아야 하며, 다른 실험일자, 다른 실험자 및 다른 분석 장비를 이용하여 분석하여도 동일한 값을 얻어야 한다. 또한 다른 실험실에서 실험을 수행해도 언제나 동일한 결과가 나와야 한다. 대한약전에서는 6회 이상 분석 시에도 1% 이하의 상대표준편차값을 권장하고 있다(이상 식품의약품안전처 기능성 원료 기준규격 설정방법 자료 참조).

(5) 기능/지표성분 설정방법

건강기능식품 기능성 원료의 기능성분 또는 지표성분을 단일성분으로 설정한 경우와 총량에 대한 양으로 설정한 경우를 다음의 표에 나타내었다.

[표] 건강기능식품의 지표성분 Pattern에 의한 분류(예시)

	Pattern	지표성분
단일성분	1종으로 나타낸 경우	EPA, DHA, 키토산 및 키토올리고당(D-glucosamine), 자일리톨(xylitol), 정어리 펩타이드SP100N(다이펩타이드Val-Tyr), 알로에 추출물분말(베타시토스테롤), 목이버섯(식이섬유), 난소화성말토덱스트린(glucose a-14 dlusodide 결합으로 이루어진 소당류), 바나바주정 추출물(Corosolic Acid), 홍국(monacholin K)
	2종으로 나타낸 경우	- CJ테아닌 등 복합추출물(L-theamine과 GABA): 기억력 개선 - 알로에 복합추출물분말(베타시토스테롤과 모나콜린K): 콜레스테롤수준 낮춤. - INM176 참당귀주정 추출분말(Decursinol과 decursin): 치매예방, 활성산소 제거 - 유니벡스대나무잎 추출물(tricin과 p-coumaric acid): 콜레스테롤 및 지질대사, 항산화
	3종 이상으로 나타낸 경우	- 폴리코사놀-사탕수수 왁스알코올(지방산알코올의 혼합물): 콜레스테롤합성 저해 - CJ히비스커스 등 복합추출물(키토산, HCA, L-carnitine): 체지방감소

그룹의 총량으로 나타낸 경우	1종의 그룹	- 빌베리주정추출물(안토시아노사이드): 눈의 피로도 개선 - 프로폴리스(총 플라보노이드): 항산화 - 엽록소(총 엽록소＝엽록소a＋엽록소b): 유해산소 제거, SOD 함유 - 프락토올리고당[프락토올리고당(kestose, nystose, fructofuranosylnystose)]: 정장작용, 장기능 개선작용, 칼슘흡수 증진
	2종으로 나타낸 경우	- 탈지달맞이꽃 종자주정 추출물 [총 폴리페놀과(penta-o-galloyl beta-d-glucose)]: 혈당조절 - 인삼, 홍삼(ginsenoside Rb1 및 Rg1): 면역력증진
	3종 이상으로 나타낸 경우	- 씨스팜프리놀-초록입홍합 추출오일복합물: 관절건강 - 이소말토올리고당: 장내비피더스균증식인자, 구아바잎: 혈당조절
Activity를 측정	1종으로 나타낸 경우	콩발효 추출물, 토지발효 추출물

(출처: 식품의약품안전처 기능성 원료 표준화 지침서)

다음의 그림에서 보는 바와 같이 첫 번째로 추출물에서 분리된 화합물의 활성도를 in vitro 또는 in vivo 실험을 통해 검증한 결과 활성도가 추출물 대비 50% 이상인 경우 기능성분으로 구분할 수 있다. 그리고 기능성분이 1종인 경우 1종에 대해 기준규격을 설정하고 2종 이상인 경우 구조적 유사성이 있을 경우 그 합으로 기준규격을 설정할 수 있으며, 구조적 유사성이 없을 경우 개별 함량에 대한 기준규격을 설정해야 한다. 두 번째로 추출물로부터 분리된 화합물의 활성도를 검증한 결과 추출물 대비 50% 이하인 경우 지표성분으로 구분할 수 있다. 또한 화합물의 수에 따른 기준규격 설정은 기능성분과 동일한 방법으로 설정한다(이상 식품의약품안전처 기능성 원료 표준화 지침서).

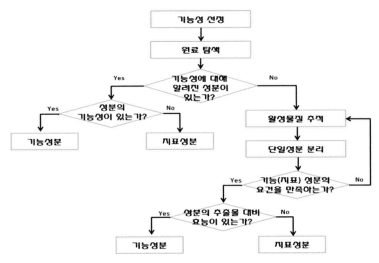

(출처: 식품의약품안전처 기능성 원료 표준화 지침서)

〈그림〉 기능/지표성분의 의사결정과정

⑹ 기능/지표성분의 함량에 따른 규격 설정방법

추출물 중 기능/지표성분의 함량이 높은 경우 95% 이상의 고순도의 경우에는 ○○% 이상으로 설정하는 것이 적절하며 그렇지 않은 경우에는 앞에서 언급한 바와 같이 충분한 롯트의 검사결과를 바탕으로 상한치와 하한치를 설정하여야 한다. 이와 반대로 추출물 중 기능/지표성분의 함량이 낮은 경우 추출물 중 기능/지표성분의 함량변화가 추출물의 기능성에 미치는 영향이 큰 경우에는 기능/지표성분의 범위를 추출물이 기능성에 큰 영향(예, 기능성의 25% 이상)을 미치지 않는 상한치와 하한치의 함량범위로 설정한다. 추출물 중 기능/지표성분의 함량변화가 추출물의 기능성에 미치는 영향이 적은 경우에는 기능/지표성분을 하한치(○○% 이상)로 설정하고, 이러한 경우 최소 2개 이상의 지표성분을 선정하는 것이 바람직하다(이상 식품의약품안전처 기능성 원료 표준화 지침서).

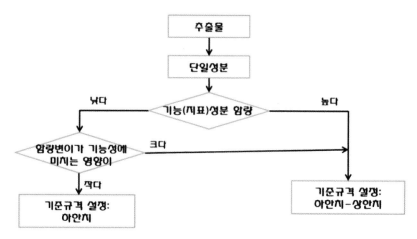

(출처: 식품의약품안전처 기능성 원료 표준화 지침서)

〈그림〉 기능/지표성분의 함량에 따른 기준규격 설정 방법

2. 건강기능식품 개발을 위한 기능성 소재의 획득

(1) 건강기능식품 원료 개발 단계

천연물에서 기능성 원료를 개발하기 위한 가장 첫 번째 단계는 그 대상 물질을 선정하는 것으로 연구보고서나 논문, 저서와 같은 문헌조사와 함께 민간요법 등을 참고하여 대상 천연물을 선정할 수 있다. 식품의약품안전처 "기능성 원료 표준화 지침서"에서 제시하는 기능성 원료개발을 위한 대상 선정 방법을 정리하고 보충설명하면 아래와 같다.

1) 연구방향·목표 설정

건강기능식품으로 개발하고자 하는 소재의 기능성을 선정한다. 문헌조사 등을 통하여 해당 천연물이 인체에 대하여 기능성이 있다는 충분한 근거자료를 확보한 다음에 진행해야만 실패의 확률을 줄일 수 있다.

2) 기초자료조사

시장성, 특허 및 연구동향에 관한 조사를 바탕으로 개발 소재의 적합성을 검토한다. 현재 제품의 출시여부, 개발여부, 특허 출원여부 및 연구 동향 등은 면밀히 검토하여야 하며, 신속하게 진행되어야만 선행기술을 타 업체에 뺏기지 않는다. 또한 시장성이나, 시장규모가 보장되는지 소비자에게 어필할 수 있는지 면밀히 검토해야 한다.

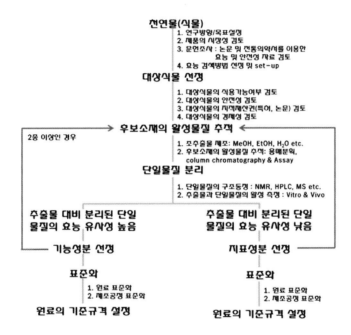

(출처: 식품의약품안전처 기능성 원료 표준화 지침서)

〈그림〉 천연물을 이용한 건강기능식품 원료개발 과정

3) 효능 검색방법 기술검토

선정된 기능성을 확인하기 위해 도출된 효능검증방법이 현재의 기술력으로 소재개발에 적합한지 검토한다.

4) 효능 검색방법 확립

선정된 효능 검색방법을 통한 소재의 효능을 검색하는 기법을 확립한다.

5) Library random screening

천연추출물 library를 선정된 효능 검색방법을 이용하여 전체 library random screening하고, screening 결과 활성이 우수한 물질을 대상으로 확인실험을 실시하고 최종 대상 소재를 선정한다.

6) 공정서 등의 원료 검토

선정된 기능성의 기전을 함유하는 소재를 공정서(monograph), 전통자료 등의 원료를 검토하여 선발한다.

7) 안전성 검토

공정서 등 또는 추출물 library screening을 통해 도출된 식물목록의 안전성에 대해 검토한다.

8) 대상 천연물 선발

추출물 library 또는 공정서 등의 검토를 통해 추출물 list를 도출한다. 그리고 최종 효능검증 및 안전성 검토 결과를 통해 대상식물을 선정한다(이상 식품의약품 안전처 기능성 원료 표준화 지침서).

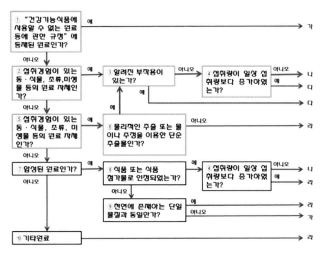

(출처: 식품의약품안전처 기능성 원료 표준화 지침서)

〈그림〉 건강기능식품 기능성 원료 규정 중 안전성
평가를 위한 의사결정도

　선정된 대상 천연물의 기능(지표)성분을 규명하기 위하여 다음 그림의 단계별 과정을 실시한다. 식물의 경우 1종의 식물에 수백~수천 종의 물질이 함유되어 있기 때문에 대표성이 있는 성분을 찾기 위해 아래와 같은 과정을 진행하게 되며 분획물 제조와 활성측정의 과정을 반복적으로 수행하여 추출물 중 효능을 발휘하는 단일성분을 분리하게 된다. 분리된 성분은 NMR, MS, UV 및 IR 등의 기기분석 결과 자료를 근거로 구조분석을 실시하여 성분의 구조를 규명하게 된다. 다음의 그림을 간략히 설명하면 우선 대상식물의 활성측정을 위한 조추출물을 제조한다. 제조된 조추출물은 칼럼과 용매분획법 등을 이용하여 분획물을 제조한다. 제조된 분획물을 in vitro 또는 in vivo 등의 활성측정방법을 이용하여 효능이 우수한 분획을 선정하고, 여러 번의 크로마토그래피를 통해 활성성분을 분리하고, 분리된 활성성분은 NMR, MS, UV 및 IR 등의 자료를 통해 구조분석을 실시하며, 분리된 활성성분의 기능성 검증을 통해 기능성분 또는 지표성분으로 구분하게 된다(이상 식품의약품안전처 기능성 원료 표준화 지침서).

(출처: 식품의약품안전처 기능성 원료 표준화 지침서)

〈그림〉 대상 천연물로부터 활성물질의 분리 및 구조동정 과정

(2) 물질 추출 · 분리

1) 추출이란?

물질의 추출이란 복합물질에서 특정 물질만을 분리해 내는 것을 말하며, 일반적으로 추출은 액체 용매를 사용하여 고체 또는 액체 속에 있는 특정 물질을 뽑아내는 경우가 가장 많다. 기능성 원료를 추출하거나 분리해야 하는 이유는 원재료의 특성에 따라 생리활성 성분의 함량의 차이가 있고 상승 또는 길항 작용을 가지는 불필요한 화합물이 공존할 뿐만 아니라, 추출하는 과정에서 생리활성이 감소할 수 있기 때문이다. 또한 원재료에서 기능성 물질(기능/지표성분)을 혼합물이나 추출물로부터 분리했을 경우 재현성이 높은 원료를 정확한 용량으로 투여할 수 있고, 특정화합물의 분석법을 정확하게 확립할 수 있을 뿐만 아니라 정확한 구조를 결정함으로써 기능성 물질을 대량생산할 수 있다. 그러나 건강기능성 식품을 개발하기 위하여 모든 원료를 순수분리해야만 하는 것은 아니며, 추출물 그 자체를 이용하여 제조한 건강기능식품의 종류 또한 많은 양을 차지하고 있다. 효과적인 추출을 위해서는 추출 용매의 선택이 매우 중요하며, 용매의 선택조건은 용해도, 무효성분 추출성, 안전성, 무독성, 가격 및 획득의 난이도 등을 고려해야 한다.

※ 일반적으로 추출에 사용되는 용매

- 물: 극성이 높고 침출범위가 높지만 무효성분의 추출도 상대적으로 많은 특징

을 가진다. 또한 불순물의 여과가 상대적으로 어렵고 색상이 좋지 않으며, 쉽게 변질되는 특징을 가지지만 비용이 매우 저렴한 장점으로 인해 가장 널리 사용되는 용매 중의 하나이다.

- 에탄올: 중간 정도의 극성을 가지며 일부 수용성 비극성(수지, 정유, 향기) 및 지방까지 용해가 가능하며 순도 70% 수준을 가장 많이 사용한다. 특히 에탄올은 독성이 낮아 식품용 성분을 추출하는데 널리 이용되고 있다.

- 아세톤: 탈지용 용매이며, 식품용보다 동물성 약재의 탈수 및 탈지에 이용된다. 단백질은 잘 녹이지 않고, 지방을 잘 용해하는 특징을 가지기 때문에 지방 추출에 많이 이용된다. 독성이 강해서 식품용으로 적합하지는 않지만 휘발성이 강해 추출 후 물보다 제거하기가 용이한 장점을 가진다.

- 지방유: 마유(麻油), 낙화생유, 면실유, 홍화유, 올리브유 등이 많이 이용되고 있으며, 지방유를 이용하여 같은 지방을 추출하는 데 이용될 수 있으나 침출 범위가 낮은 단점이 있다.

- 글리세린: 극성이고 수용성이며, 물과 에탄올을 혼합하여 사용하기도 한다. 고농도로 사용 시 방부작용이 있고, 추출범위가 광범위한 특징을 가진다.

- 기타 프로필렌글라이콜, 에테르 또는 클로로포름 등이 추출에 사용된다.

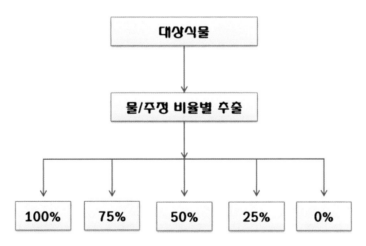

(출처: 식품의약품안전처 기능성 원료 표준화 지침서)

〈그림〉 추출을 위한 정제수와 에탄올 비율

천연물의 추출 방법에는 일반적으로 용매 추출법(물, 메탄올, 주정, 이소프로판올, 이산화탄소, 에틸아세테이트)을 가장 많이 사용한다. 그리고 실험실 단위에서 조추출물 제조 시 식품제조용이기 때문에 식품첨가물공전에서 정하고 있는 기준 및 규격에 적합한 용매를 선정하는 것이 바람직하다(식품의약품안전처).

[표] 용매별 극성도

용매	물	Chloroform	Ethanol	Butanol	Acetone	Hexane
극성도	9	3.4	5.2	3.9	5.4	0

(출처: 식품의약품안전처 기능성 원료 표준화 지침서)

2) 추출에 미치는 주요인자

물질의 추출에 미치는 주요 인자는 다음과 같다.

- 약재의 분쇄도: 분쇄도가 높을수록 추출수율이 높다. 용매와 용질의 접촉면이 높을수록 추출수율이 높고, 확산 면과 확산속도가 빠를수록 추출수율이 높아진다.
- 침출온도: 온도가 높을수록 추출수율이 높아지지만, 기능성 성분의 파괴가 높아질 수 있고, 무효성분의 추출률도 같이 높아지는 단점이 있을 수 있다.
- 침출시간: 시간이 길어질수록 추출수율이 높아진다. 그러나 확산평형이 이루어지면 불순물의 추출이 늘어날 수 있으며, 기능성 성분의 파괴가 높아질 수 있다.
- 용매의 pH: 용매의 수소이온 농도(pH)에 따라 유효성분의 용해도가 달라지기 때문에 추출수율이 달라지므로 용해도가 최적화될 수 있는 적절한 pH를 선택해야 한다.

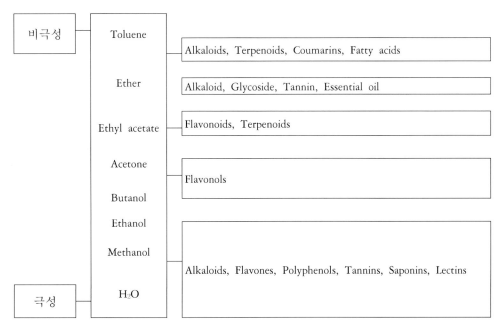

〈그림〉 용매에 따른 추출물의 종류

3) 물질 추출의 기본 원리

① 분획

물질을 추출하는 가장 기본적인 원리는 분획이다. 이는 서로 섞이지 않는 두 물질을 이용하여 추출하는 것으로써 주로 물과 유기용매를 많이 이용하며, 물에서 유기용매로 추출하는 경우가 많다. 예를 들면 특정한 시료에 물과 에테르를 넣고 혼합하면 물에 잘 용해되는 물질은 물층에 용해가 되고, 에테르에 잘 용해되는 물질은 에테르층에 용해가 된다. 이때 에테르층과 물층을 각각 분리한 후 물과 에테르 두 가지 물질 중의 하나를 건조시키거나 아래의 그림과 같이 분획여두 등을 이용하여 하나의 물질을 제거를 해주면 물에 용해되는 물질과 에테르에 용해되는 물질을 각각 획득할 수 있다.

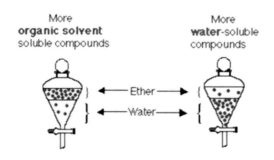

〈그림〉 분획의 원리

분획물을 제조하는 이유는 추출물에 존재하는 다량의 화합물을 이화학적 성질이 유사한 화합물군끼리 분류하기 위함이며, 일반적으로 다음의 그림과 같이 칼럼크로마토그래피, 용매분획법을 주로 사용한다. 이중 용매 분획법은 가장 널리 이용되는 분획방법으로, 천연 원료로부터 분리 과정 중 가장 초기 단계에 활용되기도 하며, 중간 또는 마지막 단계에 chromatography, 재결정, 전처리 등의 용도로 활용되기도 한다(식품의약품안전처 기능성 원료 표준화 지침서).

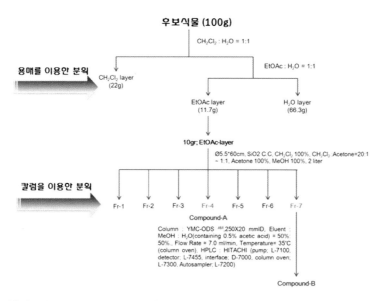

(출처: 식품의약품안전처 기능성 원료 표준화 지침서)

〈그림〉 대상식물의 분획물 제조방법

조추출물과 용매 또는 칼럼을 이용하여 제조된 단계별 분획물을 대상으로 활성을 측정하고, 분획물 중에서 활성이 가장 높은 분획물은 계속적인 분획과정을 반복하여 단일성분으로 분리한다. 그 결과 활성이 우수한 분획물을 이용하여 추가적인 분획 또는 칼럼을 실시하여 순수한 단일물질을 분리하는 과정을 진행하고 분리된 단일물질은 표준추출물과 함께 in vitro 및 in vivo 단계에서 활성도를 비교하여 동일하거나 유사할 경우 이 물질을 기능 또는 지표성분으로 구분하게 된다 (식품의약품안전처 기능성 원료 표준화 지침서).

② 열수추출

열수추출은 순수한 물을 사용하기 때문에 유기용매 사용 시에 발생할 수 있는 독성 문제에서 자유로울 수 있다. 시료에서 수용성 물질을 추출하는 과정에서 많이 사용되는데 약재 추출에 널리 이용된다. 시료에 물을 가하여 시료 속에 함유된 성분 중에서 물에 용해될 수 있는 물질을 추출할 수 있다. 열수 추출은 시료의 특성에 따라 수 시간 또는 수분 이내의 짧은 시간 내에 추출하는 경우도 많다. 열을 가하여 추출하는 동안 성분의 파괴나 증발 등이 일어날 수 있으므로 원료의 특성에 따라 문헌 고찰 등의 과정을 통하여 최적의 추출조건을 찾는 것이 무엇보다 중요하다. 열수추출은 시료의 분쇄, 온수에 가열, 필터링, 수분제거 및 건조 순서로 이루어지고, 온수에 가열하고 걸러주는 과정을 수차례 반복하여 추출 수율을 높인다. 열수 추출된 시료는 보통 원심 분리하여 상층액만을 취하는 과정을 수차례 반복하여 순도를 높일 수 있다.

③ 수증기 증류 추출법

수증기 증류 추출법은 아래의 그림과 같이 물을 넣은 탱크를 가열하여 발생한 수증기를 원료에 가하여 세포벽에 존재하는 물질을 분리하는 방법으로 에센셜 오일을 분리할 때 많이 이용된다. 분리된 물질은 수증기와 함께 증발하여 냉각탱크에서 물과 분리된다. 즉 무거운 수증기는 물이 되어 아래로 가고 에센셜 오일은 상층에 포집 된다. 수증기 증류 추출법은 추출비용이 저렴하고 많은 양을 한꺼번에 추출할 수 있지만, 물과 열에 의해 성분의 파괴가 일어날 수 있는 단점이 있다.

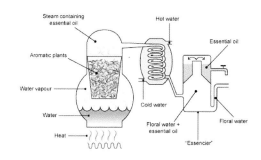

〈그림〉 수증기 증류 추출법

④ 초임계 추출법

보통의 온도와 압력에서 기체와 액체로 존재하는 물질도 임계점이라고 불리는 일정한 온도와 압력의 한계를 넘으면 증발과정이 일어나지 않아서 액체와 기체의 경계가 없어지는 상태, 즉 임계상태가 되는데 이 상태의 물질을 초임계유체라고 한다. 예를 들어 1기압, 절대온도 5.1k 이하에서 액체가 되는 헬륨은 10기압 이상으로 가압하면 초임계 헬륨이 된다. 초임계 유체는 분자의 밀도가 액체에 가깝지만 점성도는 매우 낮아 기체에 가깝게 된다. 이러한 초임계유체를 이용하여 특정 물질을 추출하는 방법을 초임계 유체 추출이라고 하며, 가장 대표적인 초임계 추출은 CO_2를 이용하는 방법이다. 인체에 무해한 식용 CO_2를 고압하에서 초임계 유체 상태로 만들어 천연물 속에 들어있는 기능성 물질을 변성 없이 추출해낼 수 있으며, 유기용매를 사용하지 않기 때문에 의약 및 식품공정에 자유롭게 이용할 수 있다.

초임계 유체의 특징과 장단점은 아래와 같다.

- 액체와 기체의 장점을 모두 가지고 있다.
- 기체처럼 무형이며, 점도가 낮다.
- 액체와 동일한 비중과 밀도를 가지며 불순물을 쉽게 용해하다.
- 온도에 민감한 천연물의 추출에 용이하다.
- 용매 회수가 용이하여 환경오염 문제가 작다.
- 기체와 같이 미세한 패턴의 내부공간까지 완벽하게 도달하여 잔류물과 오염

원을 제거할 수 있다.

- 혼합물질 내부에 단 하나의 성분만을 정확히 추출해낼 수 있다.
- 압력을 대기압으로 하면 이산화탄소만이 기체로 분리되어 재사용이 가능하며, 친환경적이고 저렴하다.
- 상온에서 물과 기름이 섞이지 않지만 초임계 상태에서는 잘 섞이며, 물과 산소도 잘 혼합된다.
- 추출공정에서 향기가 손실되지 않으며, 특정물질을 선택해서 추출할 수 있다.
- 공정시설에 많은 비용이 발생하며, 안전가동에 주의해야 한다.
- 소량처리에 제한적이다.

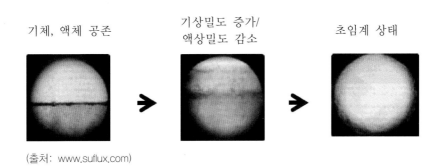

기체, 액체 공존　　기상밀도 증가/액상밀도 감소　　초임계 상태

(출처: www.suflux.com)

〈그림〉 초임계 유체 생성 과정

위의 그림과 같이 이산화탄소 초임계 유체의 생성과정을 보면 반응 용기 내의 온도와 압력이 높지 않으면 이산화탄소는 액체(아래)와 기체(위)의 경계가 뚜렷하게 나타난다. 그러나 온도와 압력이 높아지면 액체 이산화탄소가 끓기 시작하다가 계속 압력이 높아지면 기체를 구분하는 경계가 희미해지고, 온도와 압력이 액체와 기체를 구분할 수 없는 임계점에 도달하면 액체와 기체 간의 경계가 완전히 사라지게 된다. 물은 섭씨 374도씨 22기압에서 초임계에 도달하며, 이산화탄소는 31도 74기압에서 초임계가 된다.

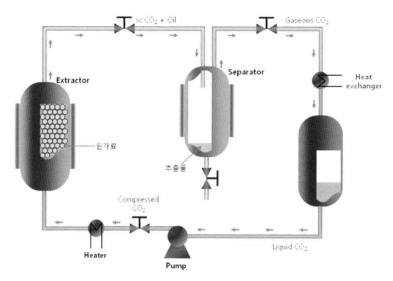

(출처: www.suflux.com)

〈그림〉 초임계 추출장치의 구조

3) 초기 추출물의 안전성 및 특성 시험

원재료에서 기능성이 있을 것으로 추정되는 물질을 추출한 이후에는 활성물질의 각종 특성을 파악해야 한다.

① pH 및 열 안정성시험

pH 및 열에 대한 안정성을 조사하는 방법은 예를 들면 1~2ml 정도씩의 추출물을 HCl이나 NaOH 등을 이용하여 pH를 2, 7, 10으로 각각 조정한 후 실온 25℃에서 시작하여 50℃, 75℃ 및 100℃로 15분간 가열한 후에 냉각시킨다. 그리고 시료의 pH를 중성으로 조정하여 활성을 검정하고 활성이 감소된 정도를 조사한다.

② 유기용매에 대한 분배성

일정한 양의 추출물과 물과 혼합되지 않는 유기용매를 사용하여 두 층에 대한 기능성물질의 분배성을 조사한다. 유기용매로서 친수성기를 가진 물질은 추출되기 어려운 것과 넓은 범위의 물질을 추출할 수 있는 것 등 2종류를 동시에 사용하여 분배실험을 수행하고 그 결과를 비교한다. ㉠ 부탄올과 에틸 아세테이트에 모두 추출되는 경우 지용성 물질이다. ㉡ 부탄올에는 추출되나 에틸 아세테이트에는 추출되지 않는 경우는 지용성과 수용성의 중간성질을 가진 양쪽성 물질이다. ㉢

부탄올과 에틸 아세테이트에 모두 추출되지 않는 경우 수용성 물질이다. ㉣ 부탄올과 에틸 아세테이트에 모두 분산되는 경우는 용해성이 낮은 물질로 추측해볼 수 있다. 그러나 이 실험은 시료의 pH에 따라서 결과가 달라질 수가 있으므로 최종 제품의 pH에 해당되는 조건으로 실험해야 한다.

③ 흡착제에 대한 흡착성

흡착성 등은 활성탄 또는 합성흡착제를 사용하여 분석한다. 추출물은 HCl과 NaOH 등을 이용하여 pH를 2와 10으로 각각 조정한 후 활성탄에 통과시킨다. 활성탄을 증류수로 씻은 후에 pH 2의 시료인 경우에는 염기성 아세톤에, pH 10의 시료인 경우에는 산성 아세톤으로 용출시킨다. 측정한 결과를 예를 들면, 활성물질이 염기성 조건하(pH 10)에서 활성탄에 흡착되고 산성 아세톤 용액에 의해 용출되나, 산성 조건하에서는 활성탄에 흡착되지 않는 경우에는 추출물의 성질이 염기성임을 추정할 수 있다.

4) 기능성물질의 분자량 크기 조사

추출액을 일정한 사이즈를 가진 membrane filter를 통과시키면, 통과되는 정도를 이용하여 추출액에 함유된 기능성 물질의 사이즈를 추정할 수 있다. 예를 들어 $50\mu m$ 사이즈의 membrane filter를 통과하지만 $10\mu m$ 사이즈의 membrane filter를 통과하지 못하는 물질이라면 기능성물질의 사이즈는 $10{\sim}50\mu m$ 정도의 크기를 가진 물질임을 추정할 수 있다.

(3) 물질 분리

1) Chromatography

천연물에서 활성물질의 분리에 가장 일반적으로 사용되는 방법은 column chromatography 법이다. 크로마토그래피 방법은 혼합물 중 각 성분들을 분리하고 분석하는 방법으로 1906년 러시아의 식물학자 츠웨트(Tswett)에 의해 처음으로 식물에서 클로로필, 카로틴과 크산토필 등을 분리한 것에서 시작되었다. 이 크로마토그래피 방법은 복잡한 혼합물을 분리하고 분석하는 데 있어 가장 널리 이용되는 방법이며, 기본적으로 정지상(Stationery phase), 이동상(Mobile phases) 및 분리 물질(Compounds)

로 구성된다. 분리는 이 두 개의 상 중에서 compound 자체가 어느 쪽으로 분배되는가에 기본을 두고 있다. 혼합물을 분리하기 위해서는 최소한 두 개 이상의 상 (Phases)이 있어야 하며, 이 두 상은 서로 섞이지 않아야 한다. 또한 혼합물에 존재하는 각 성분은 서로 흡착성과 분배계수가 서로 달라야 한다. 정지상에 친화력이 큰 물질은 크로마트그래피 내에서 천천히 이동하고, 이동상에 친화력이 큰 물질을 크로마토그래피 내에서 빠르게 이동한다. 이러한 이동속도의 차이를 통해서 혼합물 내에서 특정물질을 분리해 낼 수 있다.

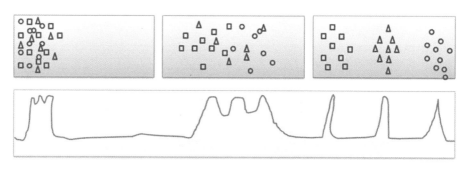

〈그림〉 흡착성과 분배계수에 따른 물질의 이동

이동상이 갖추어야 할 조건은 고순도 용매이어야 하며, 시료를 용해시킬 수 있어야 하고 점도가 낮아야 한다. 용질과 충전제와의 반응성이 낮아야 하며, 정지상과 섞이지 않아야 하고 흡광도 검출기를 사용하는 경우 흡광도 파장에서 흡광되지 않아야 한다.

분배현상이란 서로 섞이지 않는 두 액상으로 이루어진 용매에 제3의 물질을 용해시켜 평형에 도달할 때 이 물질의 두 액상에서의 농도의 비는 녹은 물질의 양과 두 용매의 양에 관계없이 항상 일정한 것을 말한다. 어떤 물질의 분배계수 (Partition coefficient)는 샘플분자의 고정상과 이동상에 대한 분배 비율을 말한다. 예를 들어, A 물질을 포함하고 있는 혼합 용액을 고정상에 넣으면 A 물질은 고정상과 이동상 사이에서 흡착반응 또는 분배 반응이 일어나게 되는데 일정한 조건 하에서 분배계수를 갖는다.

분배계수 $K=C_s/C_m$

C_s는 정지상에서 A 성분의 농도

C_m은 이동상에서 A 성분의 농도

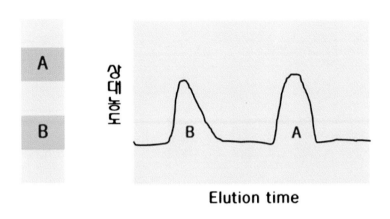

〈그림〉 분배계수

혼합물에서 분리된 단일물질은 UV, NMR, LCMS, GCMS 또는 X-ray 등 다양한 분석학적 자료를 이용하여 분리된 단일성분의 구조를 확인하여 건강기능식품 기능성 원료로 사용 가능성을 검토한다.

3. 원재료의 표준화 및 제조공정의 표준화

(이하 식품의약품안전처 "기능성 원료 기준규격 설정방법", "기능성 원료 표준화 지침서", 건강기능식품 기능성 원료의 개발" 등의 자료 참조)

원재료 및 제조공정의 표준화는 원재료의 재배에서부터 제조, 가공단계를 거쳐 소비자에게 유통하기 위한 포장, 저장에 이르기까지 제품의 생산에 관련된 모든 단계를 포함한다고 할 수 있다. 즉 표준화는 제품 생산의 높은 재현성을 향상하는 데 초점을 두고 있으며, 건강기능식품관련 규정에서 요구하는 기준 및 규격은 엄격한 의미의 표준화에 필요한 사항들 중에서 가장 기본적인 사항과 품질의 확보를 위한 사항을 의미한다(식품의약품안전처 기능성 원료 표준화 지침서).

(1) 표준화의 목적

건강기능식품을 개발하기 위한 기능성 원료의 개발에서 가장 중요한 부분은 표준화이며, 원재료와 제조공정을 표준화하는 주요 목적은 크게 4가지로 정리할 수 있다. 첫 번째는 목적은 효능(생리활성 등)을 가진 원료를 일정하게 생산하기 위함이다. 즉 어떤 누구가가 언제 생산하더라도 동일한 효능을 가지는 원료를 안전하게 생산할 수 있도록 하기 위함이다. 두 번째 목적은 유효성분 함량이 가능한 높은 원료를 생산하는 것이다. 세 번째 목적은 원료의 수율을 최적화할 수 있는 공정을 확립하는 것이다. 이는 유효성분 함량이 높은 원료를 생산함으로써 생산비를 절감하고, 기능성 원료의 효능을 극대화하기 위함이다. 네 번째 목적은 기준규격에 적합한 원료를 안정적으로 생산하는 것이 목적이며, 이 또한 생산효율을 높이고, 기능성 원료의 효능을 극대화할 뿐만 아니라, 인체에 해가되지 않는 안전한 기능성 원료를 일정하게 확보하기 위한 것이다(식품의약품안전처 기능성 원료 기준규격 설정방법).

(2) 원재료 표준화와 제조공정 표준화

건강기능식품 개발을 위한 표준화 과정은 크게 "원재료표준화"와 "제조공정표준화"의 순서로 나눌 수 있다(아래 표 참조). 원재료 표준화는 원재료의 품종, 사용부위, 채취시기 및 원산지 등을 명확히 지정하여 표준화하는 것이다. 제조공정 표준화는 원재료의 추출방법, 농축방법, 건조방법 및 제형 방법 등을 표준화하는 것이다. 이러한 두 개의 표준화는 제조수율이 높고, 제조비용이 저렴할 뿐만 아니라 생리활성 효능이 극대화된 기능성 원료를 획득하여 건강기능식품을 제조하기 위한 것이다. 또한 기능성 원료를 표준화하는데 있어 가장 중요한 것은 비용대비 효율과 효능이 가장 높은 원재료와 제조공정을 선택하는 것이므로 기능/지표성분의 함량이 높은 것과 추출수율이 가장 높은 것을 선택하는 것이 반드시 최선의 선택이 아닐 수 있다. 상록수, 온실재배 또는 경제동물 등에서 획득 가능한 물질 등은 필요로 하는 물량을 사계절 꾸준히 확보할 수 있다. 그러나 계절이나 지역 또는 해발고도 등의 영향을 받는 원재료의 경우 수확계절이 아닌 경우 원료의 공급이 원활하지 않기 때문에 항상 원료를 안정되게 공급받을 수 있는 원산지와, 품종 등을 선택하여 표준화해야 한다. 수입 원재료의 경우 또한 동일한 지역에서 생산된 동일한 원료를 안정되게 공급받을 수 있는 수단이 먼저 구비되어져야 한다 (이상 식품의약품안전처 기능성 원료 기준규격 설정방법).

[표] 원재료 표준화와 제조공정 표준화

원재료표준화	제조공정표준화
재료의 품종 · 원료공급이 원활한 품종을 선택 · 가격이 저렴한 품종을 선택 · 기능/지표성분의 함량이 높은 품종을 선택 · 기능/지표성분 추출이 용이한 품종을 선택	**추출** · 추출 용매와, 추출온도 및 추출시간 등은 기능/지표성분 추출 수율이 높은 방법을 선택 · 추출 비용대비 기능/지표성분 추출수율이 높은 방법을 선택
재료의 사용부위 · 가격이 저렴한 부위를 선택 · 채취가 용이한 부위를 선택 · 기능/지표성분의 함량이 높은 부위 선택 · 기능/지표성분 추출이 용이한 부위를 선택	**농축** · 농축온도, 농축압력 및 농축시간 등은 기능/지표성분 추출 수율이 높은 방법을 선택 · 농축 비용대비 기능/지표성분 추출수율이 높은 농축 방법을 선택
채취시기 · 채취수량이 가장 많은 시기를 선택 · 원료공급이 가장 원활한 채취시기를 선택 · 기능/지표성분의 함량이 높은 시기를 선택 · 기능/지표성분 추출이 용이한 시기를 선택	**건조** · 기능/지표성분 추출 수율이 높은 건조 방법을 선택 · 건조 비용대비 기능/지표성분 추출수율이 높은 농축 방법을 선택
원산지 · 원료공급이 원활한 원산지 선택 · 저렴한 가격으로 구매가능한 원산지 선택 · 기능/지표성분의 함량이 높은 산지 선택	**제형** · 기능/지표성분 안정성이 높은 제형을 선택 · 섭취가 용이한 제형을 선택 · 생산단가가 저렴한 제형을 선택

원재료와 제조공정 표준화를 위해서는 최고가 아닌 최선을 선택한다. 예컨대 기능/지표성분의 함량이 높다고 해서 최적의 선택은 아닐 수 있으므로 가격대비 수율이나 생리활성 효능을 고려해서 경제성이 가장 높은 재료와 제조공정을 선택하는 것이 바람직하다.

건강기능식품을 제조하기 위한 관리에는 다음과 같은 운영조건을 필요로 하며, 시간, 온도, 압력, 제조 각 단계에서의 추출용매, 추출공정, 식물과 추출용매의 비율, 위생, 건조과정과 같은 중요한 공정변수들이 완벽하게 관리되어야 한다. 또한 포장 및 저장조건은 제품의 저장기간 동안 제품을 보존하고 품질을 유지할 수 있도록 안전한 수준으로 설정되어야 한다. 그러므로 건강기능식품 제조업체는 제품의 물리적, 화학적, 미생물학적인 특성에 대한 안정성시험을 통해 적합한 포장 및 저장조건을 설정해야 한다. 천연물은 보통 수천 개의 성분들을 포함하기 때문에 1개 이상의 지표성분이나 화합물 그룹들만 분석하는 것은 원료 조성을 밝히는데 충분하지 않을 수 있다. 그러므로 특정 수준의 지표성분이 존재한다고 해서 그 자체가 표준화된 제품을 보장하기에는 충분하지 않을 수 있다. 천연물 원료의 순도는 제조물의 안전성이나 기능성에 영향을 미칠 수 있고, 과량 또는 독성이 나타날 수 있는 수준의 불순물이 존재하면 불량제품이 될 수 있기 때문이다(식품의약품안전처 기능성 원료 표준화 지침서). 식품의약품안전처에서 제시한 원재료 표준화와 제조공정 표준화 시 고려사항은 다음의 표와 같다.

[표] 건강기능식품 원재료 및 제조공정 표준화시 고려사항

항목	고려해야 할 항목	대상식물
원재료 표준화 시 고려사항	원재료 유사종(정확한 종 확인)	선정된 후보물질
	원재료의 부위	
	원산지	
	채취시기(계절)	
	채취시기(년생)	
제조공정 표준화 시 고려사항	추출용매	
	추출온도	
	용매비율	
	추출시간	
	추출횟수	
	건조방법	
	원재료 모니터링	

(출처: 식품의약품안전처 기능성 원표 표준화 지침서)

1) 원재료 표준화

(이하 식품의약품안전처 "기능성 원료 기준규격 설정방법", "기능성 원료 표준화 지침서", 건강기능식품 기능성 원료의 개발" 등의 자료 참조)

건강기능식품 개발을 위한 원재료 표준화는 크게 원재료의 품종 확인, 사용부위 확인, 원산지 확인 및 채취시기 확인 등의 과정으로 구분할 수 있다. 이러한 과정들은 건강기능식품을 개발하는데 있어 재현성과 안전성 및 생리활성 효능을 극대화하기 위함이다.

　① 원재료의 유사종 확인

　동일한 식물의 경우에도 유사종이 전 세계적으로 분포하며 동일 품종도 국가와 지역에 따라 각기 다른 이름으로 불리어지기도 한다. 뿐만 아니라 다른 종임에도 불구하고 동일한 종으로 인식되어 원재료 시장에 유통되는 경우도 있다. 이러한 이유로 원재료를 수입하거와 원료를 수급하는데 있어 큰 혼란이 발생할 수 있다. 따라서 건강기능식품 원료로 사용하고자 하는 식물의 정확한 종을 파악하여 원재료로 사용해야만 한다.

　② 원재료 사용부위 확인

　식물은 하나의 나무에서도 부위에 따라 함유하는 성분이 각각 다를 수 있으며, 국가별 사용에 대한 법적인 제한도 다양하다. 따라서 기능/지표성분으로 설정하고자 하는 성분을 가장 많이 함유하고 효능을 발휘하는 부위가 출시하고자 하는 국가에서 식용이나 약용으로 사용이 가능한지를 최우선적으로 검토해야만 한다. 이러한 이유는 해당 국가에서 사용에 제한적인 식물 부위에서 활성이 더 높게 나타날 수 있고, 식용으로 허락되지 않은 부분을 사용하고자 할 경우에는 원재료의 안전성을 입증하는 자료를 제출해야만 하기 때문이다. 원료의 식용가능유무는 현재 제품으로 판매되는 제품의 원료인지, 과거에 사용된 근거가 있는지 또는 국·내외 사용가능한 식물목록에 있는지를 확인하여 판단한다. 국내에서는 "식품공전"에서 식품일반에 대한 공통기준 및 규격, 원료 등의 구비조건에 관한 내용을 확인할 수 있으며, "식품첨가물공전"에는 품목별 규격 및 기준을 확인할 수 있다. 그리고 "한국식품공업협회"와 "한국식품연구소" 자료에서는 가공식품의 원료로 사용할 수 있는 동식물의 범위에 대한 자료를 확인할 수 있다.

　③ 원재료 원산지 확인

　식물을 비롯한 천연물은 동일종이라 하더라도 재배환경(위도, 기후, 토질 등)의 차이로 인해 식물의 구성 성분이 달라질 수 있기 때문이다. 그리고 동일종이 전 세계적으로 분포하기 때문에 제품개발에 사용하고자 하는 기능성 원료의 수급이 장기적으로 가능한 지역을 선정하여 효능이 동일하도록 표준화하는 것이 제품 개발에 있어 중요하다. 그 예로서 선정된 후보소재와 동일한 종을 한국, 중국, 일본의 여러 지역에서 채집하여 compound-A, B의 함량을 확인한 결과 한국의 B 지역과 중국의 C 지역에서 채집된 원재료를 이용한 추출분말의 효능 및 화합물의 함량이 적합할 것으로 예측되지만 최종 원료 수급처는 수집지별 기능/지표성분의 함량뿐 아니라 원료의 수급가능성을 고려하여 원료 수급이 가장 용이하고 가격이 가장 저렴한 원료 수급처를 선정해야만 한다. 즉 반드시 생리활성 효능이나 기능/지표성분의 함량이 높은 것만을 선택하는 것은 원료 수급 측면에서 바람직하지 않을 수 있다.

[표] 국가별 후보식물 자생종의 수

국가	후보식물 종
한국	70
일본	662
중국	60
인도네시아	31
미얀마	42
말레이시아	31
인도	136
필리핀	30
타이완	130
아프리카	11
남아프리카	179

(출처: 식품의약품안전처 기능성 원료 표준화 지침서)

④ 원재료 채취시기

다년생 식물의 경우 시기(계절, 월별)에 따라 기능/지표성분의 함량에 차이가 발생할 수 있는데 그 이유는 환경에 따라 식물의 성장이 다를 수 있기 때문이다. 따라서 제품개발 초기에 사용된 원료와 일정시간이 흐른 후 새롭게 채취된 원료를 이용한 효능실험의 결과가 상이할 경우 월별 또는 계절별 기능/지표성분의 함량변이 및 추출물의 활성을 정확하게 확인해야만 한다. 이는 천연물에는 수백 또는 수천종의 화합물이 포함되어 있고 그 함량도 환경에 따라 달라질 수 있기 때문에 기대하는 활성을 나타내지 않는 경우가 있기 때문이다. 그 예시로서 식품의약품안전처 기능성 원료 표준화 지침서에서 제시한 다음의 결과에서 보면 후보식물의 채취시기별(월별) 기능/지표성분 함량 및 활성을 확인한 결과 후보식물의 경우 9, 10, 11, 12, 1, 2, 3월에 채취할 경우에만 기능/지표성분 함량 및 기능성이 모두 만족하는 결과를 보이기 때문에 이 시기를 가장 최적의 채취시기로 선정해야 한다. 이와 반대로 4월에서 8월 사이에는 기능/지표성분의 함량 및 효능이 낮기 때문에 채취시기에서 제외해야 한다.

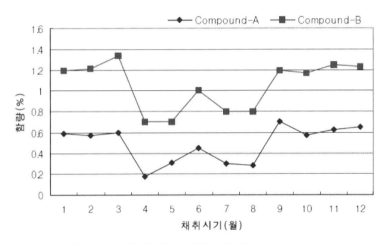

(출처: 식품의약품안전처 기능성 원료 표준화 지침서)

〈그림〉 채취시기별 후보식물의 기능/지표성분 함량 및 활성도
변이(예시)

2) 제조공정의 표준화

(이하 식품의약품안전처 기능성 원료 표준화 지침서 등의 자료)

건강기능식품 개발과정에서 제조공정의 표준화를 위해 고려해야 하는 조건은 추출용매, 추출온도, 추출시간, 추출횟수 및 건조방법 선정 등으로 구분할 수 있다. 이러한 과정들은 건강기능식품을 개발하는 데 있어 재현성과 안전성 및 생리 활성 효능을 극대화하기 위함이다. 식품의약품안전처 건강기능식품 기능성 원료

의 개발 자료에서 제시한 기능성 원료의 생산공정도는 다음의 그림과 같다.

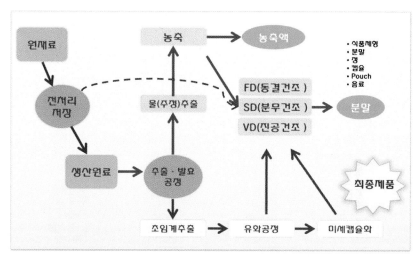

(출처: 식품의약품안전처 건강기능식품 기능성 원료의 개발)

〈그림〉 기능성 원료의 생산공정

① 추출용매

기능/지표성분 원료를 획득하는데 있어 추출용매의 선택은 매우 중요하며, 기능성 원료의 추출에 사용되는 용매는 건강기능식품공전 제3장 개별 기준 및 규격 또는 "건강기능식품 기능성 원료 인정에 관한 규정"에 따라 사용하여야 한다. 다만 이 공전에서 정해지지 않은 용매, 효소 등은 식품첨가물의 기준 및 규격에 적합한 것을 사용하여야 한다. 기능/지표성분을 효율적으로 추출하기 위해서는 화합물이 가장 잘 용해될 수 있는 극성을 가진 용매를 선정해야 한다. 따라서 식품제조에 사용이 가능하며 극성이 서로 다른 용매 중 물과 주정의 혼합용매를 이용하여 추출물에서 두 가지 물질의 함량을 확인하고 함량이 가장 높은 추출용매조건을 선택해야 한다. 그러나 불가피하게 식품용도로 사용이 허용되지 않은 용매를 사용하게 될 경우 제조공정 중 이를 제거하는 공정을 추가해야 하며, 경우에 따라 그 잔류기준을 설정하여 제품생산 시 관리항목으로 추가하여야 한다. 다음의 그림에서는 용매 비율별로 compound의 함량을 다르게 나타나는 것을 확인할 수 있다. 이 경우에는 주정대비 기능성 물질 함량비를 고려했을 때 70% 주정을 선택하는 것이 바람직할 것이다.

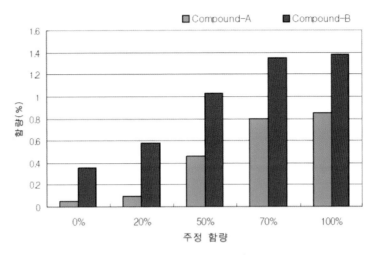

〈그림〉 추출용매에 따른 기능/지표성분의 함량변이(예시)

② 추출온도

기능/지표성분 원료를 획득하는데 있어서 추출온도는 매우 중요한 요소가 될 수 있다. 추출 온도에 따라 추출수율이 달라질 수 있고, 기능/지표성분의 안정성에도 영향을 줄 수 있기 때문이다. 일반적인 생약제 추출공장에서 추출물 제조 시 사용되는 온도는 95℃ 내외이다. 이는 제조공장의 열원이 대부분 스팀(steam)을 이용하며 정제수를 추출용매로 사용하기 때문이며, 정제수 이외의 다른 용매를 사용할 경우 용매의 끓는점을 고려하여 적정 추출온도를 선정해야 한다. 식품의약품안전처 기능성 원료 표준화 지침서에서 제시한 예에서 보면 후보소재의 추출온도에 따른 compound-A, B의 함량 및 추출수율을 확인한 결과 80℃ 이상에서 함량 및 수율이 더 이상 증가하지 않는 것을 볼 수 있다. 따라서 이 예의 경우에는 경제성과 함량변이를 종합적으로 고려하여 추출물 제조 온도를 80℃로 설정하는 것이 바람직할 것이다.

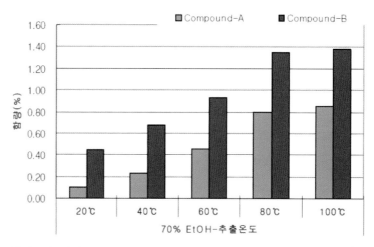

〈그림〉 추출온도에 따른 기능/지표성분의 함량변이 (예시)

③ 추출시간

기능/지표성분 획득을 위한 추출에 있어 추출용매, 추출온도와 더불어 추출시간 또한 중요한 요소가 될 수 있으며, 추출시간에 따라 추출수율 및 화합물의 함량에 차이를 나타날 수 있다. 그러나 대부분의 경우 추출시간이 지속적으로 증가할수록 추출물의 수율과 기능/지표성분의 함량은 일정수준까지 증가한 후 유지되는 경향을 보이기 때문에 적정 추출시간을 설정하는 것이 경제적으로 유리하다. 식품의약품안전처 기능성 원표 표준화 지침서에서 제시한 예에서 보면 선정된 후보소재를 이용하여 추출시간에 따른 compound-A, B의 함량 및 추출수율은 확인한 결과 6시간 이후에는 수율 및 기능(지표)성분의 함량의 증가량이 많지 않기 때문에, 이 예의 경우에는 6시간 동안 추출하는 것이 가장 적합할 것이다.

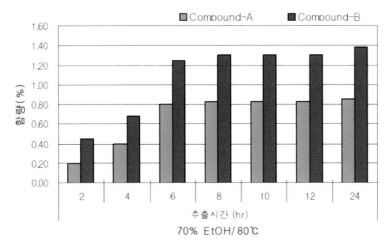

〈그림〉 추출시간에 따른 기능/지표성분의 함량변이 (예시)

④ 추출횟수

추출횟수는 추출용매, 추출온도와 더불어 추출수율 및 기능/지표성분의 함량에 차이를 나타내는 요인 중 하나이다. 비용대비 효율을 고려했을 때 추출횟수가 적은 것이 효과적이다. 그러므로 추출횟수는 기능/지표성분의 함량과 차수별 추출수율을 고려하여 설정해야 한다. 그리고 가능한 추출횟수를 줄이기 위해서는 용매, 온도, 시간 이외에 용매량, 추출압력 등의 조건을 조절하여 추출하는 것이 바람직하다.

[표] 추출조건의 최적화

조건	결과
원재료의 분쇄도	원재료를 분쇄할수록 용매와 용질의 접촉 면적이 넓어짐으로 확산속도가 증가하여 추출속도는 증가하지만 용매의 용해도 선택성이 감소하여 불필요한 성분의 추출도 증가한다.
추출온도	온도는 높을수록 추출은 잘되지만 불필요한 성분의 용출이 증가하고 열에 약한 기능성분의 불활성화를 초래한다.
추출시간	시간은 질어질수록 확산평형이 이루어지면 불순물(잔사)의 유출이 늘어나 유효성분의 농도가 낮아진다.
추출농도	원재료의 용매의 비율을 높이면 농도차가 커져 확산 속도는 빨라지지만 단위처리량이 작아지고 농축해야 할 용액이 많아져 생산성이 떨어진다.
용매 pH	산성용매는 알카로이드나 페놀류, 플라보노이드의 용해도를 증가시키고 염기성에서는 사포닌의 추출 효율을 증가시킨다.

(출처: 식품의약품안전처 건강기능식품 기능성 원료의 개발)

⑤ 건조방법

건조는 원료에 함유되어 있는 수분이나 기타 용액 등을 증발 또는 승화과정을 통해 제거하는 것이며, 추출될 물질을 건조하는 방법에 따라 분말의 성상이 결정된다. 그리나 일부 화합물의 경우 열에 불안정하여 건조방법에 따라 기능/지표성분의 함량에 큰 차이가 발생할 수 있기 때문에 적절한 건조방법의 선정이 요구된다. 또한 추출분말의 제조 시 건조방법에 따른 제조비용의 차이가 크기 때문에 제조비용을 고려하여 적절한 건조방법을 선정한다.

(출처: 식품의약품안전처 건강기능식품 기능성 원료의 개발)

〈그림〉 원재료 건조 방법

(3) 원재료 모니터링 및 제조공정 요약

  식품의약품안전처 건강기능식품 기능성 원료의 개발 지침서에서 제시한 예에서 제조공정이 완료된 후보소재의 19개 lot별 compound-A,B의 함량을 조사한 결과는 다음의 표와 같다. 동일한 지역, 특정 채취시기, 제조공정에 의해 제조되었지만 천연물의 특성상 compound-A 변이는 0.55~1.09%로 평균치인 0.75%를 기준으로 할 경우 최대값은 45% 이상 높은 결과를 보였다. 그리고 compound-B의 함량변이는 0.89~2.23%로 평균치인 1.52%를 기준으로 할 경우 최대값은 46% 이상 높은 결과를 보였다. 따라서 기능/지표성분인 compound-A, B의 기준규격 설정 시 이를 근거로 하여 기준규격을 설정하는 것이 적절하다. 후보식물을 이용하여 pilot-scale에서 표준추출분말 제조 시 원재료 및 제조공정의 표준화과정을 통해 제조수율 및 기능/지표성분의 농축률은 아래 표와 같은 결과를 얻었다. 원재료에서 기능/지표성분의 함량은 추출수율을 고려하여 원재료 중 기능/지표성분의 함량을 계산한 결과 값이다. 그 결과 추출분말의 기능/지표성분의 함량은 원재료에 비해 20배 농축되었음을 확인하였다.

제조공정	중량 (g)	기능(지표)성분함량(%)		추출분말 chromatogaram
		1	2	
우보식물 잎	1,000	0.039	0.063	
· 건조 · 분쇄 · 주정투입 · 가열				
주정추출액				
· 여과 · 농축				
농축액				
· 건조				
추출분말	50	0.78	1.26	
농축율 (배)	20	20	20	

1: Compound-A, 2: Compound-B

(출처: 식품의약품안전처 기능성 원료 표준화 지침서)

〈그림〉 제조공정 단계별 기능/지표성분 함량(예시)

(4) 선정된 소재의 표준화 결과

[표] 후보소재의 표준화(예시)

고려해야 할 항목		대상식물	내용
원재료	원재료 유사종		sp-6, 9
	원재료 부위		잎
	원산지		한국, 중국
	채취시기(계절)		1, 2, 3, 9, 10, 11, 12월
제조	추출용매		70% 주정
	추출시간		80℃
	추출횟수		6시간
	건조방법		1회
	원재료 모니터링		Spray dry, Freeze dry, Vacuum dry
			적합

(출처: 식품의약품안전처 기능성 원표 표준화 지침서)

4. 기준규격 설정

제품의 기준규격 항목은 성상, 기능/지표성분의 함량, 수분, 유해물질에 대한 기준규격 설정방법은 상기 표준화 과정의 결과를 토대로 각 항목별로 설정하게 된다.

(1) 제품의 성상

분말의 성상은 자체 제조된 원료의 색상을 근거로 구체적으로 명시한다. 그리고 색상의 표기는 한국표준색이름(산업자원부 기술표준원)을 근거로 구체적으로 설정한다.

(2) 기능/지표성분의 함량

기능/지표성분의 함량범위는 원료표준화 과정을 통해 얻은 결과를 토대로 그

범위를 정하는 것이 이상적이며 추가적으로 근거자료로서 다음 같은 자료를 첨부할 수 있다. 원료제품의 경우 표시하고자 하는 기능/지표성분의 함량은 분석오차를 고려하여 함량의 하한치와 상한치를 백분율(%)로 설정한다. 단 함량으로 설정하기 부적당한 것은 역가 또는 단위로 표시할 수 있다. 그리고 정량 가능한 것에 대하여 설정하며, 함량기준 범위는 원칙적으로 근거자료에 따른다. 따라서 기능/지표성분의 함량은 제조공정 및 원료의 차이에서 발생할 수 있는 오차범위와 분석오차를 고려하여 설정하는 것이 가장 적절하다.

(3) 유해물질

유해물질이라 함은 원재료 또는 제조과정 중 오염 또는 잔류의 가능성이 있어 인체에 유해한 물질로서 미생물, 중금속, 잔류농약, 잔류용매 등을 말한다. 따라서 각 제조사는 제조공정에 적합하게 유해물질의 규격을 설정하고 관리해야만 한다. 관련 자료는 유해물질에 대한 규격 및 시험방법에 관한 법률 자료를 참조한다.

(4) 추출물의 복합물

2종 이상의 복합물을 이용한 제품개발의 과정은 단일추출물과 동일한 방식으로 진행되며, 복합물의 경우에는 사용하고자 하는 추출물이 단일추출물과 동일하게 안전한 추출물이어야 하며, 추출물을 2종 이상으로 혼합하는 객관적인 근거자료를 제시해야만 한다.

1) 복합물의 제조근거

일반적으로 복합물을 제조하는 경우는 단일 추출물로 충분한 효과를 기대하지 못하는 경우가 대부분이기 때문이며, 단일추출물보다 우수한 효능의 제품을 개발하기 위함이다. 그리고 대부분의 기대하는 기능성이 다양한 메카니즘에 의해 발생하기 때문에 이를 개선시키기 위해서는 다양한 기전의 활성성분이 필요하기 때문이다. 복합근거에 대한 예시로서 상승효과(synergy effect)가 대표적이다. 이는 단일 추출물 대비 복합물의 효능이 우수함을 증명하는 방법으로써, 적정 배합비율로 혼합할 경우 복합물의 효능이 개별 추출물에 비해 우수함을 증명하는 방법이다. 식품의약품안전처 기능성 원료 표준화 지침서에서 제시한 예시에서 보면 복합물의 개별 추출물(추출물-A, 추출물-B)의 ear swelling 결과와 두 가지 추출물 복합물의 ear swelling 결과 복합물의 효능이 개별추출물에 비해 우수한 결과를 보인다. 따라서 두 가지 개별추출물의 복합근거로 상승효과를 근거로 제시할 수 있다(식품의약품안전처 기능성 원료 표준화 지침서). 그러나 모든 복합물이 상승효능을 가진다고 볼 수는 없으며, 기능/지표성분 설정이나 원재료 및 제조공정 표준화 과정이 더 복잡해질 가능성도 배제할 수 없다.

[표] 추출물-A, B 및 복합물의 상승효과 실험(예시)

	Difference	Ear swelling(%)
Control	0.130	100
Positive control (50mg)	0.045	30
추출분말-A	0.148	70
추출분말-B	0.068	50
복합물	0.064	40

(출처: 식품의약품안전처 기능성 원료 표준화 지침서)

2) 복합물의 기준·규격 설정의 예

복합물의 기준규격은 단순추출물의 복합물이기 때문에 앞장에서 설명된 단순추출물의 준·규격 설정과 동일한 방법으로 설정된다. 식품의약품안전처 기능성 원료 표준화 지침서에서 제시 예는 다음과 같다.

[표] 복합물 기준규격 설정 예시

항목	기준	근거자료
성상	황색～암황색을 가지는 분말	자체시험자료: 제조방법에 의해 제조된 원료의 성상
추출물-A의 기능/지표성분	15.3～20.7%	자체 시험자료: 채취시기 등 다양한 요인에 의해 발생되는 변이를 고려하여 자사의 최대·최소값을 설정
추출물-B의 기능/지표성분	1.5～4.5%	품질관리 규격으로 자사에서 관리

수분	10% 이하	자체 시험자료를 근거하여 「건강기능식품 기능성 원료 인정에 관한 규정[별표2]」에 따라 1일 섭취 허용량의 규격 상한값을 고려하여 설정 예) 납의 경우 1일 섭취량이 3.0g인 경우 최대 규격 상한값(10.8μg/일÷3.0g=6.0μg/g=3.6mg/kg)이고 실제 검출결과 약 2.5mg/kg일 경우, 실제 검출결과와 1일 섭취 허용량의 규격 상한 값을 고려하여 설정
중금속	납 3.0mg/kg 이하	
	총 비소 2.0mg/kg 이하	
	카드뮴 0.5mg/kg 이하	
	총 수은 0.5mg/kg 이하	
세균 수	100,000cfu/g	「건강기능식품 기능성 원료 인정에 관한 규정」[별표2]에 따라 액상제품이므로 규격을 설정하지 아니하고 자사에서 관리
대장균수	음성	제조과정 중에 위생을 관리할 수 있는 지표로서 설정

(출처: 식품의약품안전처 기능성 원료 표준화 지침서)

(5) 추출물의 정제물

1) 정제물의 안전성

추출물의 정제물 제품 개발의 과정은 단일추출물과 대부분 동일하게 진행된다. 다만 제조공정 표준화 시 표준화된 단순 추출물을 이용하여 정제하는 과정에 추가될 뿐이다. 따라서 제조 과정에서 여러 가지 유해한 용매를 사용하게 되므로 용매를 제거하는 공정이 필히 추가되어야 하며, 필요한 경우 사용된 용매 또는 시약의 잔류항목을 기준규격에 추가하여 원료에서 잔류량을 관리하여야 한다. 그리고 단일성분 또는 몇 종의 화합물이 고농도로 농축되어 있기 때문에 이들의 안전성에 대한 자료가 필요하며, 이는 현재까지 사용된 근거가 없기 때문이다.

[표] 제출되어야 하는 안전성 자료의 범위

제출되어야 하는 안전성 자료	가	나	다	라
건강기능식품으로 신청할 수 없음.	√			
섭취 근거 자료		√	√	√
해당 기능성분 또는 관련 물질에 대한 안전성 정보 자료		√	√	√
섭취량 평가자료		√	√	√
영양평가자료, 생물학적유용성자료, 인체시험자료			√	√
독성시험자료				√

(출처: 식품의약품안전처 기능성 원료 표준화 지침서)

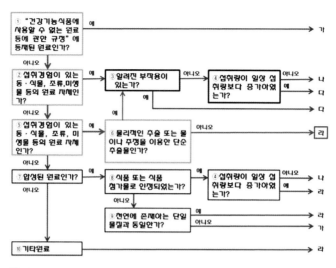

(출처: 식품의약품안전처 기능성 원표 표준화 지침서)

〈그림〉 건강기능식품 기능성 원료의 안전성 평가를 위한
의사결정도

위의 그림은 기능성 원료의 안정성평가 의사결정도로서 칼럼을 이용한 정제물의 의사결정 과정을 예시로 설명한 것이다. 의사 결정도를 통해 후보소재의 안전성을 확인한 결과 섭취근거자료, 해당 기능성분 또는 관련물질에 대한 안전성 정보자료, 섭취량 평가자료, 영양평가자료, 생물학적유용성자료, 인체시험자료 및 독성 시험자료를 제출해야 한다. 이는 정제물의 경우 단일성분이 고농도로 농축되었기 때문에 이에 대한 안전성 자료가 부족하기 때문이다(이상 식품의약품안전처 기능성 원표 표준화 지침서).

(6) 표준화 요약

기능성 원료의 표준화를 요약하면 다음의 그림과 같다. 1단계에서 분리 및 정제과정을 통해 단일물질을 분리하며 분리된 단일물질의 효능검증으로 표준추출물과 효능의 유사성을 검토하여 기능/지표성분을 설정한다. 2단계에서는 기능/지표성분이 설정된 원료의 표준화를 위해 식물종(species), 사용부위, 채취시기 및 원산지를 선정하여 사용하고자 하는 원재료 표준화를 실시한다. 3단계에서는 표준화된 원재료를 이용하여 추출용매, 추출온도, 추출시간, 및 건조방법 설정을 통해 표준추출물에서 기능/지표성분이 효능을 발휘할 수 있는 수준으로 함유할 수 있는 제조공정 표준화를 실시한다.

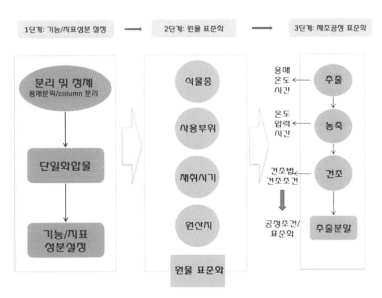

(출처: 식품의약품안전처 기능성 원표 표준화 지침서)

〈그림〉 건강기능식품 기능성 원료 표준화 과정

다음의 그림은 식물을 이용한 건강기능식품 원료개발의 전체과정을 나타낸 추진 체계도이다. 첫 번째 단계에서는 개발하고자 하는 대상식물을 선정하고, 두 번째 단계에서는 선정된 대상식물을 이용하여 활성성분을 추적하고 원료 및 제조공정 표준화를 통해 기능성 원료의 기준규격을 설정한다. 세 번째 단계에서는 표준화된 추출물을 이용하여 효능시험(in vitro 또는 in vivo) 실험을 통해 기준규격을 설정한다. 최종적으로 표준화된 추출물을 이용하여 in vitro 또는 in vivo 실험결과를 토대로 임상시험 설계를 통해 임상시험을 실시하여 그 효능이 최종적으로 입증되면 허가를 받고 최종 제품을 출시하게 된다.

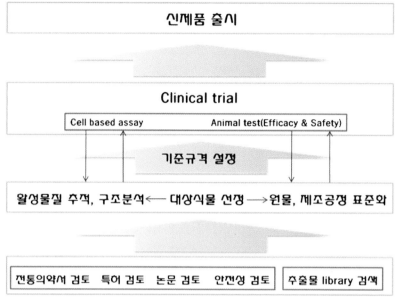

〈그림〉 건강기능식품개발 추진 체계도

(이상 식품의약품안전처 "기능성 원료 기준규격 설정방법", "기능성 원료 표준
화 지침서", "건강기능식품 기능성 원료의 개발" 등의 자료 참조)

제7장

건강기능식품 개발을 위한
인체적용시험

1. 인체적용시험의 정의

인체적용 시험이란 "시험물질의 안전성과 기능성을 증명하기 위하여 사람을 대상으로 시험하거나 연구하는 관찰시험 또는 중재시험 등"으로 정의할 수 있다(식품의약품안전처). 또한 인체적용 시험은 인체시험 또는 임상실험과 동일한 용어로 정의할 수 있다. 식품의약품안전처에서는 새로운 소재를 "건강기능식품"으로 허가받기 위해서는 식품의약품안전처에서 고시하는 "건강기능식품 기능성 원료 인정에 관한 규정"에 따라 인체적용시험 자료를 제출하도록 하고 있다. 건강기능식품 개발을 위한 인체적용 시험 또한 국제임상시험 관리기준(International Conference on Harmonization-Good Clinical Practice Guidelines, ICH-GCP)에 따라 기관생명윤리위원회 (Institutional Review Board, IRB)(이하 "심사위원회") 의 승인을 받도록 하고 있다. ICH-GCP는 미국, EU 및 일본의 참여 하에 1991년에 발족하였으며, 의약품의 개발과 관련한 연구방법론, 인체적용시험, 인체적용시험관련 윤리적 요구, IRB 제도의 운영 등을 표준화 하고 있다(식품의약품안전처). 그러므로 사람을 대상으로 하는 모든 인체적용시험은 ICH-GCP에 따라서 실시하여야 한다. 건강기능식품 개발을 위한 인체적용시험은 신약개발을 위한 인체적용 시험의 절차와 같은 맥락으로 이해해야 한다. 그러나 건강기능식품으로 허가받기 위해서 모든 소재에 한하여 인체적용시험을 실시해야 하는 것은 아니다.

[표] 건강기능식품의 기능성 구분

기능성 구분	기능성 내용
영양소 기능	인체의 정상적인 기능이나 생리학적 활동에 대한 영양소의 생리학적 작용
생리활성기능	인체의 정상기능이나 생물학적 활동에 특별한 효과가 있어 건강상의 기여나 기능향상 또는 건강유지·개선을 나타내는 기능 ※ 과학적 근거 정도에 따라 3가지 등급으로 구분
질병발생 위험감소 기능	질병의 발생 또는 건강상태의 위험 감소와 관련한 기능

기능성 등급	기능성 내용
생리활성기능 1등급	00에 도움을 줌.
생리활성기능 2등급	00에 도움을 줄 수 있음.
생리활성기능 3등급	00에 도움을 줄 수 있으나 관련 인체적용시험이 미흡함.

(출처: 식품의약품안전처)

    식품의약품안전처에서 제시한 상기 표에서 "질병발생 위험감소 기능" 등급과 "생리활성기능 1등급" 및 "생리활성기능 2등급"은 인체적용시험을 반드시 필요로 한다. 그러나 "생리활성기능 3등급"의 경우 인체적용시험이 필요하지 않을 수도 있다. 수많은 국·내외 연구 등을 통해서 그 효능과 안전성이 입증되어 있거나 오랜 기간 사람의 섭취경험에 의해 안전성과 효능이 입증되어 있는 소재를 건강기능식품으로 새로이 허가받을 시에는 인체적용 시험 없이 객관적인 자료 제출만으로 건강기능식품으로 허가받을 수도 있다. 다만 인체적용시험 결과가 없거나 미흡할 경우 생리활성기능 등급이 낮아질 수 있다.

    또한 인체적용시험은 개별인정형 건강기능식품 개발을 위해서 필요한 것이며, 고시형 건강기능식품의 경우 인체적용시험이 필요치 않으며, 건강기능식품 관련 법률이 정하는 방법에 의해 제조 판매할 수 있다.

2. 인체적용시험의 기본원칙

- 인체적용시험은 헬싱키 선언에 근거한 윤리규정에 따라 수행되어야 한다.
- 인체적용시험으로부터 예측되는 위험과 불편사항에 대한 충분한 고려를 통해 인체적용시험 실시를 결정하여야 한다.
- 피험자의 권리, 안전, 복지는 우선 검토의 대상으로 과학과 사회의 이익보다 중요하다.
- 인체적용시험에 사용되는 시험식품에 대한 정보는 실시하고자 하는 인체적용시험을 충분히 뒷받침해야 한다.
- 인체적용시험은 과학적으로 타당하여야 하며, 계획서는 명확하고 상세히 기술되어야 한다.
- 인체적용시험은 인체적용시험 심사위원회(기관생명윤리위원회)에서 승인한 시험계획서에 따라 실시하여야 한다.
- 인체적용시험 수행에 참여하는 모든 사람들은 각자의 업무 수행을 위한 적절한 교육, 훈련을 받고, 경험을 갖고 있어야 한다.
- 인체적용시험 참여 전에 모든 피험자로부터 자발적인 참가 동의를 받아야 한다.
- 모든 인체적용시험 관련 정보는 정확한 보고, 해석, 확인이 가능하도록 기록, 처리, 보존되어야 한다.
- 피험자의 신원에 대한 모든 기록은 비밀보장이 되도록 관련 규정에 따라 취급하여야 한다.
- 인체적용시험에 사용되는 시험식품은 표준화되어야 하고, 승인된 인체적용시험계획에 따라 사용되어야 한다.
- 인체적용시험은 신뢰성을 보증할 수 있는 절차에 따라 실시되어야 한다(이상 식품의약품안전처).

인체적용시험의 전제조건은 크게 윤리성과 과학성으로 구분할 수 있고, 윤리성이 가장 중요한 전제조건이며, 이러한 이유는 인체를 직접 대상으로 하는 실험적 연구이기 때문이다. 두 번째 전제조건인 과학성 역시 윤리성을 보장하기 위한 필수적인 수단이다. 즉 인체적용 시험에 있어 가장 중요한 요소는 피시험자의 권리와 안전이라고 할 수 있다. 즉 어떠한 경우라도 인체적용시험이 피시험자의 권리와 안전에 심각한 영향을 주어서는 안 되므로, 항상 안전을 최우선 목표로 하는 것이 바람직하며, 이를 위해서는 윤리성과 과학성이 전제되어야 한다. 즉 효능을 입증하기 위하여 피시험자의 안전에 어떠한 영향을 주어서는 안 된다는 점을 명심해야 한다.

3. 인체적용시험 수행과정

인체적용시험 수행과정을 크게 요약하면 계획 → 수행 → 보고의 순서로 정리할 수 있다.
  ① 계획
  - 인체적용시험계획, 시험자 선정, 계획서 개발, 시험물질 공급, IRB 승인 및 개시모임 등
  ② 수행
  - 피시험자 광고 및 모집, 서명동의서 획득, 환자 스크리닝, 피시험자 선정, 본연구수행, 피시험자 모니터링, 증례기록서 작성, 자료 입력 등
  ③ 보고
  - 통계분석, 결과보고서 작성, 문서보관, 학술보고 등(이상 식품의약품안전처)

(1) 심사위원회(IRB)·윤리위원회(IEC)

심사위원회(IRB)·윤리위원회(EIC)(이하 심사위원회)는 인체적용시험의 윤리적, 과학적, 의학적인 면을 종합적으로 검토하고 평가할 수 있는 자격을 갖춘 5인 이상으로 구성하며, 여기에 관련 분야(식품학, 영양학, 의학, 약학 등)를 전공하지 않은 사람 중에서 변호사나 종교인 등 1인 이상과 해당 시험기관과 관련이 없는 사람 1인 이상을 포함하는 것을 원칙으로 한다. 심사위원회의 위원장은 위원 중에서 호선하며, 시험 책임자 및 의뢰자와 관련이 있는 사람은 의사결정 과정에 참여하거나 의견을 제시할 수 없다.

1) 피험자 보호

심사위원회는 인체적용시험에 참여하는 피험자의 안전과 권리를 보호 하며, 복지를 증진시켜야 하고, 취약한 환경에 있는 피험자가 인체적용시험에 참여하는 경우에는 그 이유의 타당성을 면밀히 검토해야 한다.

2) 해당 자료 검토

심사위원회는 시험 책임자의 최근 이력 및 그 밖의 경력에 관한 자료를 통해 시험 책임자가 해당 인체적용시험을 수행하기에 적합한지 여부를 검토해야 한다. 뿐만 아니라 심사위원회는 시험 책임자가 제출한 시험과 관련된 사항을 표준작업지침서에서 규정한 기간 내에 검토하고, 시험의 명칭, 검토한 문서, 날짜 및 「승인 또는 시정 승인, 보완, 반려, 승인된 인체적용시험의 중지 또는 보류 권고」 중 하나를 의견으로 기록하여 문서화해야 한다.

3) 인체적용시험 관리

심사위원회는 실시 중인 인체적용시험에 대해 최소한 1년에 1회 이상 지속적으로 검토해야 하며, 검토하는 주기는 피시험자에게 미칠 수 있는 위험의 정도에 따라 적절히 정할 수 있다. 뿐만 아니라 피험자의 권리보호, 안전보장, 복지증진을 위하여 추가 정보가 필요하다고 판단된 경우 이를 제공하도록 의뢰자에게 요구할 수 있다.

4) 심사위원회의 운영

① 운영방식

심사위원회는 문서화된 표준작업지침서에 따라 모든 업무를 수행하여야 하며, 제반 활동과 회의에 관한 내용을 기록·보관하고, 이 제안서를 준수하여야 한다.

② 심의범위

심사위원회는 소속된 시험기관에서 수행하는 인체적용시험에 대해서 심사할 수 있으며, 자체 심사위원회가 없는 시험기관에서 수행하는 인체적용시험에 대해서도 원칙적으로 심사할 수 있다.

③ 공동심사위원회

인체적용시험을 복수의 기관에서 실시할 경우에는 실시기관장의 협의에 의하여 공동으로 심사위원회를 개최할 수 있으며, 공동심사위원회의 임무·구성·운영 등에 관하여서는 일반적인 심사위원회의 지침을 준용한다. 공동심사위원회의 임무는 해당 인체적용시험기관 전체에서 공통적으로 적용하는 사항으로 하고, 그 외 사항은 개별 기관 내의 심사위원회의 임무로 하며, 공동심사위원회에서 심의하여 결정한 사항은 해당 인체적용 시험의 개별 실시기관 내의 심사위원회에서 한 것으로 간주한다(이상 식품의약품안전처).

[표] 임상 단계에 따른 적절한 피험자 수 및 연구 목적

피험자 수		주목적
임상 제1상	20~100명	안전성 검토가 주목적	· 안전용량범위 확인 · 이상반응 및 임상검사 변화 · 체내 약물동태 검토 · 약효의 가능성 검토
임상 제2상	수백 명	단기 유효성/ 안전성 검토	**전기 2상** · 약효확인 · 작용시간, 유효용량 검토 **후기 2상** · 약효입증 · 유효용량 확은·용량반응 양상 · 유효성·안전성 검토
임상 제3상	수백 ~수천 명	안전성 확립/ 유효성 재확인	· 충분한 환자에서 유효성·안전성 확립 · 장기 투여 시 안전성 검토 · 약물상호작용·특수환자 용량 검토
임상 제4상			· 장기 투여 시 희귀 이상반응 검토 · 안전성 재확립 · 새로운 적응증 탐색

(2) 심사위원회 심의 절차 및 제출 문서

(이하 "건강기능식품 인체적용 시험 설계 안내서" 자료)

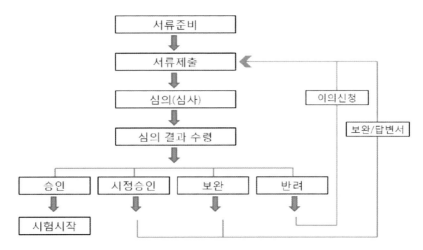

(출처: 건강기능식품 인체적용 시험 설계 안내서)

〈그림〉 심사위원회 심의 절차

- 서류준비: 심사위원회에 따라 제출 서류 및 부수가 다르므로, 사전 확인 및 준비가 필요하다.
- 서류제출: 심의 일정 및 서류 제출(온라인 및 오프라인 제출) 일정 확인 후 날짜에 맞추어 제출한다.
- 심의(심사): 심의 일정 및 절차에 따라 제출된 서류에 대해 심의 진행한다.
- 심의 결과 수령

1) 승인
인체적용시험을 시작할 수 있다.

2) 시정승인(수정 후 신속심의)
- 시정승인: '시정승인'을 받게 되면 책임연구자는 심의위원회의 검토의견에 대

한 답변서와 수정된 사항이 반영된 연구계획서 등을 심의위원회에 다시 제출하여야 하고 행정확인으로 승인 받을 수 있다. 다만, 답변내용이 검토의견의 내용을 그대로 반영하지 않았거나 다른 수정사항이 있는 경우는 신속심의로 진행될 수 있다.

- 수정 후 신속심의: '수정 후 신속심의'를 받게 되면 책임연구자는 심의위원회에서 보낸 검토의견에 대하여 답변서와 수정된 사항이 반영된 연구계획서 등을 심의위원회에 제출하여야 하고 신속심의로 진행하여 승인 여부를 결정한다. 신속심의로 승인되지 않으면 해당 위원회에 상정되어 위원회에서 최종승인 여부를 결정하고, 위원회에서 승인받지 못하고 조건부 승인(수정 후 신속심의)을 다시 받게 된다면 동일한 절차로 심의를 진행한다.

3) 보완

연구계획서나 피험자 설명문 및 동의서 등에 중요한 검토의견이 있을 경우의 심의결과로 다음 회 정규심의에서 재심의가 이루어지며, 심의결과 '보완'을 받게 되면 책임연구자는 검토의견에 대한 답변서와 답변내용이 반영된 연구계획서 등의 자료를 제출하여야 한다. 제출 시에는 해당위원회의 접수기일에 맞추어 제출하여야 하며 해당 위원회에서 다시 승인 여부를 결정한다.

4) 반려

해당 인체시험이 윤리적·과학적 측면에서 위원회에서 승인할 수 없을 만큼 심각한 문제가 있거나 심의위원회의 매우 중요한 수정요구사항이 반영되지 않을 때 받게 되는 심의결과로 서류를 다시 제출하여 초기심의를 다시 받아야 한다. 즉, 반려로 결정된 경우 연구실시 여부에 대하여 재검토가 필요하다.

- 보완·답변서: 심의결과 '보완' 또는 '조건부 승인'일 경우, 심의내용이 반영된 연구계획서 등의 자료를 심의위원회에 다시 제출하여야 한다.
- 이의신청: 심의결과 '반려'일 경우, 해당 결정내용에 대하여 이의가 있으면 심의위원회에 이의신청서를 제출할 수 있다.
- 시험시작: 심의위원회로부터 승인받은 인체적용시험의 경우 승인받은 연구계

획서에 따라서 시험이 시작된다.

※ 단, 기관마다 차이가 있을 수 있으므로 반드시 해당기관의 심의위원회 규정을 확인해야 한다.

① 초기심의: 초기연구란 해당 연구에 대한 최초의 심의를 일컬으며 다음의 서류를 제출해야 한다.

- 연구과제 심의신청서
- 연구계획서 요약
- 연구계획서(Protocol)
- 증례기록서(Case Report Form)
- 피험자 동의서(Informed Consent Form)
- 피험자에게 제공되는 서면 정보
- 인체적용시험자 자료집(Investigator's Brochure)
- 피험자에게 제공되는 보상·배상(보험 등)에 대한 정보
- 피험자 모집 관련 서류(공고문, 매체정보 등)
- 이해상충 서약서
- 연구책임자의 최근 이력 또는 기타 경력에 관한 문서
- 연구비 내역서

② 변경심의: 변경심의란 승인된 인체적용시험의 모든 계획 변경은 신속히 심의위원회에 보고되어야 하고 시험자는 변경사항을 시행하기 전에 심의위원회의 승인을 받아야 한다. 그러나 명백하고도 곧 일어날 위험 요소를 제거하기 위한 경우는 예외로 승인 없이 시행한다. 제출서류는 다음과 같다.

- 연구과제 변경심의신청서
- 변경된 내용을 포함한 해당 서류
- 변경대조표

③ 지속심의: 지속심의란 심의위원회에서 허가한 인체적용시험에 대해 1년 이하의 주기로 정기적으로 수행하는 심의를 말하며, 연구가 피험자에게 미칠 수 있는 위험에 따라 주기를 정하여 정기적으로 심의한다. 진행 중인 인체적용시험을 재승인 받기 위해 시험 책임자는 승인 유효기간 만료 이전에 지속심의를 신청해야 한다. 그리고 지속심의를 위한 연구진행보고서에는 다음

자료들이 포함되어야 한다.

- 모집된 피험자 수
- 이상반응 및 피험자나 다른 사람들을 위험하게 하는 예기치 않은 문제, 최종 심의위원회 심의 아래 피험자의 연구 참여중단 또는 연구에 대한 불만
- 최종 지속심의 심의 이래 이루어진 연구의 수정, 관련된 최신 문헌의 요약, 중간연구 요약
- 관련된 다기관 공동연구의 중간보고서
- 연구와 연관된 위험에 대한 기타 관련된 정보
- 최근 동의서 사본 및 새로 변경된 동의서 사본

④ 종료심의: 종료심의는 연구가 완료(조기종료 포함)된 경우, 연구자는 연구 완료 사실과 함께 피험자 명단 및 부작용 보고사례 등을 포함한 종료보고서를 작성하여 심의위원회의 심의를 받아야 한다.

⑤ 최종결과 심의: 최종결과 심의는 최종결과 심의를 위해서는 연구 결과의 요약, 시험성적서 또는 발표 논문 등을 심의위원회에 제출하여 심의를 받아야 한다.

⑥ 이상반응에 대한 심의: 이상반응에 대한 심의는 연구자는 계획서나 인체적용시험자 자료집 등에서 즉시 보고하지 않아도 된다고 명기한 것을 제외한 모든 중대한 이상반응을 즉시 의뢰자와 심의위원회에 알려야 하고, 계획서에 기술한 기일 내에 문서로 상세한 내용이 포함된 추가 보고를 하여야 한다. 이 경우 즉시 및 상세 보고에는 피험자의 신원을 보호하기 위하여 피험자의 성명, 주민등록번호 및 주소를 기재하는 대신 피험자식별코드를 사용하여야 한다.

- 연구자는 안전성 평가에 매우 중요하다고 계획서에 명시된 부작용이나 실험실 검사치의 이상 등에 대하여 계획서에서 정한 기간 및 보고 방법에 따라 의뢰자와 심의위원회에 보고해야 한다.
- 연구자는 추가적인 안전성 정보를 해당 부작용이 종결(부작용 소실 또는 추적조사 불가)될 때까지 보고해야 한다.

⑦ 신속심의: 신속심의는 인체적용시험의 실시와 관련하여 정해진 회의일정에도 불구하고 심의위원회가 신속하게 심의하는 것을 말한다.
  신속 심사의 대상은 아래와 같다.

- 신속 보고된 이상반응에 대한 조치

- 피험자에 대한 최소위험 연구계획
- 기승인 된 계획서의 사소한 변경 사항에 대한 처리
(예: 모니터요원의 변경·연구담당자의 변경·응급 연락 전화번호의 변경 등과
같은 행정 절차 관련 사항에 대한 변경, 기능성 및 안전성에 영향을 미치지 않
는 검사의 추가 및 삭제 등)
- 연구종료 보고에 대한 처리 계획서(변경계획서 포함)의 시정 사항에 대한 처
  리 위원회의 심의 결과에 따라 보완되어 제출된 계획서의 심의
- 기타 연구 실시와 관련하여 신속심의가 필요하다고 위원회의 표준운영지침서
  에서 정한 사항의 처리(이상 건강기능식품 인체적용 시험 설계 안내서 자료)

(3) 심의위원회 승인 기준

심의위원회는 피험자 또는 피험자 대리인에게 제공되는 정보에 아래의 내용을
포함하고 있는지 확인해야 한다. 동의를 얻는 과정에서 피험자 또는 피험자의 대
리인에게 제공되는 정보, 동의서 서식, 피험자 설명서 및 그 밖의 문서화된 정보
에는 다음의 내용이 반드시 포함되어야 한다.
  1) 인체적용시험은 연구 목적으로 수행된다는 사실
  2) 인체적용시험의 목적
  3) 인체적용시험용 시험식품에 관한 정보 및 시험군 또는 대조군에 무작위 배
정될 확률
  4) 침습적 시술(invasive procedure)을 포함하여 인체적용시험에서 피험자가 받
게 될 각종 검사나 절차
  5) 피험자가 준수하여 할 사항
  6) 검증되지 않은 인체적용시험이라는 사실
  7) 피험자(임부를 대상으로 하는 경우에는 태아를 포함하며, 수유부를 대상으
로 하는 경우에는 영유아를 포함한다)에게 미칠 것으로 예상되는 위험이나 불편
  8) 기대되는 이익이 있거나 피험자에게 기대되는 이익이 없을 경우에는 그 사실
  9) 피험자가 선택할 수 있는 다른 치료방법이나 종류 및 그 치료방법의 잠재적
위험과 이익

10) 인체적용시험과 관련한 손상이 발생하였을 경우 피험자에게 주어질 보상이나 치료방법

11) 피험자가 인체적용시험에 참여함으로써 받게 될 금전적 보상이 있는 경우 예상 금액 및 이 금액이 인체적용시험 참여의 정도나 기간에 따라 조정될 것이라고 하는 것

12) 인체적용시험에 참여함으로써 피험자에게 예상되는 비용

13) 피험자의 인체적용시험 참여 여부 결정은 자발적이어야 하며, 피험자가 원래 받을 수 있는 이익에 대한 손실 없이 인체적용시험의 참여를 거부하거나 인체적용시험 도중 언제라도 참여를 포기할 수 있다는 사실

14) 모니터요원, 점검을 실시하는 자, 심사위원회 및 식품의약품안전청장이 관계 법령에 따라 인체적용시험의 실시 절차와 자료의 품질을 검증하기 위하여 피험자의 신상에 관한 비밀이 보호되는 범위에서 피험자의 의무기록을 열람할 수 있다는 사실과 피험자 또는 피험자의 대리인의 동의서 서명이 이러한 자료의 열람을 허용하게 된다는 사실

15) 피험자의 신상을 파악할 수 있는 기록은 비밀로 보호될 것이며, 인체적용시험의 결과가 출판될 경우 피험자의 신상은 비밀로 보호될 것이라는 사실

16) 피험자의 인체적용시험 계속 참여 여부에 영향을 줄 수 있는 새로운 정보를 취득하면 적시에 피험자 또는 피험자의 대리인에게 알릴 것이라는 사실

17) 인체적용시험과 피험자의 권익에 관하여 추가적인 정보를 얻고자 하거나 인체적용시험과 관련이 있는 손상이 발생한 경우에 연락해야 하는 사람

18) 인체적용시험 도중 피험자의 인체적용시험 참여가 중지되는 경우 및 그 사유

19) 피험자의 인체적용시험 예상 참여 기간

20) 인체적용시험에 참여하는 대략의 피험자 수(이상 건강기능식품 인체적용시험 설계 안내서 자료)

(4) 인체적용시험 설계

인체적용시험은 Good clinical practice(GCP)의 원칙에 따라 설계되어야 한다. GCP는 사람이 참여하는 시험을 설계·수행·기록·보고하기 위해 국제적으로

통용되는 윤리적·과학적 기준이다. 이에 따르는 것은 피험자의 권리·안전·삶의 질을 보호 하고, 시험 결과의 신뢰성을 보장하기 위해 필요하다. 인체적용시험설계의 첫 번째 단계는 연구의 목적과 가설을 설정하는 것이다. 다음 목적과 가설에 따라 평가지표를 선정하고, 피험자 선정 및 제외기준을 정한다. 피험자는 표적집단(target group)을 대표할 수 있어야 한다. 그리고 기본적인 시험 디자인, 즉 교차연구로 진행할지 평행연구로 진행할지를 결정한다. 다음으로 기능성 원료를 섭취하는 기간과 효과를 관찰하는 연구기간을 설정한다. 또한 순응도 평가 방법과시험기간에 피험자의 식사를 제한할 필요가 있다면 식사지침 및 식사교육 방법을정한다. 마지막으로 피험자 수를 계산하고, 이 모든 시험 계획이 심사위원회에서평가와 승인을 받으면 시험을 시작할 수 있다.

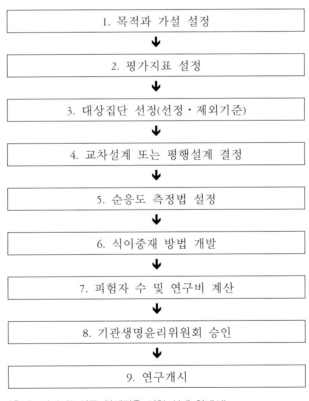

(출처: 건강기능식품 인체적용 시험 설계 안내서)

〈그림〉 인체적용시험 설계 절차

1) 시험 디자인(Study Design)

시험 결과의 신뢰성은 디자인에 따라 크게 좌우된다. 시험 결과의 신뢰성을 높이기 위해서는 비뚤림(bias)을 최소화하는 것이 중요하다. 비뚤림이란 인체적용시험의 계획, 시행, 분석 및 결과 해석 등의 과정에서 효과의 추정치를 참값에서 벗어나게 만드는 요소들의 계통적인 경향성을 말한다. 인체적용시험에서 비뚤림을 피하기 위한 가장 중요한 설계 방법은 눈가림(blinding)과 무작위배정(randomization)이다.

① 눈가림(Blind)

눈가림방법에는 피험자 자신은 어느 그룹에 배정되었는지 모르지만 연구자는 피험자가 배정된 그룹을 알고 시험을 진행하는 단일눈가림과 연구자와 피험자 모두 어느 시험그룹에 배정되었는지 모르는 이중눈가림이 있다. 이중눈가림이 가장 좋은 방법으로 간주되며 이중눈가림이 적용 불가능한 경우에는 단일눈가림을 고려해야 한다. 응급 상황에서 임의의 피험자에 대하여 눈가림을 해제해야 하는 경우는 인체적용시험 계획서에 그에 따른 과정, 필요한 문서, 피험자에 대한 평가 등 모든 사항을 명시해야 한다.

② 무작위배정(Randomization)

무작위배정이란 피험자를 각 군에 무작위로 배정하는 것으로 단순 무작위 배정과 블록 무작위 배정 등이 있다. 단순 무작위 배정이란, 주사위나 난수표를 이용하여 뽑혀진 숫자에 의하여 피험자를 배정하는 방법으로서 다음 피험자에 대한 군의 배정을 예측하기가 불가능하고, 확률이론에 의하여 연구 대상자의 수가 늘어가면서 비교 대상 군에 배정되는 피험자 수가 비슷해질 것을 기대할 수 있는 방법이다.

③ 평행설계 및 교차설계(Parallel Design & Cross-over Design)

인체적용시험의 설계에는 아래와 같은 두 가지 유형의 기본적인 디자인이 있으며 연구의 특성 및 시험제품의 유형에 따라 시험 디자인을 결정하게 된다. 평행설계는 피험자가 하나의 군(시험군 또는 대조군)에만 배정되어 시험에 참여하는 것이다. 평행설계는 결과를 빨리 얻을 수 있다는 장점이 있으나, 교차설계와 같은 통계적 검증력을 얻기 위해서는 4~10배 더 많은 피험자 수가 필요하며, 결과적으로 비용도 교차설계보다 2~5배 더 많이 든다는 단점이 있다.

교차설계는 피험자가 두 가지 이상의 군에 순차적으로 배정되어 시험에 참여하는 것으로, 피험자 각자가 대조군이 된다. 피험자가 한 그룹의 시험제품 섭취가 끝나면, 다음 그룹의 시험제품을 섭취하기 전에 일정기간 섭취를 중단하는 washout period를 가지는데, 이는 이전 시험제품의 섭취가 다른 그룹의 결과에 영향을 줄 수 있는 가능성을 최소화하기 위해서 필요하다. 이 설계의 장점은 한 피험자가 대조군과 시험군에 배정되어 동일한 바이오마커를 반복하여 측정함으로써 통계적 검증력이 높아진다는 것이다. 이 경우 개인 간 편차가 감소하며 전체 피험자 수도 줄일 수 있다. 피험자 선정기준이 엄격해서 피험자 모집이 어려울 경우 적은 수의 피험자로도 연구가 가능하기 때문에 교차설계가 유리하다. 반면, 시험군의 수가 많은 경우 시간이 많이 소요된다는 단점이 있다. 또한 시험기간이 길어짐에 따라 계절에 따른 혼동요인이 있을 수도 있고 연구가 길어지면서 중도탈락률이 높아질 수 있으며 결과를 분석하기 위해서는 피험자가 모든 군의 시험을 완료할 때까지 기다려야 한다(이상 건강기능식품 인체적용 시험 설계 안내서 자료).

2) 피험자 선정기준

① 피험자 선정기준 및 제외기준

인체적용시험에서 피험자를 정확하고 타당하게 선정하는 것은 인체적용시험을 계획하는 데에 있어 매우 중요한 단계이며, 피험자를 시험에 포함시키는 선정기준(inclusion criteria)과 시험에서 제외시키는 제외기준(exclusion criteria)에 의해 피험자의 시험 참여 여부가 평가된다. 피험자는 시험목적에 따라 시험식품의 효과를 입증하고자 하는 대상자 그룹을 대표해야 한다. 이를 위해 대상자 그룹의 연령, 성별, 인종, 체중·체질량지수(BMI), 혈중 지질과 같은 혈액학적 특성, 선행질환, 약물 복용 여부, 다른 건강기능식품의 섭취 여부, 알레르기, 신체활동 정도, 흡연여부, 음주여부, 카페인 섭취 여부 등을 고려하여 선정·제외기준을 설정한다.

일반적으로 건강기능식품은 질병의 위험성이 높은 사람을 대상으로 하며, 피험자도 특정 질병을 가지는 환자가 아니라 질병에 걸릴 위험이 높은 사람으로 설정하는 경우가 많다. 이때에는 정상인과 질병의 위험성이 높은 사람을 구분하는 것이 중요하다. 예를 들어, 당뇨병에 걸릴 위험이 높은 사람과 정상인을 구분하기 위해서 공복혈당의 수준 및 범위의 타당한 기준을 준수해야 한다. 또한 건강인을 피험자로 선정하는 경우도 있는데, 정상적인 기능에 일시적인 변화를 준 다음 시험을 진행하는 것이다. 예를 들어, 건강인에게 고지방식사를 섭취하게 하면 산화 스트레스가 증가하는데, 이에 대한 회복 효과를 측정하기도 한다. 이 경우에는 윤리적 문제에 대한 충분한 검토가 반드시 선행되어야 한다. 피험자 선정 및 제외기준은 객관적이고 구체적으로 설정되어야 한다. 또한 기준을 완화하면 피험자 모집이 보다 쉽고, 연구 결과를 일반화하는 데에 유리할 수 있지만, 다양한 특성의 피험자가 포함되어 연구결과를 의미 있게 해석하는 것이 어려울 수 있고, 경우에 따라서는 연구 목적이 불분명해질 수 있다. 반면, 선정·제외기준이 엄격하면 결과 해석에는 유리하나 충분한 수의 피험자 모집이 어려워질 수 있고 결과를 일반화시키기 어렵게 된다(이상 건강기능식품 인체적용 시험 설계 안내서 자료).

3) 피험자 수

① 피험자 수 산정에 있어서의 고려사항

인체적용시험의 피험자 수 설정을 위해서는 아래의 사항들을 고려하여야 하며 그에 대한 근거자료들과 참고문헌들이 자세히 제시되어야 한다. 연구설계의 형태, 1차 기능성 평가변수의 형태, 시험집단의 수, 연구기간, 시험군과 대조군의 할당비, 귀무가설, 대립가설, 유의수준, 검정력, 중도탈락율 등

(a) 연구설계의 형태

건강기능식품의 인체적용시험에서 시험군과 대조군의 기능성을 비교하기 위하여 고려할 수 있는 연구 설계의 형태는 크게 평행설계와 교차설계로 나눌 수 있다. 평행설계는 대조식품을 섭취하는 집단과 시험식품을 섭취하는 집단이 분리되어 있는 설계로 한 집단이 한 가지 식품만 섭취하는 방법이다. 이에 반하여 교차설계는 한 가지 식품을 섭취한 후 washout period를 거친 후 다른 식품을 섭취하는 설계로 한 집단이 모든 군의 식품을 섭취하는 형태의 방법이다.

(b) 시험집단의 수

몇 개의 시험군을 대조군과 비교할 것인지도 또한 피험자 수 산정에서 고려해야 할 사항이다. 이는 연구 설계에서의 귀무·대립가설과도 관계가 있으며 이를 검정하기 위한 검정통계량과도 관계가 있다. 인체적용시험의 경우 대부분 한 개의 시험군을 사용하게 되나 때로는 섭취량을 달리 하여 여러 개의 시험군과 비교를 하기도 한다.

(c) 시험군·대조군의 할당비

시험군과 대조군에 피험자를 어떻게 할당할 것인지를 말하며 대부분 1 : 1 할당으로 시험군과 대조군의 수를 동일하게 한다.

(d) 중도 탈락률

인체적용시험을 진행하다 보면 중도 탈락자가 발생하게 된다. 특히 인체적용시험기간이 길어질수록 탈락자가 많아지게 된다. 이는 인체적용시험 결과분석에서 검정력을 낮추는 결과를 가져오게 되므로 미리 중도탈락률을 예상하여 이를 반영한 피험자 수를 인체적용시험에 참여시켜야 한다(이상 건강기능식품 인체적용 시험 설계 안내서 자료).

4) 섭취량

① 섭취량 설정 방법

인체적용시험의 섭취량을 설정하기 위해서는 기능성 원료의 기능성과 안전성을 고려해야 하고, 효과를 보이는 최소한의 섭취량이 일상적인 섭취 패턴에서 섭취 가능한 용량인지 또한 고려해야 한다. 섭취량 설정을 위해서 참고할 수 있는 자료는 아래와 같다.

- 용량반응관계를 연구한 기존의 인체적용시험 결과
- 용량반응연구가 없다면, 유사한 환경에서 수행된 두 개 이상의 "단일 용량 인체적용시험" 결과에서 용량반응관계를 유추할 수 있음.
- 기존에 판매되고 있는 제품이라면, 판매되고 있는 섭취 수준을 참고로 할 수 있음.
- 동물시험이나 관찰연구 결과에서 외삽법(extrapolation)을 활용할 수 있음.

섭취량을 설정하기 위한 참고자료가 부족할 경우 pilot study를 통하여 적절한 용량을 선정한 후 본 시험을 수행하는 것이 바람직하다. 섭취량을 설정하기 위한 pilot study에서 주의할 점은 용량 간의 차이를 너무 좁게 잡음으로서 threshold 또는 plateau 효과가 발생하는 용량 범위를 선택하는 것을 피해야 한다는 점이다. 또한, 용량 범위를 너무 넓게 설정할 경우 연구비용과 기간이 늘어나게 되므로 생물학적 효과를 설명할 수 있는 적절한 수준으로 설정하는 것이 중요하다. 또한 섭취량 설정에 있어서는 기능성 원료의 특성뿐만 아니라, 나이·성별·건강상태 등과 같은 피험자의 특성도 고려해야 한다. 예를 들어, 대사증후군이 있는 사람은 콜레스테롤 흡수율이 매우 높다. 콜레스테롤 저하 효과를 확인하기 위한 인체적용시험에서 피험자를 대사증후군이 있는 사람으로 선정한 경우, 콜레스테롤 흡수와 혈중 콜레스테롤 수준을 낮추기 위한 섭취용량으로는 기존에 알려진 용량보다 높게 설정해야 효과를 확인할 수 있을 것이다. 또한 시험제품이 작용하는 일주기성(diurnal periodicity)을 반드시 고려해야 한다. 체내 생화학적·생리학적·병리학적 시스템은 24시간주기리듬(Circadian rhythm)에 따라 변화한다. 이러한 일주기성을 고려한 사례로는 콜레스테롤 대사의 일주기성을 고려하여, 아침을 제외한 점심과 저녁에 식물스테롤 2g/day를 섭취시킨 결과 LDL 콜레스테롤을 낮출 수 있었다(이상 건강기능식품 인체적용 시험 설계 안내서 자료).

5) 시험기간 및 측정주기

① 시험기간 및 측정주기 설정 방법

섭취기간(시험기간) 및 측정주기를 설정하기 위해서는 해당 기능성 원료와 확인하고자 하는 기능성의 특성을 파악해야 한다. 즉, 기능성 원료가 작용할 수 있도록 기능성 원료에 노출되는 기간이 충분해야 하며, 기능성에 따라 기대하는 효과가 나타나는 시점이 다르므로 관찰하는 기간도 충분히 고려해야 한다. 예를 들어, 포도당의 기억력 개선 효과, Low GI(glycemic index) food가 식후 포만감에 미치는 영향을 확인하기 위해서 섭취기간을 단회로 설정할 수 있다. 반면 기능성을 확인하기 위해 수주간 섭취해야 하는 경우도 있는데, 프리바이오틱스에 의한 장기능의 변화, 스타놀·스테롤이 콜레스테롤 대사에 미치는 영향에 관한 연구 등이 있다. 또한 연구에 따라 섭취기간을 수개월 혹은 수년으로 설정할 수도 있는데, 칼슘에 의한 골밀도의 변화, Low GI food가 당뇨와 비만에 미치는 영향을 연구하는 경우이다. 또한 섭취기간 및 측정주기를 설정함에 있어 효과의 지속가능성(sustainability)과 특성을 파악하는 것도 중요하다. 예를 들어, Low GI food는 확인하고자 하는 기능성에 따라 섭취기간 및 측정주기가 달라질 수 있다.

- Low GI food에 의한 혈당·인슐린 지수의 변화는 단회 섭취 후 시간대별로 측정할 수 있다.
- 포만감에 미치는 영향도 마찬가지로 단회 섭취 후 수 시간 이내로 측정할 수 있다.
- 체지방의 변화는 수주 혹은 수개월간 섭취 이후에 측정할 수 있다.

- 대사증후군·당뇨병·심혈관계 질환에 미치는 영향은 수개월 혹은 수년간의 섭취 후에 평가될 수 있다.

(1) 해당 기능성 원료(기능성분)의 인체적용 시험 자료 검색 * 해당 기능성 원료 자료가 없을 경우 다른 원료의 동일한 기능성에 대한 인체적용시험 자료 활용 가능

(2) 확인하고자 하는 바이오마커의 결과에서 유의성 또는 경향 검토

(3) 참고자료에 따라 시험기간 및 측정주기 설정

(출처: 건강기능식품 인체적용 시험 설계 안내서)

〈그림〉 시험기간 및 측정주기 설정 단계

일반적으로 시험기간 및 측정주기를 설정하기 위해서는 시험하고자 하는 기능성 원료의 인체적용시험 자료를 활용한다. 해당 기능성을 확인하기 위해 사용되는 바이오마커(평가변수)의 측정 결과가 유의적이거나 경향을 보인다면 이 참고자료에 따라 시험기간 및 측정주기를 설정하면 된다. 만약 해당 기능성 원료의 인체적용시험 자료가 없다면, 기능성 원료에 함유된 기능성분을 사용한 인체적용시험 자료를 활용하거나, 다른 원료로 동일한 기능성을 확인한 인체적용시험 자료를 활용할 수 있다(이상 건강기능식품 인체적용 시험 설계 안내서 자료).

6) 식이섭취조사

① 기능성식품 인체적용시험에 있어 식이섭취조사 및 식사조절의 중요성

인체적용시험의 경우, 통제가 어려운 사람을 대상으로 하기 때문에 유의적인 결과를 얻기가 매우 어려울 뿐 아니라 신중한 시험 설계를 통해 비뚤림이 최대한 나타나지 않도록 해야 한다. 따라서 기능성식품 인체적용시험에서 식이섭취조사를 통해 시험기간 동안 대상자들의 식품섭취내용을 파악하거나, 식이제한을 통해 기능성 물질과 유사한 다른 식품 등을 섭취하지 않도록 제한하는 것은 정확한 연구결과를 얻기 위해 필수적이라고 할 수 있다. 또한 인체적용시험에서 식이섭취조사는 대상자의 식이섭취 경향을 파악하는 자료가 된다. 시험물질이 미량 영양

소인 경우, 급원식품이 한정되어 있어 간단한 식이섭취조사를 통해 개인의 평균 섭취량을 정확하게 측정하기 어렵다. 이 경우, 실험 단계에서 대상 집단의 식이섭취조사를 하여 집단의 식이섭취경향을 파악하는 것은 개인별 편차를 좁히기 위해서 필요하다. 또한 연구를 위해 대조군과 실험군을 나누게 될 경우, 두 집단의 식이섭취가 유의적 차이가 있는지 사전에 검증하기 위해서도 식이섭취조사가 필요하다. 기능성 물질에 대한 노출량을 파악하기 위해서도 식이섭취조사가 필요하다. 예를 들어, 기능성 물질이 식품에서 추출된 물질이거나 소량의 섭취에도 영향을 주는 비타민이라면, 노출량을 제대로 측정하기 위해 식이로부터의 섭취량을 파악하는 과정이 꼭 필요하다. 시료를 통한 기능성 식품의 섭취 외에 대상자가 식이섭취과정에서 섭취한 양이 실험에 영향을 미칠 수 있는 수준이라면, 확실한 결과를 유도해 내기 힘들기 때문에 인체적용시험기간 중 성분이 유사한 식품의 섭취량을 제한하도록 대상자에게 식이지침을 줄 필요가 있다. 또, 식이섭취조사를 통해 유사물질의 섭취로 인한 영향은 없었는지 등을 미리 알아보기 위해서 식이섭취조사는 필요하다. 식이섭취조사는 기능성물질의 기능성을 입증하기 위한 인과관계의 규명에 있어 중요한 자료이다. 비뚤림을 배제해야 하므로 다른 유사 기능성 물질로부터의 영향을 배제하여야 하지만, 인체적용시험의 경우 여러 가지 혼동요인들을 배제하기 어렵다. 보통 대상자들로부터 조사된 식이섭취내용은 인체적용시험에 과정 및 결과에 혼동을 줄 수 있는 식이요인들을 파악할 수 있는 정보가 된다. 또한 실험 개시 전 연구자들이 대상자들에게 자세한 식이지침을 주어 혼동요인들을 최대한 통제하는 방법도 있다. 인체적용시험에서 식이섭취조사는 기능성 물질과 특정 영양소와의 상호작용을 고려할 때도 필요하다. 영양소들은 상호 간의 작용으로 개별 영양소의 효능 또는 흡수를 향상시키거나 상쇄시키는 경우가 있기 때문이다. 예를 들어 비타민 C는 철분의 흡수를 돕기 때문에 철분제제와 오렌지 주스를 함께 먹게 되면 주스 속에 함유된 비타민 C가 철분의 흡수를 도와 철분의 흡수율이 높아진다거나, 칼슘과 같은 무기질은 콜라 등의 인산염이 함유된 음료와 함께 섭취했을 때 결합되어 체외로 배출이 되면서 흡수율이 낮아진다거나 하는 영양소 상호작용은 기능성 물질 연구에서 고려되어야 할 또 하나의 요소가 된다. 따라서 식사섭취로 인한 영향을 배제하기 위해 시험기간 중 실험 대상 영양소와 관련이 있는 식품이 있다면 특정 식품을 제한하거나 조절된 식이를 줄 필요가 있다.

[표] Background diet와 식사에 대한 관리 여부

구분	장점	제한점 (연구 결과에 미치는 영향)
Background diet		
제한 없음	· 다양한 음식섭취가 가능 · 일반적인 환경에서 수행되는 연구의 효과를 측정하기 적합함. · 피험자의 편의성이 높음.	· 순응도의 문제 · 식사변화에 민감함. · 기능성을 완전히 측정하기 어려움.
부분적 제한	· 비교적 다양한 음식 섭취가 가능 · 피험자들에게 약간의 융통성이 가능	· 식사변화에 민감함.
완전히 제한	· 체중을 유지할 수 있음. · 기능성을 측정하기 적합함.	· 섭취할 수 있는 음식이 다양하지 않음. · 고비용 · 인력이 많이 필요함. · 피험자의 노력이 필요함.
식사에 대한 관리 여부		
관리하지 않음	· 피험자의 편의성이 높음.	· 신뢰성이 떨어짐. · 식사요법의 순응도를 확인하기 위한 생화학적 마커가 필요함. · 기능성을 완전히 측정하기 어려움.
관리함	· 기능성을 측정하기에 가장 신뢰성 있는 방법임.	· 인력이 많이 필요함. · 피험자 편의성이 떨어짐.

(출처: 건강기능식품 인체적용 시험 설계 안내서)

식사를 조절하는 방법으로는 식사를 자유롭게 하거나, 부분적으로 또는 완전히 제한하는 방법이 있다. 또한 이러한 방법들은 연구자의 감독 하에 진행될 수도 있고 감독 없이 진행될 수도 있다. 식사 제한 없이 연구를 진행할 때는 피험자는 스스로 선택한 식사를 하며 이에 대해 연구자는 감독하지 않는다. 이 디자인은 일반적으로 효과(effectiveness)를 측정하기 위한 것이다. 그러나 제한 없이 진행할 경우 시험제품의 효과를 보장하기 위한 방법들이 필요하다. 그중 한 가지는 피험자들 스스로 식이요법의 순응도를 연구자에게 보고하도록 하는 것이다. 이는 식사를 완전히 제한하는 것보다 비용이 비교적 적게 들며 피험자에게도 부담이 적다. 식사를 완전히 제한하는 것은 효능을 알아보기에 가장 적절한 방법이다. 이 방법

은 시험기관에 방문하여 시험제품과 함께 식사를 제공받게 되며, 식이요법의 순응도를 높이기 위해 섭취하지 않은 식사를 반납하게 된다. 이 경우 필요에 따라 피험자에게 제공하는 에너지 및 영양소의 양을 제한해야 하며, 수일을 주기로 영양소가 순환되도록 메뉴를 구성할 수도 있다. 이 방법의 단점은 비용과 인력이 많이 필요하며 피험자에게 부담을 많이 주게 된다는 점이다. 그러나 시험제품과 효과와의 관계를 설명하기에 가장 좋은 디자인이다(이상 건강기능식품 인체적용 시험 설계 안내서 자료).

제8장
건강기능식품 고시원료

(다음에 제시된 실제 제품 사진들 중에는 건강기능식품이 아닌 외국 제품과 국내 제품도 포함하고 있으며, 이는 참고용으로 제시한 것으로써 해당 제품이 효능이 크다거나 구입을 권장한다는 의미가 아니다.)

1. 식약처장이 고시한 원료/성분 및 효능

(1) 영양소 원료

1) 비타민 및 무기질(또는 미네랄) 25종
- 비타민 A

비타민 A는 네 단위의 이소프레노이드(isoprenoid)가 결합하여 다섯 개의 이중결합을 갖는 화합물이며, 레티노이드(retinoids)로 알려진 지용성 비타민이다. 레티노이드는 동물성식품에서 레티놀에 지방산이 붙은 형태로 존재하며, 유제품, 간, 생선기름 및 달걀 등 동물성 식품에 특히 많이 함유되어 있다. 비타민 A는 시각에 밀접한 관련이 있는데, 비타민 A는 어두운 곳에서 시각적응, 피부와 점막을 형성하고 기능을 유지하는 데 작용할 뿐만 아니라 상피세포의 성장과 발달에 필요하다. 비타민 A가 결핍된 경우는 야맹증, 안구건조증, 비토반점, 각화과다증 등이 발병하고, 과량 섭취한 경우에는 오심, 두통, 탈모증, 골관절 통증, 영구적 학습장애, 사산, 기형 등이 발병하게 된다. 따라서 비타민 A의 권장량은 남자의 경우 $750\mu gRE/day$, 여자는 $650\mu gRE/day$이다(이상 식품의약품안전처).

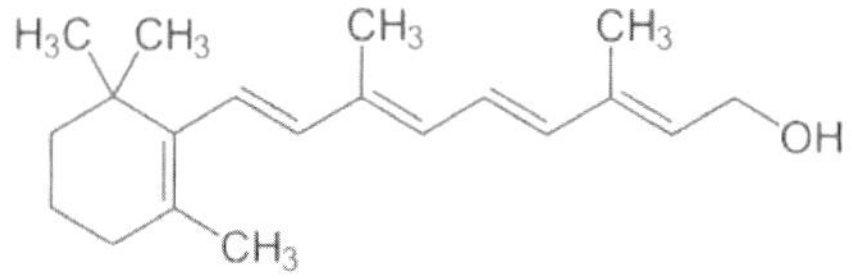

비타민 A

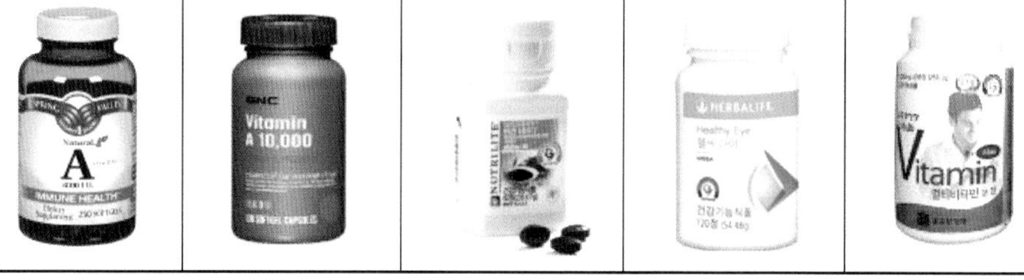

- **베타카로틴**

　베타카로틴은 비타민 A의 전구체이며, 천연 카로티노이드의 한 종류로 8개의 isoprene units로 구성되어 있다. 베타카로틴은 당근과 시금치와 같은 녹황색 채소와 해조류 등에 많이 함유되어 있다. 베타카로틴은 비타민 A의 전구체로서 가치가 있을 뿐만 아니라, 항산화제와 유리 라디칼 제거제의 역할을 하는데, 베타카로틴 보충제를 매일 섭취할 경우에는 피부색이 황달처럼 노랗게 변한다. 베타카로틴의 섭취량은 1,260㎍/day이다(이상 식품의약품안전처).

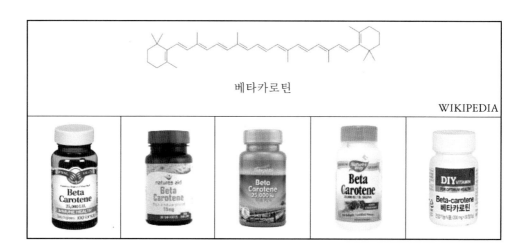

베타카로틴

- 비타민 D

비타민 D는 효모와 식물스테롤인 에르고스테롤(ergosterol)로부터 합성된 비타민 D_2와 피부에서 콜레스테롤의 전구체인 7-디하이드로콜레스테롤(7-dehydrocholesterol)로부터 합성되는 D_3의 형태가 있다. 비타민 D는 기름진 생선이 좋은 급원이며, 달걀, 버터, 간 등에도 함유되어 있다. 비타민 D는 기능성 원료로서 칼슘과 인이 흡수 등에 작용하고, 뼈를 형성하고 유지하는 데 필요하다. 비타민 D가 결핍된 경우는 구루병, 이차적 갑상선기능부전증이 발병하고, 과량 섭취한 경우에는 고칼슘혈증과 고칼슘뇨증을 야기한다. 따라서 비타민 D의 1일 충분섭취량은 50세 이하의 성인은 5μg/day, 15세 이하의 어린이와 50세 이상은 10μg/day이다(이상 식품의약품안전처).

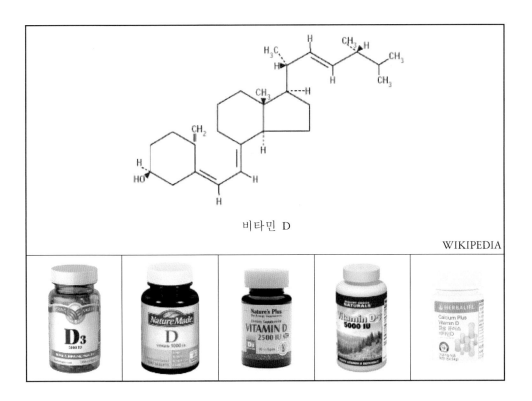

비타민 D

WIKIPEDIA

- 비타민 E

비타민 E의 활성을 가진 토코페롤계와 토코트리에놀계는 모두 α, β, γ , δ 로 구분되며, 이 중 α-토코페롤의 생물학적 활성이 가장 큰 것으로 알려져 있다. 비타민 E의 활성은 국제단위(international unit, IU) 또는 α-토코페롤 당량(α-TE)으로 나타낸다. 비타민 E는 지용성으로 급원식품은 콩, 옥수수, 목화씨, 해바라기씨 등의 식물성 기름과 씨눈이 해당된다. 비타민 E는 항산화작용을 통해 세포막을 구성하는 불포화지방산의 과산화를 막아주어 세포를 보호해주는 역할을 한다. 비타민 E가 결핍된 경우에는 생식불능, 근육위축 또는 빈혈 등이 발생할 수 있다. 식이보충제 형태로 과량 섭취했을 경우에는 출혈증가와 출혈독성이 있다. 따라서 적혈구 막의 용혈을 예방하는 데 필요한 비타민 E의 권장량은 α-토코페롤로서 10 mg이다(이상 식품의약품안전처).

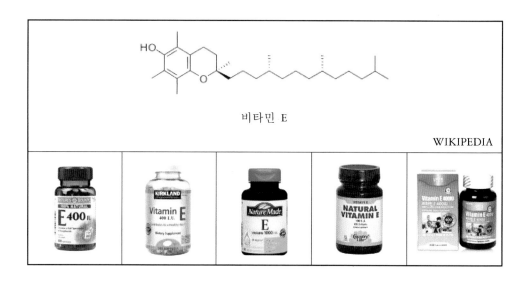

비타민 E

WIKIPEDIA

- 비타민 K

비타민 K는 비타민 K_1(필로퀴논, phylloquinone)과 비타민 K_2(메나퀴논, menaquinone)를 총칭한다. 비타민 K의 주요 급원식품은 김, 비름나물, 근대, 파슬리 등의 녹색 채소류이다. 비타민 K는 프로트롬빈(Prothrombin)을 생성시켜 정상적인 혈액 응고를 도와주며, 뼈에 주로 존재하는 오스테오칼신 단백질의 특정잔기가 γ-글루탐산 잔기가 되는 카르복실화에 필수적인 역할을 하여 뼈의 구성에 중요하게 작용한다. 비타민 K가 결핍된 경우 비타민 K-의존적 저 프로트롬빈 혈증이 발병한다. 따라서 성인 여성과 남성의 비타민 K의 충분섭취량은 각각 $75\mu g/day$, $65\mu g/day$이다(이상 식품의약품안전처).

비타민 K

WIKIPEDIA

- 비타민 B_1

비타민 B_1(티아민, thiamin)은 가운데 위치한 탄소에 pyrimidine과 thiazole이 메틸렌 다리에 의해 연결되어 있는데, 이것은 열과 알칼리에 약하다. 비타민 B_1은 돼지고기류, 두류, 감자류, 버섯, 수박 등이 좋은 급원식품이다. 비타민 B_1은 탄수화물 에너지 대사와 분지상 아미노산(류신, 이소류신, 발린)의 대사에 관여하므로 필요량은 에너지소모량과 상관이 크다. 비타민 B_1의 결핍증은 대부분 신경계, 소화기계 또는 피부에서 장애가 나타난다. 우리나라 성인의 비타민 B₁ 평균필요량은 남자 1.0mg/day, 여자 0.9mg/day이며, 권장섭취량은 평균섭취량의 120%로 각각 1.2mg/day, 1.1mg/day이다. 권장섭취량 설정 시 사용된 지표는 적혈구의 트랜스케톨레이즈(transketolase) 활성이다(이상 식품의약품안전처).

비타민 B₁

WIKIPEDIA

– 비타민 B₂

비타민 B₂(리보플라빈, riboflavin)는 3개의 육각형 고리로 된 분자로서, 보통 flavin adenine dinucleotide(FAD)와 flavin mononucleotide(FMN) 형태로 존재한다. 비타민 B₂는 산, 열, 산화에 안정하지만 알칼리나 빛에는 약하다. 비타민 B₂의 급원식품으로는 간, 육류, 닭고기, 생선과 같은 동물성 식품과 유제품 등이 있다. 리보플라빈 조효소는 여러 가지 효소 반응에 관여하는데, 특히 열량 대사에서 중요한 역할을 한다. 비타민 B₂가 부족할 경우 구각염, 구순염, 코, 입 주위, 외음부의 지루성 피부염, 안구충혈, 빈혈 등이 발병한다. 따라서 비타민 B₂의 평균필요량은 적혈구의 glutathione reductase의 활성과 소변의 비타민 B₂ 배설량을 근거로 설정하였다. 성인의 비타민 B₂ 평균필요량은 남자 1.3mg/day, 여자 1.0mg/day이며, 권장섭취량은 남자 1.5mg/day, 여자 1.2mg/day이다(이상 식품의약품안전처).

비타민 B₂

WIKIPEDIA

- 나이아신

비타민 B_3 나이아신은 니코틴아미드와 니코틴산 및 그 유도체들 중 생리활성을 나타내는 물질이다. 나이아신은 트립토판(60mg의 트립토판은 나이아신 1mg으로 전환됨)으로 존재하며, 동물성 단백질에서 풍부하게 함유되어 있다. 다른 수용성 비타민과 달리 열에 매우 안정하며, 장기간 보존 시에도 비교적 안정하다. 나이아신의 조효소 형태인 pyridine nucleotide로서 nicotinamide adenine dinucleotide(NAD)는 탄수화물, 알코올 및 지방산 대사 등에 관여하고, nicotinamide adenine dinucleotide phosphate(NADP)는 지방산 합성 및 스테로이드 합성에 관여한다. 또한, 나이아신의 결핍은 펠라그라를 유발하기 때문에, 충분히 섭취해 줘야 한다. 따라서 나이아신 평균필요량은 남자 12mgNE/day, 여자 11mgNE/day이며, 권장섭취량은 남자 16mgNE/day, 여자 14mgNE/day이다. 나이아신의 권장량은 나이아신당량(Niacin Equivalent, NE)으로 표시하고, 트립토판에서 합성된 것과 식품의 활성형 나이아신을 모두 포함하여 계산한다(이상 식품의약품안전처).

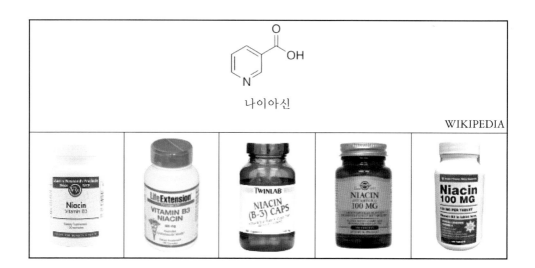

나이아신

WIKIPEDIA

- 판토텐산

판토텐산은 판토산(pantoic acid)에 β-alanine이 amide 결합으로 연결된 비타민으로 보조효소 A(coenzyme A, CoA)와 아실기 운반 단백질(acyl carrier protein, ACP)의 구성성분이다. 급원식품으로는 육류, 난황, 콩류, 전 곡류, 브로콜리 및 효모 등이 있다. CoA는 지방산의 산화, 아세틸 CoA와 아세틸콜린의 합성, 콜레스테롤과 헴 (heme) 합성, 아미노산 분해 등 대사반응을 하고, 아실기운반단백질은 지방산 합성에서 중요한 역할을 함으로써 모든 생명체의 생존에 필수적이다. 판토텐산의 결핍증상은 판토펜산이 결핍된 합성 식사나 대사 길항제인 ω-메틸 판토텐산을 섭취한 사람들에게 나타나며, 위장장애, 피로감, 신경계 이상증후군 등이 있다. 따라서 판토텐산의 충분섭취량은 5mg/day이며, 임신부의 경우 충분섭취량은 6mg /day, 수유부의 경우 7mg/day이다(이상 식품의약품안전처).

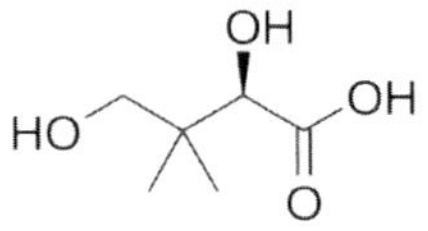

판토텐산

WIKIPEDIA

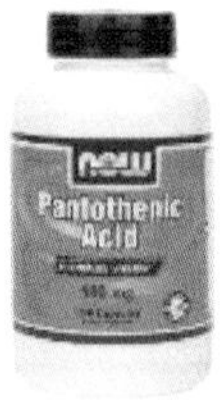

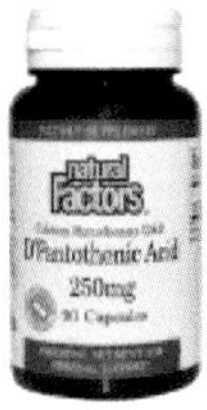

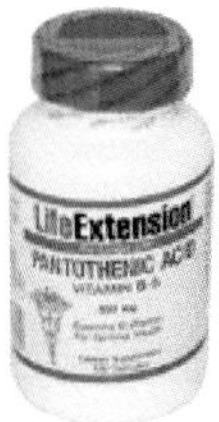

– 비타민 B6

비타민 B6는 식품 중에 피리독신(pyridoxine, PN), 피리독살(pyridoxal, PL), 피리독사민(pyridoaxamine, PM) 또는 각각의 인산화형태(PLP, PNP, PMP)로 존재한다. 비타민 B6의 보조효소 형태는 PLP와 PMP이며, 특히 PLP는 활성이 매우 큰 형태이다. 비타민 B6 급원식품으로는 생선, 돼지고기, 닭고기, 난류 및 동물의 내장 등이 있다. PLP는 아미노전이효소, 탈탄산효소 및 입체이성질체 효소 등 아미노산 대사에 관여하는 효소의 조효소로서, 비필수 아미노산을 합성하는 반응에 필요하다. 또한, 호모시스테인의 이화작용 및 인산화효소 반응의 조효소로서도 작용하여 혈액의 호모시스테인 수준을 정상으로 유지하는 데 필요하다. 비타민 B6의 결핍증은 비타민 B2 결핍 시 더욱 악화되며, 또한 이소니아지드(isoniazid), 페니실라민 복용에 의해서도 발생한다. 비타민 B6를 2,000mg/day 이상 섭취하면 신경손상을 유발하므로 적정량을 섭취해야 한다. 비타민 B6 평균필요량은 남자 1.3mg/day, 여자 1.2mg/day이며, 권장섭취량은 남녀 각각 1.5mg/day, 1.4mg/day이다(이상 식품의약품안전처).

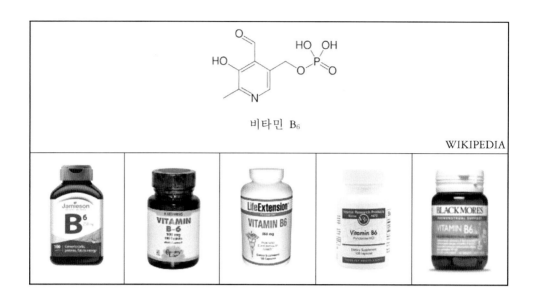

비타민 B$_6$

WIKIPEDIA

- 엽산

엽산은 프레티딘(pretidine), 파라아미노벤조산(para-aminobenzoic acid, PABA), 하나 이상의 글루탐산 분자(glutamate)로 구성된다. 글루탐산 분자가 1개일 경우 folic acid라고 한다. 급원식품은 간, 강화된 시리얼, 곡류제품, 두류, 녹색의 잎채소류이다. 엽산은 세포내에서 조효소 형태인 tetrahydrofolic acid(THFA)로 전환된다. 엽산은 새로운 세포와 혈액을 형성하며, 태아 신경관의 정상적인 발달에 도움을 준다. 또한, 혈중 호모시스테인 수준을 정상적으로 유지하는 역할을 한다. 엽산 섭취량이 부족하면 거대적아구성, 빈혈이 나타나게 되고 더 나아가 허약감, 피로 불안정, 위장장애가 나타난다. 엽산의 과도한 섭취가 직접적으로 신경계독성을 일으킨다는 명백한 결과는 없지만, 비타민 B$_{12}$가 결핍된 사람이 엽산을 고용량 복용할 경우 신경손상이 진행되는 간접독성이 문제가 된다. 따라서 성인의 엽산 평균필요량은 320μgDFE/day이며, 권장섭취량은 400μgDFE/day이다(이상 식품의약품안전처).

엽산

WIKIPEDIA

- 비타민 B$_{12}$

4개의 환원형 피롤 고리(pyrrole ring)가 비타민 B$_{12}$의 중심이 되는 코린(corrin)
이라는 커다란 원구조의 고리를 형성하고 있으며, 코린의 중심에는 코발트 이온
이 자리하고 있다. B$_{12}$라고 명명되는 것으로는 시아노코발라민(Cyanocobalamin), 메틸
코발라민(Methylcobalamin), 5-디옥시아데노실코발아민(5-deoxyadenosylcobalamin)이 포함
된다. 급원식품은 육류, 해산물, 유제품 등의 동물성 식품에만 존재한다. 비타민 B$_{12}$
는 체내에서 Methylcobalamin 또는 5-deoxyadenosylcobalamin으로 전환되어 단일탄소
단위를 이동시키는 조효소 역할을 한다. 비타민 B$_{12}$가 결핍되면 methyltetrahydrofolate
가 대사되지 못하여 쌓이게 되어 엽산 조효소를 만들기 어려우므로 엽산의 결핍
증세가 나타난다. 따라서 비타민 B$_{12}$는 정상적인 엽산 대사에 필요하다. 비타민
B$_{12}$의 권장섭취량은 적혈구 합성에 필요한 비타민 B$_{12}$의 양에 기초하여 2.4μg/day
이다(이상 식품의약품안전처).

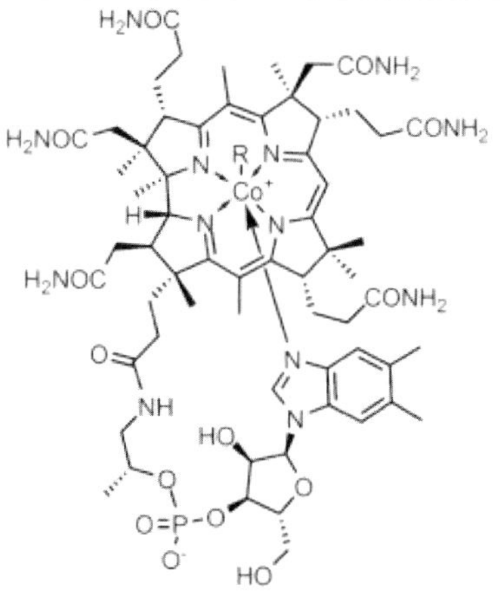

R = 5'-deoxyadenosyl, Me, OH, CN

비타민 B_{12}

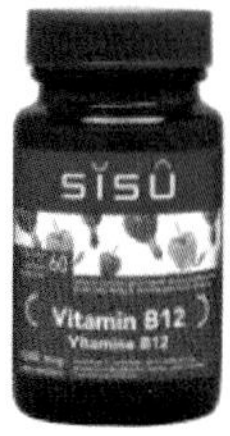

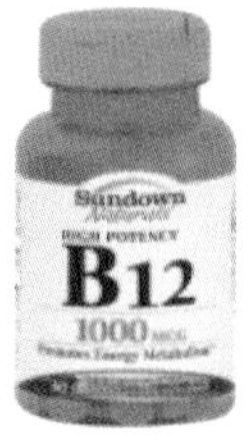

– 비오틴

비오틴은 황을 함유한 비타민으로 식품에서 유리형태와 비오시틴(biocytin)이라는 단백질에 결합된 조효소 형태로 존재한다. 급원식품은 육류, 생선류, 가금류, 난류, 유제품 등 주로 동물성 식품이다. 비오틴은 지방, 탄수화물 단백질 대사와 에너지 생성에 필요하다. 비오틴이 결핍되면 원형탈모, 탈색, 결막염, 혼수 등 중추신경계 이상이 일어난다. 따라서 비오틴의 충분섭취량은 30μg/day이고, 수유부의 경우 35μg/day이다(이상 식품의약품안전처).

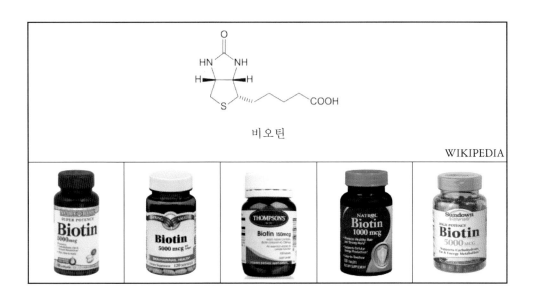

비오틴

WIKIPEDIA

- 비타민 C

비타민 C는 수용성 비타민으로 6개의 탄소로 이루어진 락톤(lactone)이며, 반드시 식품의 형태로 섭취해야한다. 급원식품은 신선한 채소와 과일 등이며, 쉽게 산화되는 성질 때문에 저장, 조리 및 가공법에 따라 파괴되기 쉽다. 비타민 C는 결합조직의 형성과 기능 유지, 철의 흡수 및 항산화 기능이 있다. 비타민 C의 결핍으로 인해 괴혈병이 발병하며, 만성피로, 코피, 우울증 등의 장애가 나타나기 쉽다. 따라서 비타민 C의 평균필요량은 75㎎/day이며, 권장섭취량은 100㎎/day이다(이상 식품의약품안전처).

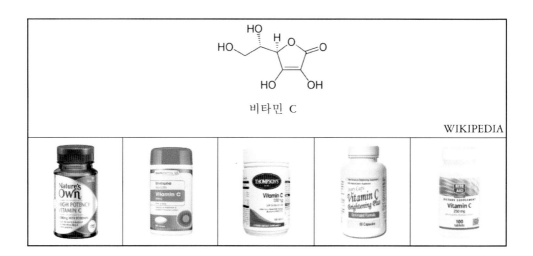

비타민 C

WIKIPEDIA

- 칼슘

칼슘은 우유 및 유제품, 뼈째 먹는 생선, 채소에 다량 함유되어 있다. 칼슘은 뼈와 치아를 형성, 정상적인 혈액응고 및 신경과 근육의 기능을 유지하는 데 필요하다. 칼슘이 부족할 경우 골질량의 감소와 골다공증 및 테타니가 발병한다. 따라서 칼슘의 권장섭취량은 700mg/day이며, 폐경기 여성의 경우 800mg/day, 청소년기 남자의 경우 1,000mg/day, 여자는 900mg/day이다(이상 식품의약품안전처).

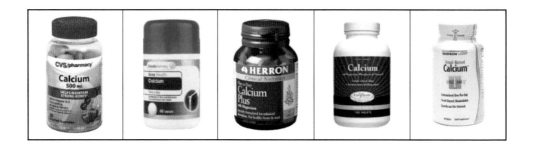

- 마그네슘

마그네슘은 엽록소(chlorophyll)의 구성성분이므로 녹색엽채에 많이 함유되어 있으며, 견과류, 두류 및 곡류 식품에도 풍부하다. 마그네슘은 에너지 이용에 필요하며, 신경과 근육 기능 유지에 도움을 준다. 마그네슘이 결핍되면 저칼슘혈증이 나타나 근육경련, 고혈압, 관상혈관과 뇌혈관의 경련이 일어날 수 있다. 또한,

골격세포 기능에도 영향을 주기 때문에 골다공증 발생의 요인이 될 수도 있다. 따라서 마그네슘의 평균필요량은 남성 285mg/day, 여성 235mg/day이고, 권장섭취량은 남성 340mg/day, 여성 280mg/day이다(이상 식품의약품안전처).

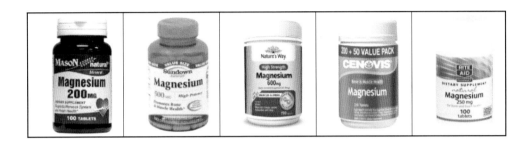

– 철

철은 헴(heme)의 구성성분이며, 헴은 에너지 전환에 결정적인 분자이다. 그러므로 철은 생명 유지에 상당히 중요한 원소이다. 급원식품으로는 간, 육류, 두류, 건과일, 가금류, 채소 등이 있다. 철은 체내 산소운반과 혈액생성에 필요하고, 에너지 생성에 도움을 줄 수 있으므로 기능성 원료로 인정하였다. 철의 결핍증상은 발달장애, 인지 능력의 손상 등이며, 심한 결핍일 경우 빈혈 증상이 나타나기도 한다. 따라서 철의 평균필요량은 8mg이며, 권장섭취량은 10mg이다(이상 식품의약품안전처).

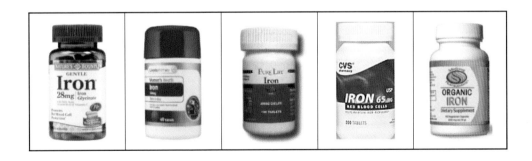

- 아연

아연은 아미노산, 펩타이드, 단백질 및 뉴클레오타이드와 쉽게 복합체를 형성한다. 급원식품으로는 굴, 육류, 가금류, 조개, 달걀 및 유제품 등이 있다. 아연은 정상적인 면역기능과 세포분열에 필요로 하며 신체 내 효소반응에 관여한다. 아연이 결핍되면 수포, 농포성 피부염, 탈모, 성장지연 등이 발병하고 심하면 사망에 이른다. 따라서 아연의 평균필요량은 성인 남녀 기준으로 각각 8.1mg/day, 7mg/day이며, 권장섭취량은 남녀 각각 10mg/day, 8mg/day이다(이상 식품의약품안전처).

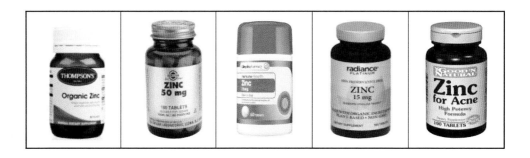

- 구리

전이금속인 구리는 생체 내에서 산화형인 Cu2+(Cupric) 또는 환원형인 Cu+(Cuprous)의 형태로 구리함유효소 내에 존재하는데, 주로 Cu^{2+} 형태로 존재한다. 구리 급원식품으로는 패류, 견과류, 두류, 간 등 내장고기가 가장 좋으며 초콜릿, 버섯 포도, 감자 등에도 구리가 상당량 함유되어 있다. 구리는 철의 운반과 이용에 필요하며, 유해산소로부터 세포를 보호하는 데 필요하다. 구리 결핍으로 인한 증상은 빈혈, 백혈구 감소증, 호중구 감소증, 혈중 콜레스테롤 증가 등이 있으며, 태아기와 신생아기에는 골다공증 또는 신경장애를 일으키기도 한다. 따라서 구리 평균필요량은 600μg/day이며, 권장섭취량은 800μg/day이다(이상 식품의약품안전처).

- 셀레늄(또는 셀렌)

셀레늄은 동물과 식물조직에 셀레노메티오닌(selenomethionine)과 셀레노시스테인(selenocysteine)의 형태로 존재하고, 글루타치온 과산화효소(glutathione peroxidase; GSHPx)와 셀레늄단백질 P(selenoprotein P)과 같은 셀레늄을 포함하는 단백질의 구성성분으로 혈장에 존재한다. 급원식품으로 육류, 곡류, 견과류 등이 있다. 셀레늄은 유해산소로부터 세포를 보호하는 데 필요하며, 셀레늄이 결핍되면 근육통, 근육소모, 심근증, 카신베크병 등의 풍토성 골관절염이 나타나게 된다. 따라서 셀레늄의 평균필요량은 42μg/day이며, 권장섭취량은 50μg/day이다(이상 식품의약품안전처).

- 요오드

요오드는 다시마, 미역, 김 등의 해조류와 멸치, 굴 등의 어패류에 풍부하게 함유되어 있다. 요오드는 갑상선 호르몬의 합성, 에너지 생성, 중추신경계 발달에 중요한 작용을 한다. 성인기에 요오드가 결핍되면 갑상선종이 유발되며, 아동기에 결핍되면 성장이 지연되고 인지기능이 손상되는 요오드결핍증을 유발한다. 특히 임신기에 부족하면 태아에서 크레틴병을 초래하는 것으로 알려졌다. 그러나 요오드를 과다 섭취하게 되면 갑상선 기능항진증과 악성종양을 악화시킬 수 있다. 그러므로 요오드의 평균필요량은 95μg/day이며, 권장섭취량은 150μg/day이다(이상 식품의약품안전처).

- 망간

망간은 어패류, 땅콩, 종실류 및 녹차 등에 많이 함유되어 있다. 망간은 뼈의 형성 및 에너지 이용에 필요하다. 또한, 유해산소로부터 세포를 보호하는 데 도움을 주어 기능성 원료로 인정하였다. 망간이 결핍되면 성장이 지연되고 생식기능저하, 골격발달을 저해하는 것으로 알려져 있다. 과량의 망간을 장기간 섭취할 경우 신경독성을 유발하고 혈중 망간 수준을 상승시킬 수 있다. 따라서 망간의 섭취량은 남녀 각각 3.5mg, 여자 3.0mg/day이다(이상 식품의약품안전처).

- **몰리브덴**

몰리브덴의 급원식품은 우유 및 유제품, 두류, 간, 곡류 및 견과류 등으로 알려져 있다. 몰리브덴은 체내에서 산화환원 반응에 관여하는 금속효소의 보결분자단으로 작용하여 산화환원효소의 활성에 필요하다. 몰리브덴의 결핍증은 완전정맥영양을 하는 사람들에게 결핍증이 나타나며, 심장과 호흡률의 증가, 야맹증, 정신혼미, 부종, 무기력, 혼수상태 등이 있다. 따라서 성인남녀의 몰리브덴 충분섭취량은 230μg/day이다(이상 식품의약품안전처).

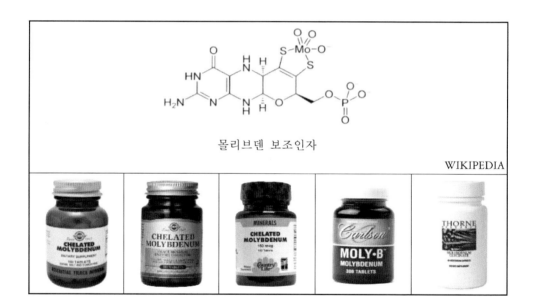

몰리브덴 보조인자

WIKIPEDIA

- **칼륨**

세포내액에 가장 다량으로 들어 있는 주요 양이온으로 세포막의 전위를 유지하고 세포내액에서 이온의 강도를 결정한다. 급원식품으로는 가공하지 않은 곡류, 채소, 과일 등이 있으며, 특히 근채류가 가장 좋다. 칼륨은 세포외액의 나트륨 이온과 함께 세포의 삼투압과 수분평형을 유지한다. 또, 근육의 수축과 이완을 조절하며, 다량 섭취시 나트륨의 배설을 증가시켜 혈압을 강하시키기도 한다. 심한 설사나 장기간 굶주렸을 때, 이뇨제 복용 시 칼륨 결핍이 일어나는데 식욕감퇴, 근육경련, 변비, 불규칙한 심장박동

증상을 보인다. 따라서 성인남녀의 칼륨 충분섭취량은 4.7g/day이다(이상 식품의약품안전처).

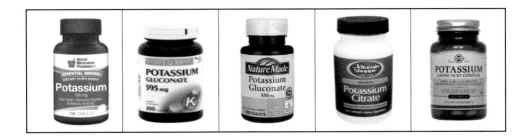

- 크롬

크롬 3^+는 크롬의 산화상태 중 가장 안정된 형태이며, 생체에서 가장 중요한 형태이다. 급원식품으로는 가공육, 현미 시리얼 제품, 도정하지 않은 곡류, 동물의 장기, 난황, 버섯, 브로콜리, 향신료 등이 있다. 크롬이 결핍되면 혈관 내피와 내막, 간세포에서 단백질 키나아제 C의 활성을 증가시켜 동맥경화증 및 당뇨병의 유발을 촉진시킨다. 크롬은 독성자료가 제한되어 있고 "용량 반응" 자료가 매우 미흡하므로 한국인의 크롬 상한섭취량 설정을 보류하였다(이상 식품의약품안전처).

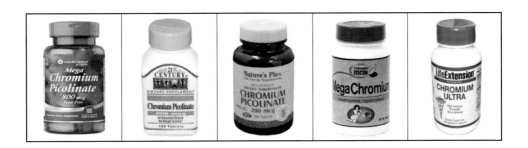

2) 필수지방산

리놀레산(Linoleic acid), 리놀렌산(Linolenic acid) 또는 이들을 함유하는 원료를 사용하여 제조 한다. 필수 지방산 제품은 일상식사에서 부족할 수 있는 필수 지방산의 보충을 목적으로 하며, 사용되는 원료는 건강기능식품, 식품 또는 식품첨가물의 기준 및 규격에 적합하여야 한다. 하루섭취량은 리놀레산은 4.0g 이상, 리놀렌산은 0.6g/day 이상이다(이상 식품의약품안전처).

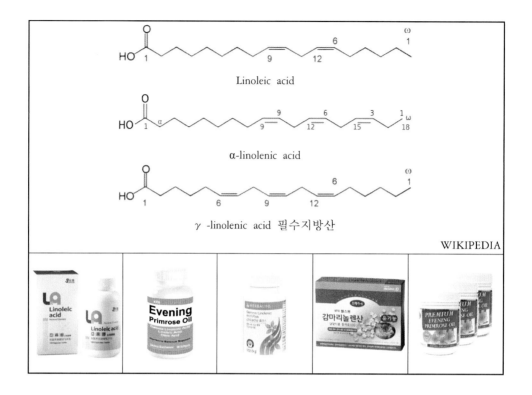

Linoleic acid

α-linolenic acid

γ -linolenic acid 필수지방산

WIKIPEDIA

3) 단백질

두류, 유류, 난류, 어패류, 육류, 견과류, 곡류에서 단백질을 분리하여 정제하거나, 단백분해효소나 자가분해효소로 분해하여 제조한다. 단백질 제품은 일상식사에서 부족할 수 있는 단백질의 보충을 목적으로 하며, 사용되는 원료는 식품 또는 식품첨가물의 기준 및 규격에 적합하여야 한다. 단백질은 근육, 결합조직 등 신체 조직의 구성성분이며, 효소, 호르몬 및 항체에 필요하다. 또한, 체내 필수 영양성분이나 활성물질의 운반과 저장, 체액, 산-염기의 균형 유지 및 에너지, 포도당, 지질의 합성에 필요하다. 하루섭취량은 단백질로서 12g/day 이상이다(이상 식품의 약품안전처).

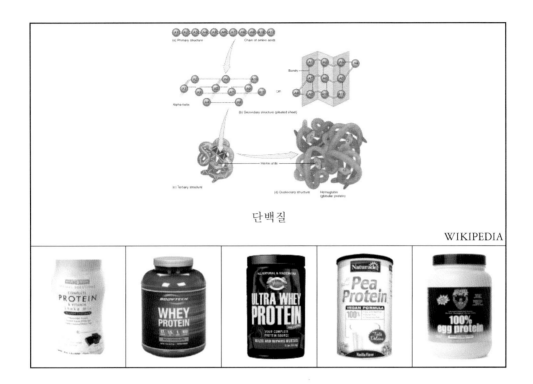

단백질

4) 식이섬유

사람의 소화 효소로 분해하기 어려운 난소화성 고분자 섬유성분인 식이섬유를 함유하고 있는 식품 원료를 사용하여 제조한다. 식이섬유 제품은 일상식사에서 부족할 수 있는 식이섬유의 보충을 목적으로 하며, 사용되는 원료는 건강기능식품, 식품 또는 식품첨가물의 기준 및 규격에 적합하여야 한다. 하루섭취량은 식이섬유로서 5g/day 이상이다(이상 식품의약품안전처).

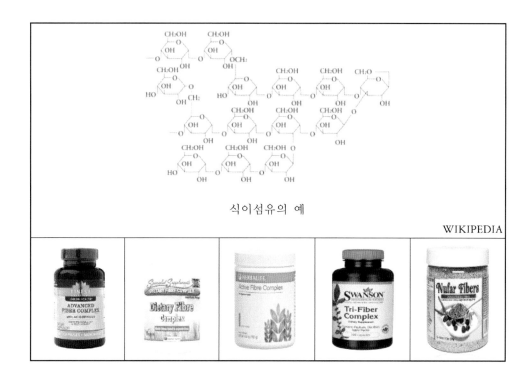

식이섬유의 예

WIKIPEDIA

2. 기능성 원료

기능성 원료란 건강기능식품의 제조에 사용되는 기능성을 가진 물질로 동물, 식물, 미생물 기원의 원재료를 그대로 가공하거나 그 주출물, 정제물, 또는 합성물이나 복합물을 말한다.

- 인삼

말리지 아니한 수삼, 수삼을 햇볕·열풍 또는 기타 방법으로 익히지 아니하고 말린 백삼, 수삼을 불로 익혀 말린 태극삼 등을 그대로 분말화하거나 수분을 제거한 후 분말화하여 식용에 적합하도록 한다. 또한, 물이나 주정(물·주정 혼합물 포함)으로 추출하여 여과하거나, 여과한 후 농축 또는 발효하여 식용에 적합하도록 한다. 인삼의 기능성분 또는 지표성분의 함량은 진세노사이드 Rg1과 Rb1을 합하여 0.8-34mg/g 함유하고 있어야 한다. 유의사항은 원재료인 인삼근은 '인삼산업법'에 적합하여야 하며 4년근 이상의 것으로 춘미삼, 묘삼, 삼피, 인삼박은 사용할 수 없으며 병삼인 경우에는 병든 부분을 제거하고 사용할 수 있다. 인삼은 면역력 증진 및 피로개선에 도움을 줄 수 있다 하여 기능성 원료로 인정하였다. 하루섭취량은 진세노사이드 Rg1과 Rb1의 합계로서 3~80mg/day이다(이상 식품의약품안전처).

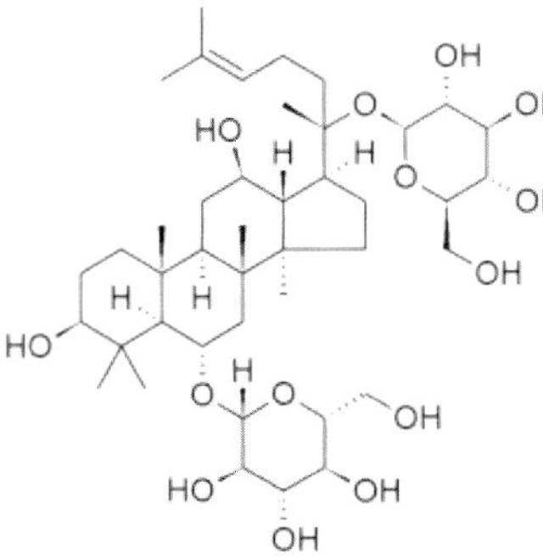

Ginsenoside Rg1 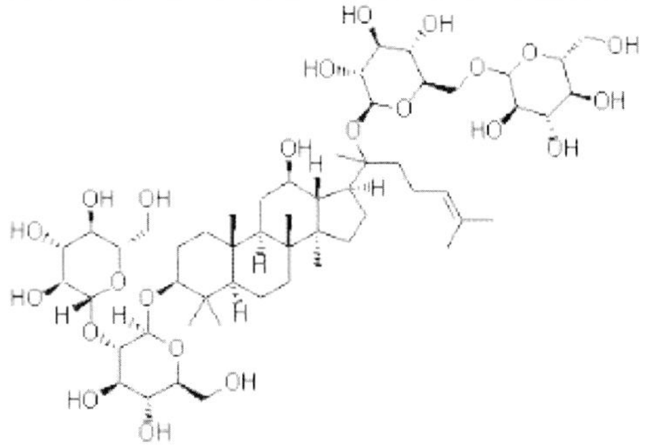   Ginsenoside Rb1

WIKIPEDIA   www.chemblink.com

- 홍삼

수삼을 증기 또는 기타 방법으로 쪄서 익혀 말린 홍삼을 사용하며 제조방법은 인삼의 방법과 동일하다. 홍삼은 면역력 증진, 피로개선, 혈소판 응집억제를 통한 혈액의 흐름을 원활하게 해주며, 기억력 개선에 도움을 줄 수 있다 하여 기능성 원료로 인정하였다. 하루섭취량은 Rg1과 Rb1 합계로서 ① 면역력 증진 및 피로개선: 3~80mg, ② 혈액흐름 및 기억력 개선: 2.4~80mg/day이다(이상 식품의약품안전처).

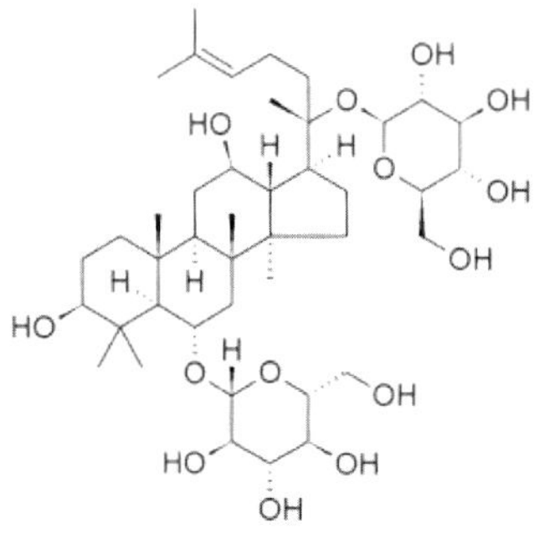

Ginsenoside Rg1 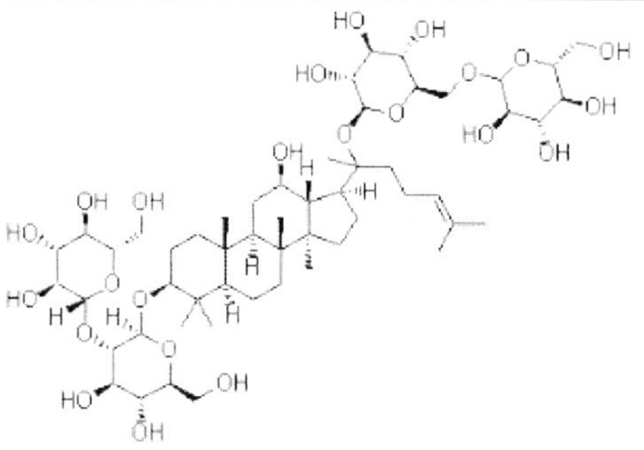   Ginsenoside Rb1

WIKIPEDIA   www.chemblink.com

- 엽록소 함유 식물

맥류약엽(보리, 밀, 귀리의 어린 싹) 또는 어린 이삭 형성 전의 잎의 전부 또는 일부, 알팔파의 성숙한 잎, 잎꼭지, 줄기의 전부 또는 일부, 엽록소를 함유한 식용 해조류의 전부 또는 일부, 맥류약엽, 알팔파, 해조류 이외의 식용식물류로서 단일 식물 전부 또는 일부가 사용된다. 상기 원재료의 제조방법은 그대로 또는 착즙·건조하여 식용에 적합하도록 한다. 엽록소 함유 식물의 기능성분(또는 지표성분)의 함량은 총 엽록소를, 맥류약엽은 2.4mg/g 이상, 알팔파는 0.6mg/g 이상, 해조류 및 기타식물은 1.2mg/g 이상 함유하고 있어야 한다. 엽록소 함유 식물은 피부건강, 항산화에 도움을 줄 수 있다 하여 기능성 원료로 인정하였다. 하루섭취량은 총 엽록소로서 8~150mg/day이다(이상 식품의약품안전처).

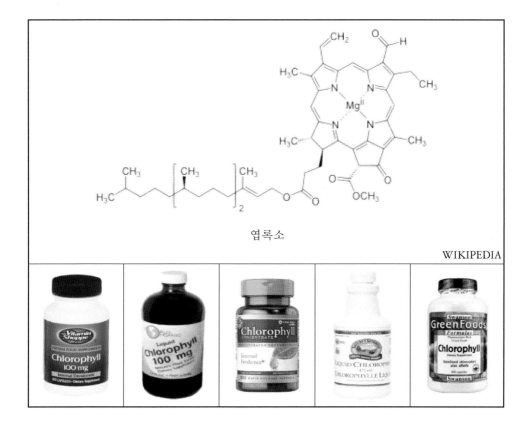

엽록소

- 클로렐라

클로렐라는 클로렐라 속 조류를 인공적으로 배양하고 건조하여 식용에 적합하도록 하였다. 기능성분 또는 지표성분의 함량은 총 엽록소를 10㎎/g 이상 함유하고 있어야 한다. 클로렐라는 피부건강, 항산화 및 면역력 증진에 도움을 줄 수 있다 하여 기능성 원료로 인정하였다. 하루섭취량은 총 엽록소로서 ① 피부건강 및 항산화: 8~150㎎, ② 면역력 증진: 125~150㎎/day이다(이상 식품의약품안전처).

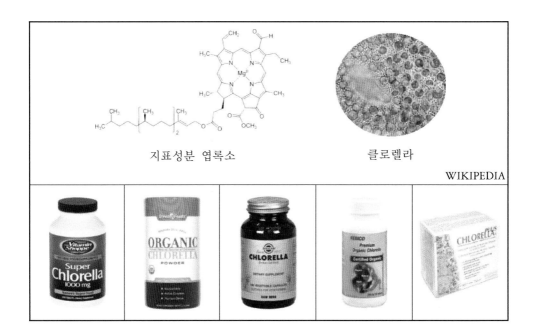

지표성분 엽록소   클로렐라

- 스피루리나

스피루리나 속 조류를 인공적으로 배양하고 건조하여 제조한다. 기능성분 또는 지표성분의 함량은 총 엽록소를 5mg/g 이상 함유하고 있어야 한다. 스피루리나는 피부건강, 항산화 및 혈중 콜레스테롤 개선에 도움을 줄 수 있어 기능성 원료로 인정받았다. 하루섭취량은 피부건강, 항산화에 도움을 주는 경우 총 엽록소로서 8~150mg/day이고, 혈중 콜레스테롤 개선에 도움을 주는 경우 총 엽록소로서 40~150mg/day이다(이상 식품의약품안전처).

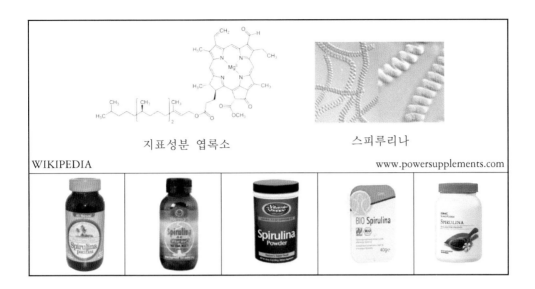

지표성분 엽록소

스피루리나

- 녹차추출물

녹차추출물은 체지방 감소에 도움을 줄 수 있다 하여 생리활성 Ⅱ등급에 해당한다. 녹차추출물을 섭취하는 경우 카페인이 함유되어 있어 초조감, 불면 등을 나타낼 수 있으므로 주의하도록 한다. 하루섭취량은 카테킨으로 0.3~0.5g/day이다 (이상 식품의약품안전처).

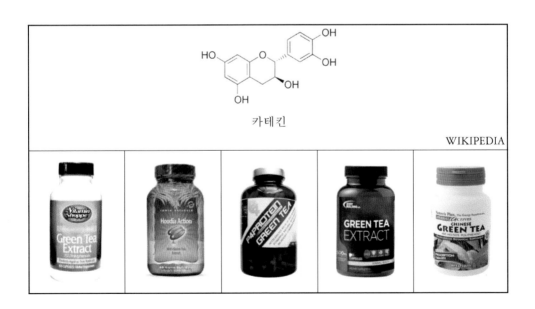

카테킨

- 알로에 전잎

알로에 전잎은 알로에 베라, 아보레센스, 사포나리아의 잎 중 비가식 부분을 제거한 후 건조하거나 분쇄·농축하여 식용에 적합하도록 제조한다. 또한, 안트라퀴논계 화합물의 함량은 0.2~5%이어야 한다. 알로에 전잎에 포함되어 있는 기능성분으로는 Acemannan과 같은 Polysaccharides와 Glycoprotein, Aloin 등을 들 수 있는데, 이 중 특히 Aloin은 배변활동에 도움을 줄 수 있는 성분으로 알려져 있다. 알로에는 과량 섭취할 경우 위 장관 경련 및 통증을 유발할 수 있다. 또한, 장기적으로 과량 남용할 경우 전해질 균형이 깨져 칼륨 결핍, 혈뇨, 단백뇨 등이 나타날 수 있다. 따라서 배변활동 원활을 위한 하루섭취량은 무수바바로인으로서 20~30 mg/day이다(이상 식품의약품안전처).

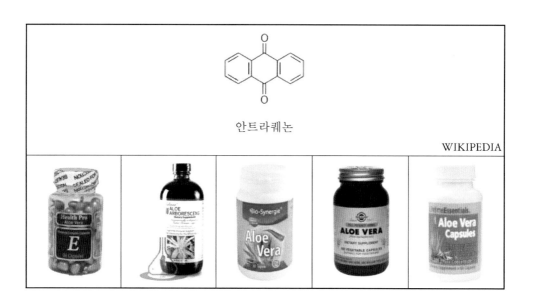

안트라퀴논

WIKIPEDIA

- 프로폴리스추출물

프로폴리스란 꿀벌의 소방(巢房)을 구성하는 소재의 하나로서 꿀벌에 의해 화분 및 식물 수액 등과 자신들의 분비물인 밀납 등이 혼합되어 만들어진 것으로, 수지, 밀납, 방향유, 유기산 등으로 이루어진 수지 상태의 물질이다. 프로폴리스는 항산화 효소 활성이 증가하는 것을 보아, 항산화 작용을 확인하였으며 구강에서의 항균작용에 도움을 줄 수 있다. 항산화 작용이 확인된 인체적용시험에서 섭취량을 고려하여 하루섭취량은 총 플라보노이드로서 16～17mg/day이다(이상 식품의 약품안전처).

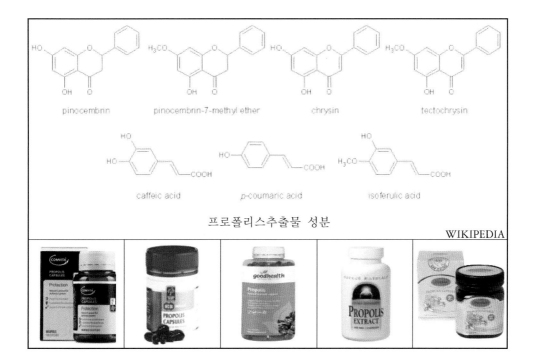

프로폴리스추출물 성분

WIKIPEDIA

- **코엔자임Q10**

코엔자임Q10은 CoQ10, Q10, Vitamin Q10, Ubiquinone, or Ubidecarenone이라 불리는 지용성 비타민 모양의 물질로 구조적으로 Vitamin K와 유사한 Quinone으로서 체내에서도 합성된다. 코엔자임 Q10은 ubiquinol을 생산하는 미생물을 발효한 배양산물을 헥산, 아세톤, 이소프로필알코올, 초산에틸로 추출하고 농축 또는 정제하여 제조하며 980mg/g 이상으로 표준화되었다. 코엔자임 Q10은 미토콘드리아에서 지질과산화를 수반하는 산화적 손상으로부터 막의 단백질과 DNA를 보호하고, 혈액에서는 LDL 산화로부터 보호 해준다하여 기능성 원료로 인정되었다. 하루섭취량은 코엔자임Q10으로서 90～100mg/day이다(이상 식품의약품안전처).

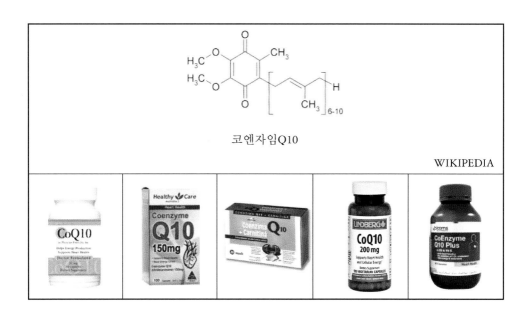

코엔자임Q10

WIKIPEDIA

- 대두이소플라본

　대두에서 발효한 후 또는 바로 사용하여 물이나 주정(물·주정 혼합물 포함)으로 추출하여 여과 또는 정제한 후 식용에 적합하도록 한다. 기능성분 또는 지표성분의 함량은 대두이소플라본 비배당체[배당체(Daidzin, Genistin, Glycitin)]에 전환계수를 적용한 것과 비배당체[(Daidzein, Genistein, Glycitein)의 합]로서 35~440mg/g이어야 한다. 대두이소플라본은 뼈 건강에 도움을 줄 수 있다 하여 기능성 원료로 인정하였다. 하루섭취량은 대두이소플라본 비배당체로서 24~27mg이다(이상 식품의약품안전처).

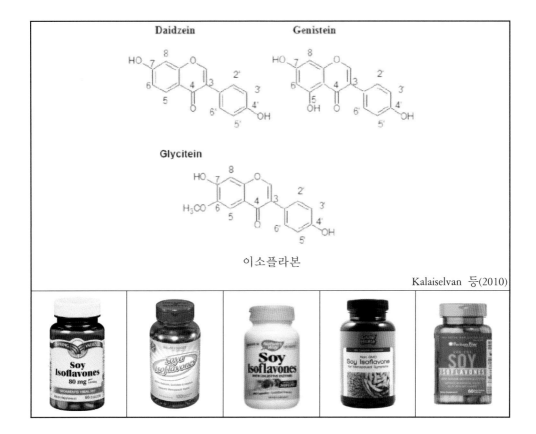

이소플라본

Kalaiselvan 등(2010)

– 구아바잎 추출물

구아바잎 추출물은 구아바(*Psidium gujava*)의 잎을 열수 추출하고 여과, 농축하여 제조하였다. 기능성분 또는 지표성분의 함량은 총 폴리페놀이 205~450mg/g 함유되어 있어야 한다. 구아바잎 추출물은 식후 혈당상승 억제에 도움을 줄 수 있다 하여 기능성 원료로 인정하였다. 하루섭취량은 총 폴리페놀로서 120mg/day이다 (이상 식품의약품안전처).

폴리페놀　　　　　　　　　구아바잎

WIKIPEDIA

– 바나나잎 추출물

바나나잎을 주정으로 추출하고 농축 및 건조하여 제조한다. 바나나잎 추출물은 혈액 중에 존재하는 포도당을 세포 내로 이행시켜 혈당치를 감소시키는 것으로 추정하여 혈당 조절에 도움을 줄 수 있다 하여 기능성 원료로 인정받았다. 하루섭취량은 50～100mg/day이다(이상 식품의약품안전처).

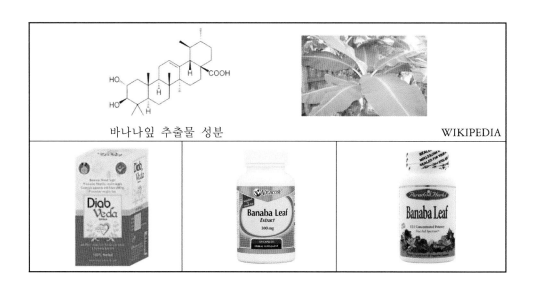

바나나잎 추출물 성분　　　　　　　　　WIKIPEDIA

- 은행잎 추출물

은행나무(*Ginko Biloba*)의 잎을 분쇄 후 주정으로 추출하고 정제, 농축, 여과하여 제조하며 플라보놀 배당체가 240~230mg/g, 퀘르세틴과 캠페롤의 비율이 0.8~1.2이어야 한다. 은행잎 추출물의 작용기전을 확인할 수 있는 생리학적 지표가 기반연구에서 유의적으로 개선되었으며, 인체적용시험에서 성인의 기억력 개선 및 혈행 개선에 도움을 줄 수 있다 하여 기능성이 확인되었다. 하루섭취량은 플라보놀 배당체로서 28~36mg/day이다(이상 식품의약품안전처).

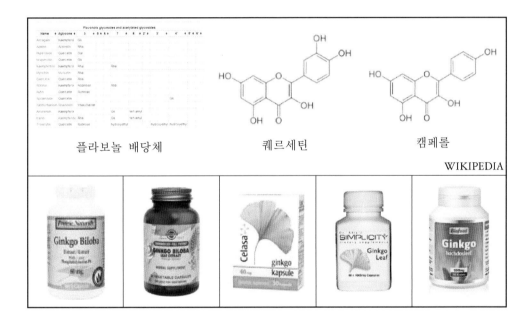

| 플라보놀 배당체 | 퀘르세틴 | 캠페롤 |

WIKIPEDIA

- 밀크씨슬(카르두스 마리아누스) 추출물

밀크씨슬 추출물은 간건강에 도움을 줄 수 있다 하여 기능성 원료로 인정받았다. 하루섭취량은 Silymarin으로서 130mg/day이다. 알레르기 반응이 나타나는 경우에는 섭취를 중단하며, 설사, 위통 복부팽만 등의 위장 관계 장애가 나타나는 경우에 섭취에 주의하도록 한다(이상 식품의약품안전처).

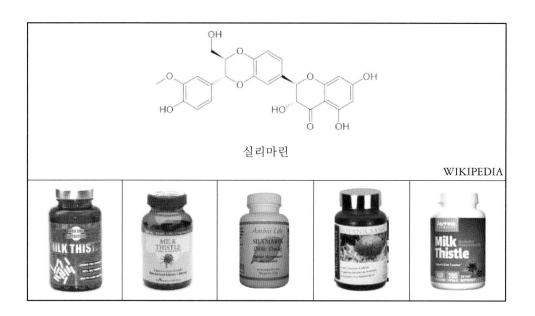

실리마린

– 달맞이꽃 종자 추출물

달맞이꽃(*Oenothera biennis*)의 씨에서 지방을 제거한 후 주정으로 추출하여 제조한다. 달맞이꽃은 α-glucosidase의 효소활성을 저해하여 전분의 소화 흡수를 느리게 한다. 따라서 당의 흡수를 억제하여 식후 혈당상승 억제에 도움을 줄 수 있다 하여 기능성 원료로 인정받았다. 하루섭취량은 탈지달맞이꽃 종자주정 추출물로서 200~300mg/day이다(이상 식품의약품안전처).

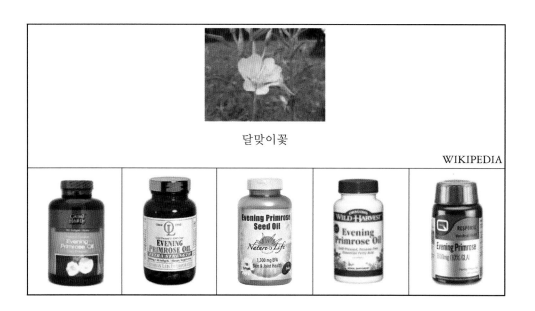

달맞이꽃

- 오메가-3 지방산 함유 유지

DHA와 EPA는 각각 20, 22개의 탄소와 5, 6개의 이중결합을 가지고 있는 오메가-3계열의 불포화 지방산이다. DHA와 EPA는 어류(연어, 정어리, 참치 등)의 기름에 다량 함유되어 있으며, 원재료를 가열, 압착, 헥산, 이산화탄소를 이용하여 추출, 여과하여 식용에 적합하도록 하였다. 오메가-3 지방산 함유유지는 혈중 중성지질 개선 및 혈행 개선에 도움을 줄 수 있다 하여 기능성 원료로 인정하였다. 하루섭취량은 0.5~2g/day이다. DHA 및 EPA는 혈전용해작용으로 혈액을 멈추지 않게 하는 효과가 있기 때문에 수술 전에는 섭취를 금해야 한다(이상 식품의약품안전처).

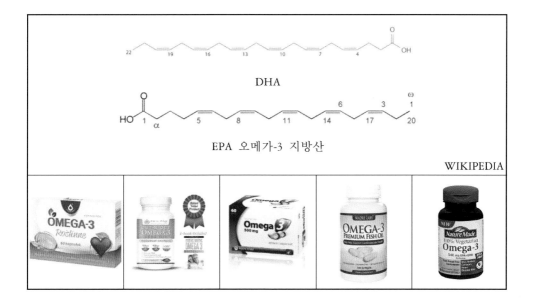

DHA

EPA 오메가-3 지방산

WIKIPEDIA

- 감마리놀렌산 함유유지

감마리놀렌산(Gamma-linolenic acid, GLA)은 18개의 탄소와 3개의 이중 결합을 가지고 있는 오메가-6 장쇄 불포화 지방산이다. 감마리놀렌산 함유유지는 감마리놀렌산의 함량이 7% 이상이어야 하며, 이 유지는 혈중 콜레스테롤 개선 및 혈행 개선에 도움을 줄 수 있다 하여 기능성 원료로 인정하였다. 하루섭취량은 감마리놀렌산으로서 240~300mg/day이다. 항혈전 관련 약품을 섭취하는 사람의 경우, 상처 발생 시 지혈에 문제가 생길 수 있으므로 주의사항을 숙지해야한다(이상 식품의약품안전처).

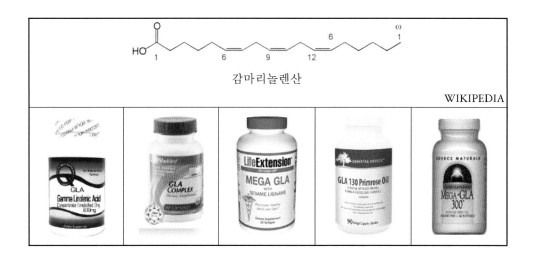

감마리놀렌산

WIKIPEDIA

– 레시틴

레시틴은 난황, 콩기름, 간, 뇌 등에 다량 존재하는 복합지질로, 특히 지방구의 피막이나 지질단백질을 형성하며, 유화제로서 널리 사용된다. 레시틴은 대두유를 여과하고 수소화하여 얻은 레시틴 검화물에서 유지를 추출하거나, 난황을 물이나 주정으로 추출하고 용매를 제거한 것이다. 난황 레시틴을 사용한 경우에는 콜레스테롤 함량이 10,000mg/kg 이하가 되도록 한다. 레시틴은 혈중 콜레스테롤 개선에 도움을 줄 수 있다 하여 기능성 원료로 인정하였고, 하루섭취량은 레시틴으로서 1.2~18g/day이다(이상 식품의약품안전처).

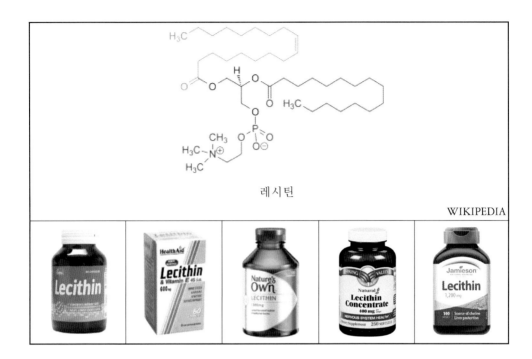

레시틴

WIKIPEDIA

- 스쿠알렌

스쿠알렌은 Triterpenoid계의 불포화 탄화수소로 인체와 동식물성 유지에 함유되어 있다. 스쿠알렌은 상어 간에서 추출한 유지에 증류와 검화 과정을 반복한 후, 불검화물을 물이나 주정으로 세척하여 만든 것을 말하며, 순도가 98% 이상이어야 한다. 스쿠알렌은 항산화 효소활성을 증가시키고 과산화물을 감소시키는 등의 항산화 작용을 할 수 있다 하여 기능성 원료로 인정하였다. 하루섭취량은 스쿠알렌으로서 10g/day이다(이상 식품의약품안전처).

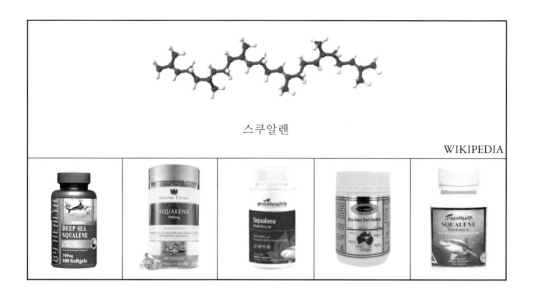

스쿠알렌

WIKIPEDIA

- **식물스테롤/식물에스테르**

대두유, 옥수수유, 채종유를 생산하는 공정 중 탈취공정 중에 생긴 증류물인 베타-시토스테롤(ß-sitosterol), 브라시카스테롤(brassicasterol), 스티그마스테롤(stigmasterol), 캄페스테롤(campesterol)의 혼합물을 추출 및 정제하여 식용에 적합하도록 제조・가공하였다. 또한, 상기의 추출 및 정제물을 식용유지 유래 지방산으로 에스테르화하여 식용에 적합하도록 하였다. 기능성분 또는 지표성분의 함량은 식물스테롤 함량이 900mg/g 이상이어야 한다. 다만, 식물스테롤에스테르를 원료로 사용한 경우에는 식물스테롤과 유리식물스테롤의 합이 800mg/g 이상, 유리식물스테롤 함량이 10% 이하여야 한다. 식물스테롤/식물스테롤에스테르는 혈중 콜레스테롤 개선에 도움을 줄 수 있다 하여 기능성 원료로 인정하였다. 하루섭취량은 식물스테롤로서 0.8∼3g/day이다(이상 식품의약품안전처).

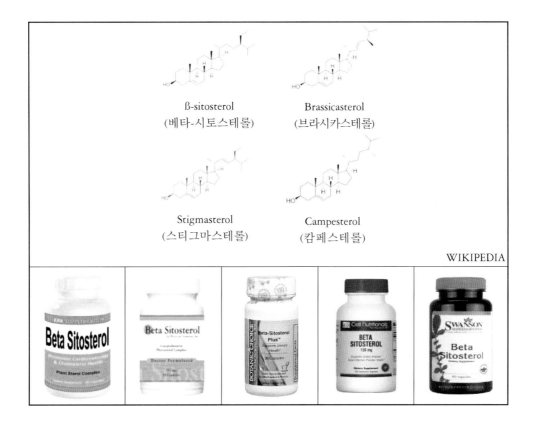

β-sitosterol
(베타-시토스테롤)

Brassicasterol
(브라시카스테롤)

Stigmasterol
(스티그마스테롤)

Campesterol
(캄페스테롤)

WIKIPEDIA

- 알콕시글리세롤 함유 상어간유

알콕시글리세롤은 알킬글리세롤이라고도 부르며, 글리세라이드 분자의 1번 탄소에 지방산이 에테르 결합을 이루고 있어 체내에서 지방분해효소에 의하여 분해되지 않고 2, 3번 탄소에 지방산이 에스테르 결합을 이루고 있는 화합물의 통칭이다. 알콕시글리세롤을 함유한 상어간유는 상어 간에서 추출한 유지로부터 스쿠알렌과 검화물을 제거한 후, 불검화물을 물로 세척하고 탈취·가열·여과하여 식용에 적합하도록 한 것을 말하며, 알콕시글리세롤은 18~22% 정도 함유되어 있어야 한다. 알콕시글리세롤 함유 상어간유는 면역력을 증진에 도움을 주어 기능성 원료로 하였다. 하루섭취량은 알콕시글리세롤로서 0.6~2.7g/day이다(이상 식품의약품안전처).

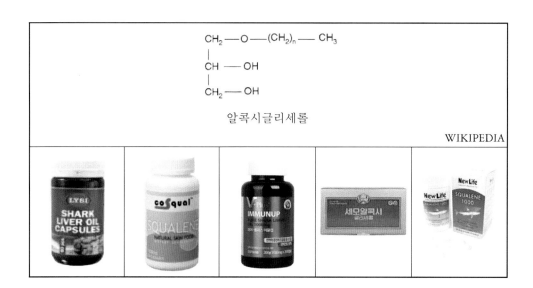

알콕시글리세롤

WIKIPEDIA

- 옥타코사놀 함유유지

옥타코사놀은 밀의 씨눈, 사탕수수, 사과껍질, 포도껍질 및 굴에 함유되어 있으며, 긴 탄소사슬에 알코올기를 가진 왁스류($CH_3[CH_2]_{26}CH_2OH$)의 물질이다. 옥타코사놀 함유 유지는 미강 또는 사탕수수에서 추출한 옥타코사놀 함유 유지를 비누화한 후, 주정 또는 헥산을 사용하여 재결정화를 거친 것이다. 미강에서 제조한 유지와 사탕수수에서 제조한 유지는 각각 옥타코사놀을 100mg/g 이상, 540mg/g 이상 함유하고 있어야 한다. 옥타코사놀 함유 유지는 지구력 증진에 도움을 줄 수 있다 하여 기능성 원료로 인정하였다. 하루섭취량은 옥타코사놀로서 7~40mg/day이다(이상 식품의약품안전처).

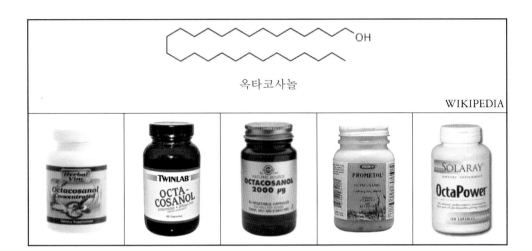

옥타코사놀

WIKIPEDIA

– 매실 추출물

매실 추출물은 매실을 열수로 추출한 것을 말하며, 기능성분 또는 지표성분인 구연산의 함량은 300~400mg/g이어야 하며, 제조 시 반드시 시안화합물을 제거하여야 한다. 매실 추출물은 혈중 젖산 및 암모니아 농도, 골격근 글리코겐 저장능력이 유의하게 향상되는 것이 확인되어 피로 개선에 도움을 줄 수 있다 하여 기능성을 인정하였다. 하루섭취량은 매실 추출물로서 3.26g이며, 구연산으로서 1~1.3g/day이다(이상 식품의약품안전처).

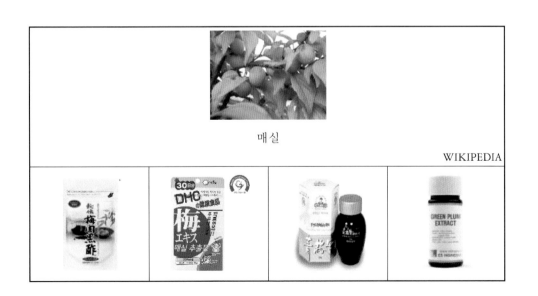

매실

WIKIPEDIA

- 공액리놀레산

공액리놀레산(CLA)은 반추동물이 섭취하는 linoleic acid로부터 미생물에 의하여 합성되는 중간대사산물로서 육류나 유제품에서 주로 존재하며, 식물성유지에는 육류나 유제품에 비하여 훨씬 낮은 농도로 존재한다. CLA는 홍화유 중에 천연적으로 존재하는 리놀레산(linoleic acid)을 이중결합 사이에 하나의 단일결합이 위치하도록 화학적인 방법으로 변형하여 이성질체 혼합물로 구성되도록 식용에 적합하게 제조, 가공한 것이다. 공액리놀레산은 과체중인 성인의 체지방 감소에 도움을 줄 수 있다 하여 기능성 원료로 인정하였다. 하루섭취량은 1.4~4.2g/day이다(이상 식품의약품안전처).

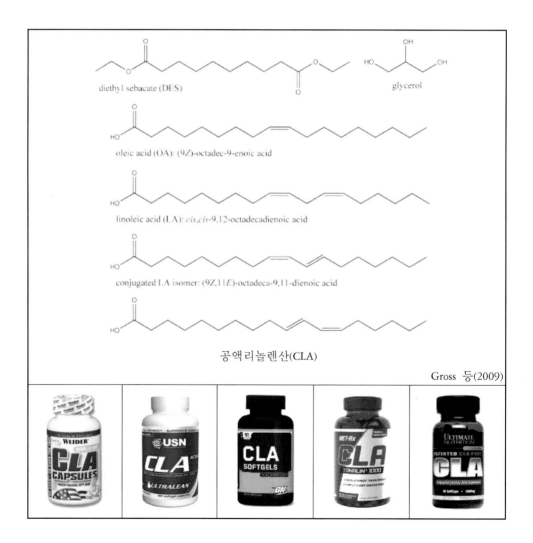

공액리놀렌산(CLA)

Gross 등(2009)

– 가르시니아캄보지아 추출물

가르시니아캄보지아열매의 껍질 부위를 사용하며, 껍질에는 기능성분인 hydroxycitric acid(HCA)가 약 10~30% 함유되어 있다. HCA의 Krebs/citric acid cycle 억제제로서의 역할을 제시하여 신체 내에서 탄수화물로부터 지방합성을 억제하여 체지방 감소에 도움을 준다. 하루섭취량은 총 (-)-HCA로서 750~2,800㎎/day이다(이상 식품의약품안전처).

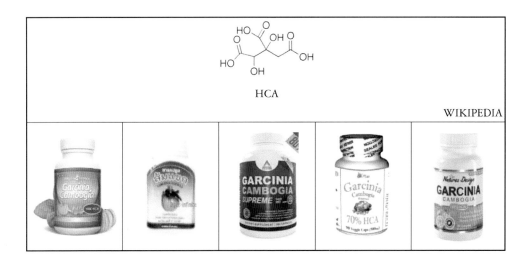

– 루테인

마리골드(Tagetes erecta)의 꽃을 헥산 또는 이산화탄소(초임계추출)로 추출, 검화한 후 결정화하여 분말화하거나 유(oil)상으로 식용에 적합하도록 하며, 결정화 과정 중 초산에틸 사용이 가능하다. 기능성분 또는 지표성분의 함량은 루테인을 700㎎/g 이상 함유하고 있어야 한다. 루테인은 노화로 이해 감소될 수 있는 황반색소밀도를 유지해 눈 건강에 도움을 준다하여 기능성 원료로 인정하였다. 하루섭취량은 루테인으로서 10~20㎎/day이다(이상 식품의약품안전처).

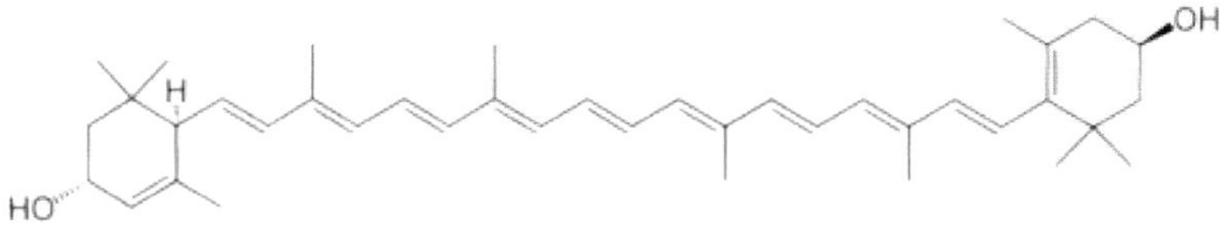

루테인

WIKIPEDIA

- 헤마토코쿠스 추출물

헤마토코쿠스 추출물은 *Haematococcus pluvialis* 조류로부터 얻어지는 carotenoid 계열의 천연 astaxanthin 추출물로 연어, 송어 등의 어류 및 갑각류 등 수생동물에서 발견되며 최근에는 효모 균주인 *Phaffia rhodozyma*와 *Haematococcs pluvialis*에서도 다량 추출 분리 된다. 헤마토코쿠스 추출물은 Haematococcus pluvialis을 이산화탄소 (초임계추출) 또는 아세톤으로 추출하고 정제하여야 하며, 아스타잔틴(Astaxanthin) 이 60~140mg/g 함유되어 있어야 한다. 헤마토코쿠스 추출물은 눈의 피로도 개선에 도움을 줄 수 있다 하여 기능성 원료로 인정하였다. 하루섭취량은 아스타잔틴으로서 4~12mg/day이다. 아스타잔틴은 카로티노이드계의 지용성 물질로 과다 섭취 시 일시적으로 피부가 황색으로 변할 수 있으며, β-carotene의 흡수를 저해할 수 있다(이상 식품의약품안전처).

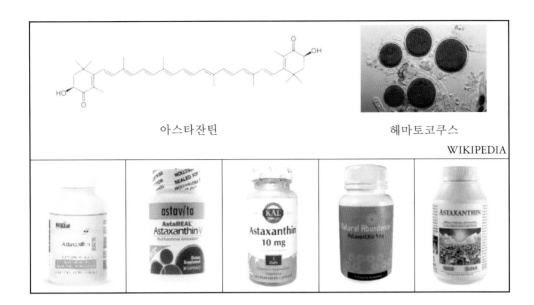

아스타잔틴   헤마토코쿠스

WIKIPEDIA

- 쏘팔메토 열매 추출물

Saw palmetto(*Serenoa repens*) 열매를 주정 또는 이산화탄소 추출 후 여과, 농축, 정제하여 유(oil)상으로 식용에 적합하도록 제조하였으며, 지표성분인 Lauric acid가 220~360㎎/g 함유되어 있다. 쏘팔메토 열매 추출물은 5-α-reductase의 활성을 저해하여 테스토스테론이 DHT(디하이드로테스토스테론)로 전환되는 것을 억제한다. 따라서 중·노년 남성의 전립선을 건강하게 유지할 수 있도록 도움을 줄 수 있다 하여 기능성 원료로 인정하였다. 하루섭취량은 Lauric acid으로서 70~115㎎/day이다(이상 식품의약품안전처).

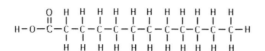
Lauric acid

쏘팔메토

WIKIPEDIA

- 포스파티딜세린

포스파티딜세린은 동물과 미생물 등의 생체막에 존재하고 있으며, 사람의 경우 뇌에 높은 농도로 존재하는 것이다. 포스파티딜세린은 대두 레시틴을 L-세린 (serine)과 효소(phopholiphase) 반응하여 물, 주정, 아세톤 또는 헥산으로 추출하고 정제하여 제조한 것으로 기능성분인 포스파티딜세린이 380㎎/g 이상 함유되어 있어야 하고, 고유의 색택과 향미를 가지며 이미·이취가 없어야 한다. 포스파티딜세린은 노화로 인해 저하된 인지력 개선, 자외선에 의한 피부손상으로부터 피부 건강 유지 및 피부 보습에 도움을 줄 수 있다 하여 기능성 원료로 인정하였다. 하루섭취량은 포스파티딜세린으로서 300㎎/day이다(이상 식품의약품안전처).

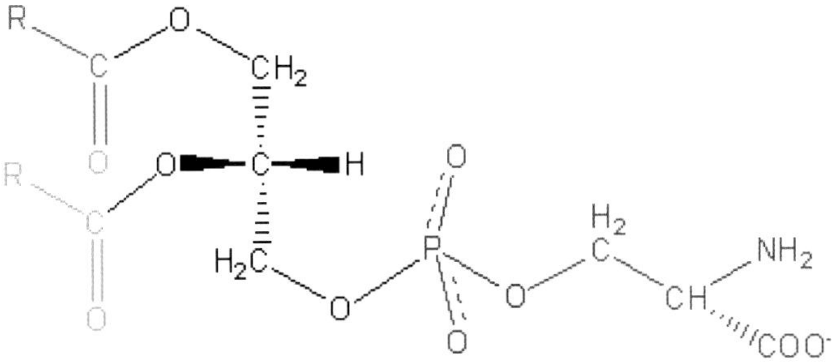

포스파티딜세린

WIKIPEDIA

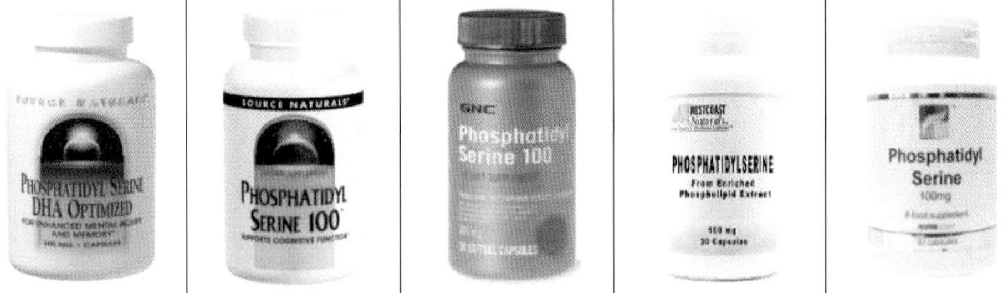

– 글루코사민

글루코사민은 아미노산과 당의 결합물인 아미노당의 하나로, 연골을 구성하는 필수 성분으로, 헥소아민의 대표적인 물질이다. 글루코사민 제품은 글루코사민 염산염과 글루코사민 황산염을 원료로 사용하여 만들 수 있다. 상기의 물질은 모두 순도는 95% 이상이어야 하며, 가수분해 과정에서 사용한 산이 잔류하지 않도록 물이나 주정을 이용하여 충분히 세척하는 것이 중요하다. 글루코사민은 관절 및 연골 건강에 도움을 줄 수 있어 기능성 원료로 인정하였다. 하루섭취량은 글루코사민 염산염 혹은 글루코사민 황산염으로서 1.5~g/day이다(이상 식품의약품안전처).

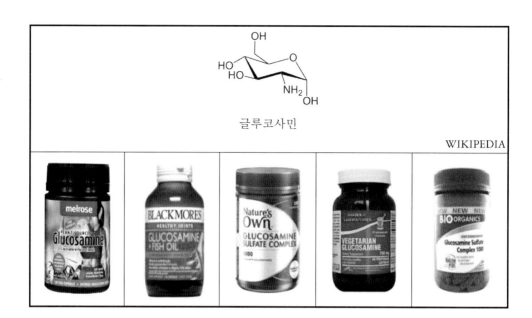

글루코사민

WIKIPEDIA

- N-아세틸글루코사민

N-아세틸글루코사민은 체내에서는 세포와 세포의 결합 성분, 점막 성분, 관절 윤활액 등의 성분인 글루코사미노글리칸, 당지질, 당단백 등을 구성하는 물질이다. N-아세틸글루코사민은 게, 새우 등 갑각류의 껍질에서 단백질과 칼슘을 제거하여 얻어지는 키틴을 팽윤시킨 후 키토사나아제로 효소분해하고 탈염, 농축, 여과, 건조하여 만들어지며, 순도는 95% 이상이어야 한다. N-아세틸글루코사민은 관절 및 연골 건강과 피부 보습에 도움을 줄 수 있다 하여 기능성 원료로 인정하였다. 하루섭취량은 관절 및 연골 건강과 피부보습의 기능에서 N-아세틸글루코사민으로서 각각 0.5~1g, 1g/day이다(이상 식품의약품안전처).

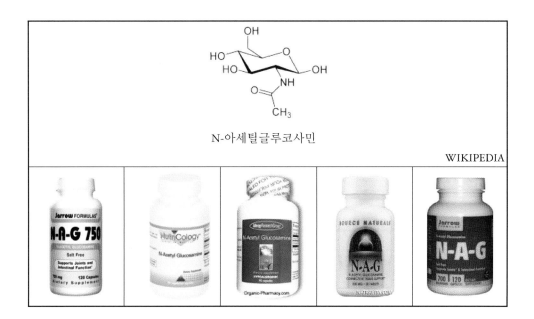

N-아세틸글루코사민

WIKIPEDIA

- 뮤코다당·단백

뮤코다당은 아미노당을 함유하는 것의 총칭으로, 생체 내에서는 단백질과 결합하여 뮤코다당·단백을 형성하며 주로 결합조직에 존재한다. 뮤코다당·단백은 소, 돼지, 양, 사슴, 상어, 가금류, 오징어, 게, 어패류의 연골 조직을 열수 추출 또는 효소 분해한 후 여과, 농축, 건조 등의 공정을 거쳐 식용에 적합하도록 정제하고 건조하여 만든다. 뮤코다당·단백은 관절 및 연골 건강에 도움을 줄 수 있다고 판단하여 기능성 원료로 인정하였다. 하루섭취량은 뮤코다당·단백(단백질과 콘드로이친황산의 합)으로서 1.2~1.5g/day이다(이상 식품의약품안전처).

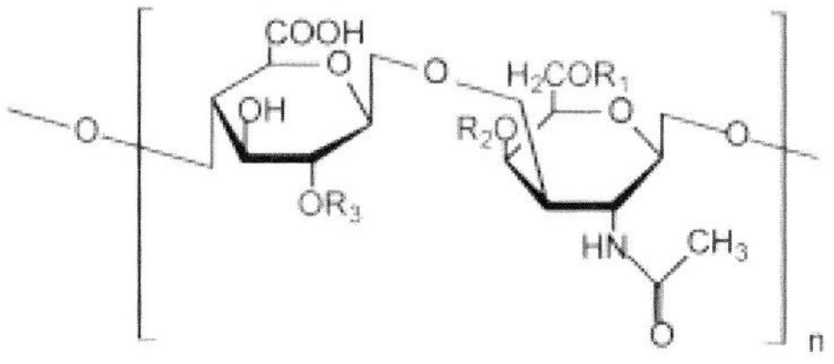

뮤코다당

WIKIPEDIA

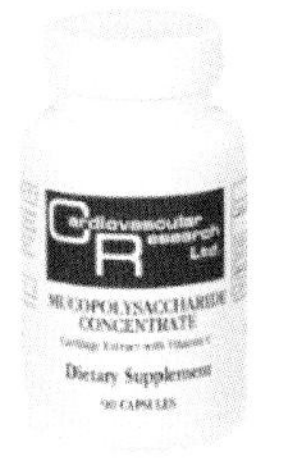

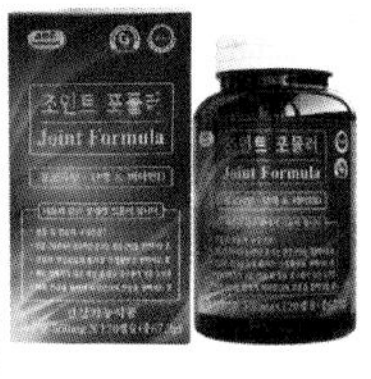

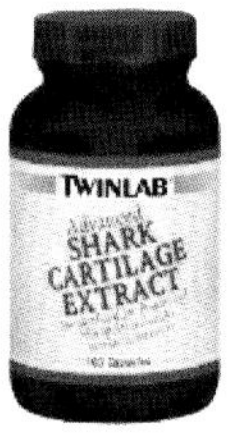

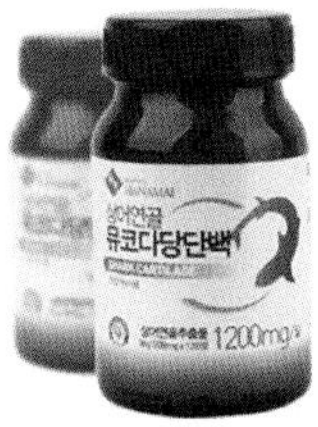

- 알로에 겔

알로에 겔은 알로에 베라의 잎 중 비가식 부분과 외피를 제거한 후 겔 부분을 분리하여 건조하거나 분쇄·농축하여 식용에 적합하도록 한 것을 말하며, 총 다당체가 3% 이상이 되어야 한다. 알로에 겔은 장 건강, 면역력 증진 및 피부 건강에 도움을 준다고 하여 기능성 원료로 인정하였다. 그러나 알로에를 과량 섭취하는 경우 위장관 경련, 전해질 불균형, 장 점막 색소침착, 장운동 둔화 등의 부작용이 일어날 수 있다. 따라서 하루섭취량은 장 건강의 경우 200㎖, 피부 건강은 1.2~3.6g, 면역 증진의 경우 1.2~2.4g/day이다(이상 식품의약품안전처).

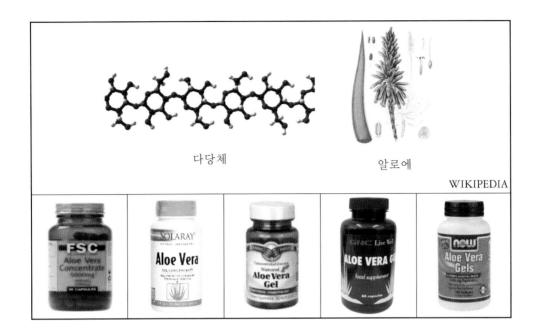

다당체   알로에

WIKIPEDIA

- 영지버섯 자실체 추출물

영지버섯 자실체 추출물은 영지버섯(*Ganoderma lucidum* 또는 *Ganoderma tsugae*)의 자실체를 열수로 추출한 후 여과·농축하여 식용에 적합하도록 한 것이다. 영지의 생리활성 물질 중 하나로 다당류의 주된 형태는 β-D-glucan으로 알려져 있다. 영지버섯 자실체 추출물은 혈액의 흐름을 개선시킬 수 있다 하여 기능성 원료로 인정하였다. 하루섭취량은 영지버섯 자실체일 경우 3g이며, 베타글루칸으로서 24~42mg/day이다(이상 식품의약품안전처).

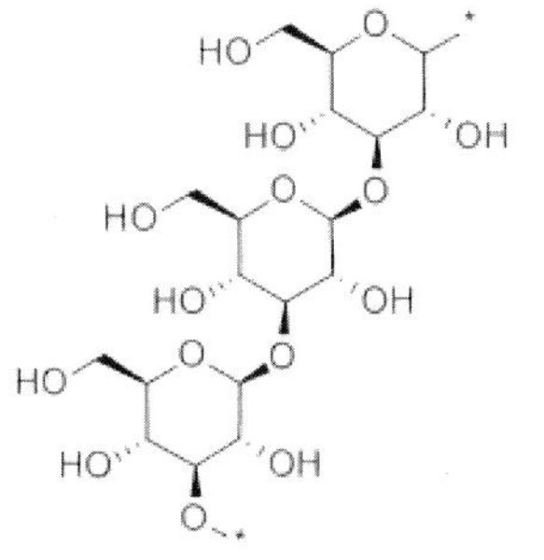

β-D-glucan

www.guidechem.com

– 키토산/키토올리고당

키토산은 갑각류(게, 새우 등)의 껍질, 연체류(오징어, 갑오징어 등)의 뼈를 탈단백, 탈칼슘화하여 얻은 키틴(N-아세틸글루코사민의 ß-1,4 결합 중합체)에 탈아세틸화하여 제조한다. 키토올리고당은 위의 제조방법으로 얻은 키토산에 효소를 처리하여 가수분해 하여 만들어진다. 기능성분 또는 지표성분의 함량은 키토산은 탈아세틸화도(당 사슬 중에 글루코사민 잔기 비율)가 80% 이상이어야 하며, 키토산(글루코사민으로서)을 800㎎/g 이상 함유하고, 키토올리고당은 키토올리고당을 200㎎/g 이상 함유하고 있어야 한다. 키토산 및 키토올리고당은 혈중 콜레스테롤 개선에 도움을 줄 수 있다 하여 기능성 원료로 인정하였다. 하루섭취량은 키토산과 키토올리고당의 합으로서 1.2~4.5g/day이다(이상 식품의약품안전처).

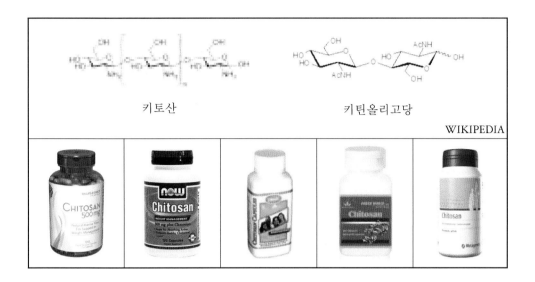

키토산   키틴올리고당

WIKIPEDIA

- 프락토올리고당

프락토올리고당은 바나나, 양파, 아스파라거스, 우엉, 마늘, 벌꿀, 치커리 뿌리 등과 같은 채소나 버섯, 과일류 등에 포함되어 있는 천연 물질이다. 프락토올리고당은 전이효소(invertase, β-fructofuranosidase)를 사용하여 설탕에 과당을 전이시켜 만들거나, 이눌린(inulin)을 inulinase(EC 3.2.1.7)로 부분 가수분해하여 만든 원료로, 기능성분은 GF2(kestose), GF3 (nystose), GF4(fructofuranosylnystose)이다. 프락토올리고당은 유익균 증식 및 유해균 억제, 칼슘 흡수 및 배변활동 원활에 도움을 줄 수 있다 하여 기능성 원료로 인정하였다. 따라서 하루섭취량은 3~8g/day이다(이상 식품의약품안전처).

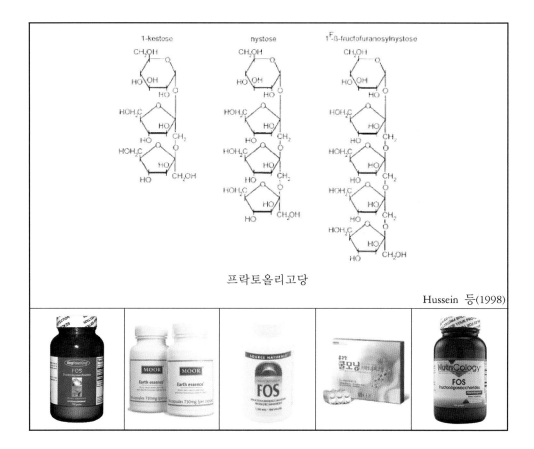

프락토올리고당

Hussein 등(1998)

– 식이섬유(14종)

식이섬유(대두, 목이버섯, 밀, 보리, 옥수수겨, 차전자피, 호로파종자, 폴리덱스트로스, 아라비아검, 난소화성말토덱스트린, 글루코만난, 귀리, 구아검, 이눌린 등)란 사람의 소화효소로 분해되기 어려운 난소화성 고분자 물질로, 식물의 세포벽 성분을 지칭한다. 식이섬유는 혈중 콜레스테롤 개선, 식후 혈당상승 억제, 배변활동 원활, 혈중 중성지질 개선에 도움을 줄 수 있으므로 기능성 원료로 인정받았다. 식이섬유는 원재료에 용해성, 분자량, 구성성분 등이 매우 다르므로, 기능성을 나타내는 특성과 유효 섭취량이 달라진다(이상 식품의약품안전처).

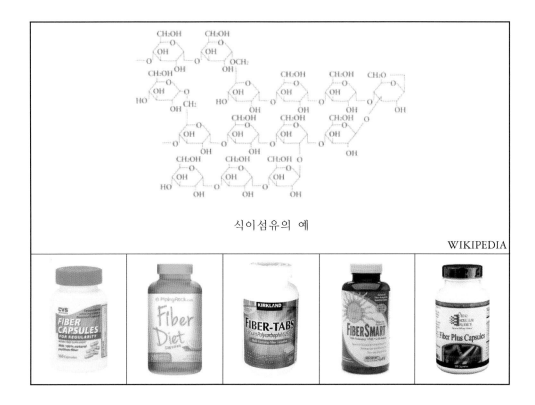

식이섬유의 예

WIKIPEDIA

- 구아검/구아검 가수분해물

콩과 구아종자(*Cyamopsis tetragonolobus*)의 배유부분을 분쇄하거나 온수나 열수로 추출하여 고분자 다당류인 갈락토만난을 얻은 후 식용에 적합하도록 한다. 또한, 위의 방법으로 나온 갈락토만난을 가수분해한 후 식용에 적합하도록 한다. 기능성분 또는 지표성분의 함량은 식이섬유를 660mg/g 이상 함유하고 있어야 한다. 구아검 및 구아검 가수분해물은 혈중 콜레스테롤 개선, 식후 혈당상승 억제, 배변활동에 도움을 줄 수 있다 하여 기능성 원료로 인정하였으며, 하루섭취량은 구아검 및 구아검 가수분해물 식이섬유로서 9.9~27g/day이다. 또한, 장내 유익균 증식에 도움을 줄 수 있다 하여 하루섭취량은 식이섬유로서 4.6~27g/day이다(이상 식품의약품안전처).

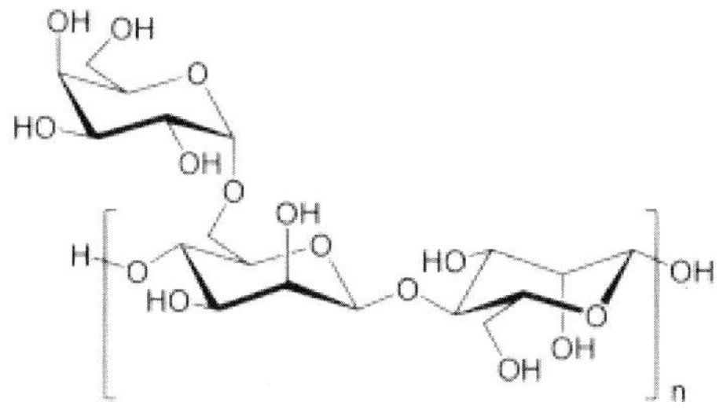

구아검

WIKIPEDIA

- 글루코만난(곤약, 곤약만난)

천남성과 곤약(*Amorphophallus konjq*)의 뿌리줄기를 이소프로필알코올로 추출하고 정제하여 다당류 부분을 얻은 후 식용에 적합하도록 한다. 기능성분 또는 지표성분의 함량은 식이섬유를 690mg/g 이상 함유하고 있어야 한다. 글루코만난은 혈중 콜레스테롤 개선과 배변활동이 원활하도록 도움을 줄 수 있다 하여 기능성 원료로 인정하였다. 하루섭취량은 글루코만난 식이섬유로서 2.7～17g/day이다(이상 식품의약품안전처).

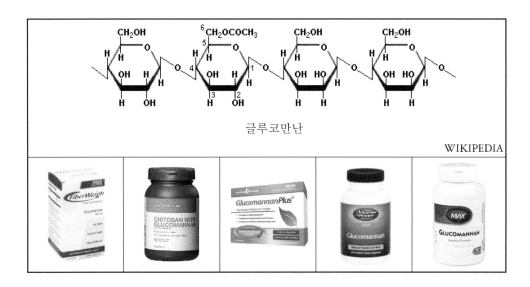

글루코만난

WIKIPEDIA

- 귀리 식이섬유

귀리(*Avena satioa, Avena sterilisand, Avena strigosa*)를 세정, 건조, 분쇄, 추출 등의 방법으로 식용에 적합하도록 한다. 기능성분 또는 지표성분의 함량은 식이섬유를 200 mg/g 이상 함유하고 있어야 한다. 귀리 식이섬유는 혈중 콜레스테롤 개선과 식후 혈당 상승 억제에 도움을 줄 수 있다 하여 기능성 원료로 인정하였다. 하루섭취량은 귀리 식이섬유로서 콜레스테롤 개선 시 3g 이상, 식후 혈당 억제 시 0.8g/day 이상이다(이상 식품의약품안전처).

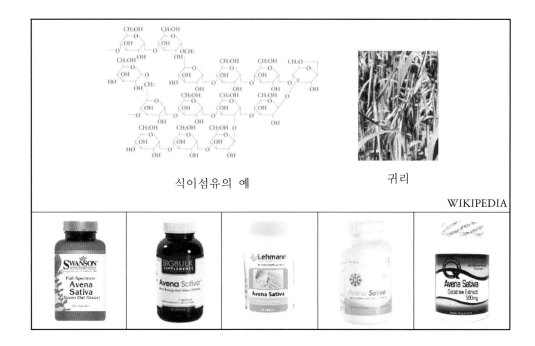

식이섬유의 예   귀리

- **난소화성말토덱스트린**

옥수수전분을 가열하여 얻은 배소덱스트린을 α-amylase(*Bacillus subilis* 또는 *Bacillus licheniformis* 유래) 및 amyloglucosidas(*Aspergillus niger* 유래)로 효소분해하고 정제한 덱스트린 중에 난소화성 성분을 분획하여 식용에 적합하도록 한다. 기능성분 또는 지표성분의 함량은 식이섬유 850㎎/g 이상 함유하고 있어야 한다(액상인 경우 580㎎/g 이상). 난소화성말토덱스트린은 식후 혈당상승 억제, 혈중 중성지질 개선, 배변활동이 원활하도록 도움을 준다하여 기능성 원료로 인정하였다. 하루섭취량은 난소화성 말토덱스트린 식이섬유로서 ① 식후 혈당 억제 시: 11.9~30g, 액상 11.6~44g ② 배변 활동: 2.5~30g, 액상 2.3~44g, ③ 혈중 중성 지질 개선: 12.7~30g, 액상 12.7 ~44g/day이다(이상 식품의약품안전처).

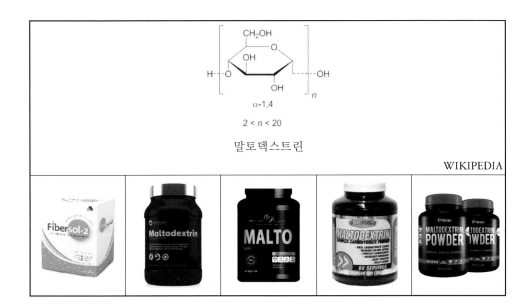

$$CH_2OH$$

$$\alpha\text{-}1,4$$

$$2 < n < 20$$

말토덱스트린

WIKIPEDIA

- **대두 식이섬유**

대두(*Glycine max*)를 탈지, 탈단백 등의 방법으로 처리하여 식이섬유를 분리한 후 식용에 적합하도록 한다. 기능성분 또는 지표성분의 함량은 식이섬유를 600mg /g 이상 함유하고 있어야 한다. 대두 식이섬유는 혈중 콜레스테롤 개선, 식후 혈당 상승 억제, 배변활동 원활에 도움을 줄 수 있다 하여 기능성 원료로 인정하였다. 하루섭취량은 대두 식이섬유로서 ① 콜레스테롤, 배변활동: 20∼60g, ② 식후 혈당상승 억제: 10∼25g/day이다(이상 식품의약품안전처).

식이섬유의 예	대두

WIKIPEDIA

– 목이버섯 식이섬유

목이버섯(*Auricularia auricula judae*)을 건조, 분말화한 후 식용에 적합하도록 한다. 기능성분 또는 지표성분의 함량은 식이섬유를 450㎎/g 이상 함유하고 있어야 한다. 목이버섯 식이섬유는 배변활동을 원활하게 하도록 도움을 준다하여 기능성 원료로 인정하였다. 하루섭취량은 목이버섯 식이섬유로서 12g/day이다(이상 식품의약품안전처).

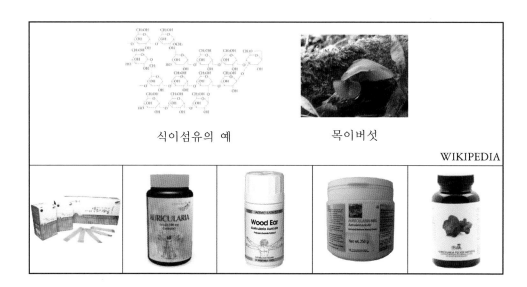

식이섬유의 예	목이버섯

WIKIPEDIA

– 밀 식이섬유

밀(*Triticum turgidum durum*)을 이용한 밀가루 제조공정 중 부산물에서 식이섬유를 분리한 후 사용하고, 또한 밀의 외피 또는 줄기를 세정, 건조, 분쇄시킨 후 식용에 적합하도록 한다. 기능성분 또는 지표성분의 함량은 식이섬유를 700㎎/g 이상 함유하고 있어야 한다. 밀 식이섬유는 식후 혈당상승 억제와 배변활동이 원활하도록 도움을 줄 수 있다 하여 기능성 원료로 인정하였다. 하루섭취량은 밀 식이섬유로서 ① 혈당상승 억제: 6～36g/day, ② 배변활동 원활: 36g/day이다(이상 식품의약품안전처).

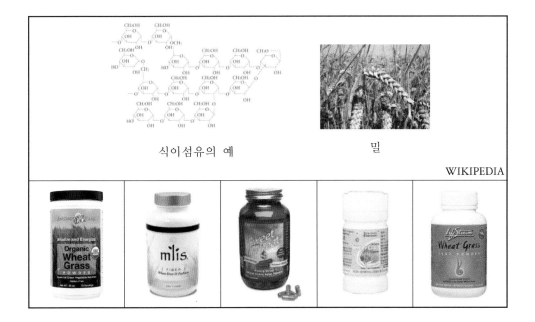

식이섬유의 예   밀

WIKIPEDIA

– 보리 식이섬유

보리(*Hordeum oulgare*)를 탈지, 탈단백 방법으로 처리하여 얻은 식이 섬유를 식용에 적합하도록 한다. 기능성분 또는 지표성분의 함량은 식이섬유를 500㎎/g 이상 함유하고 있어야 한다. 보리 식이섬유는 배변활동이 원활하도록 도움을 줄 수 있다 하여 기능성 원료로 인정하였다. 하루섭취량은 보리 식이섬유로서 20～25g/day이다(이상 식품의약품안전처).

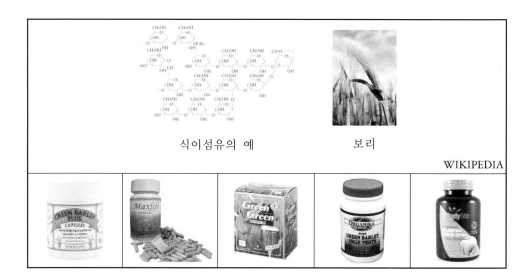

식이섬유의 예　　　　　　　　　　보리

WIKIPEDIA

콩과 아라비아고무나무(*Acacia senegal*) 또는 그 밖의 동속식물의 분비액을 건조, 탈염하거나 기계적으로 착즙한 후 식용에 적합하도록 한다. 기능성분 또는 지표성분의 함량은 식이섬유를 800㎎/g 이상 함유하고 있어야 한다. 아라비아검은 배변활동에 도움을 줄 수 있다 하여 기능성 원료로 인정하였다. 하루섭취량은 아라비아검 식이섬유로서 20g/day이다(이상 식품의약품안전처).

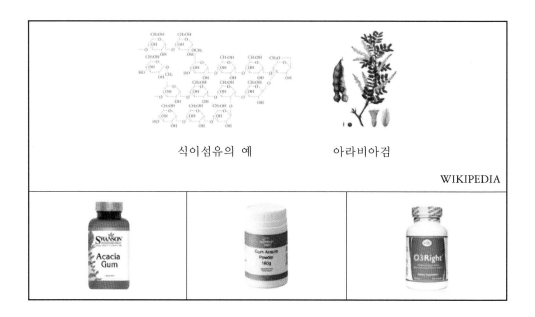

식이섬유의 예　　　　　　　　　　아라비아검

WIKIPEDIA

- 옥수수겨 식이섬유

옥수수(Zea mays)겨를 식용에 적합하도록 한다. 기능성분 또는 지표성분의 함량은 식이섬유를 800㎎/g 이상 함유하고 있어야 한다. 옥수수겨 식이섬유는 혈중 콜레스테롤 개선 및 식후 혈당 상승 억제에 도움을 줄 수 있다 하여 기능성 원료로 인정하였다. 하루섭취량은 옥수수겨 식이섬유로서 10g/day이다(이상 식품의약품안전처).

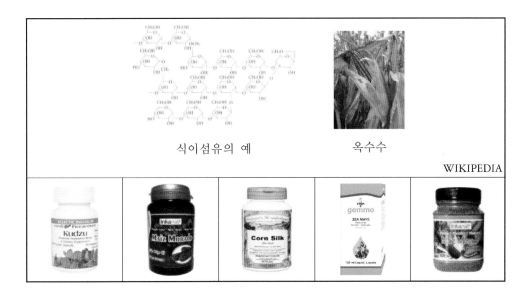

식이섬유의 예   옥수수

WIKIPEDIA

- 이눌린/치커리 추출물

치커리 또는 기타 국화과 식물(*Chicorium intybus*)의 뿌리를 열수로 추출, 정제한 후 식용에 적합하도록 한다. 기능성분 또는 지표성분의 함량은 식이섬유를 800㎎/g 이상 함유하고 있어야 한다. 이눌린 및 치커리 추출물은 혈중 콜레스테롤 개선, 식후 혈당상승 억제 및 배변활동을 원활하게 도움을 줄 수 있다 하여 기능성 원료로 인정하였다. 하루섭취량은 이눌린 및 치커리 추출물 식이섬유로서 ① 콜레스테롤, 혈당상승 억제: 7～20g/day, ② 배변활동 원활: 6.4～20g/day이다(이상 식품의약품안전처).

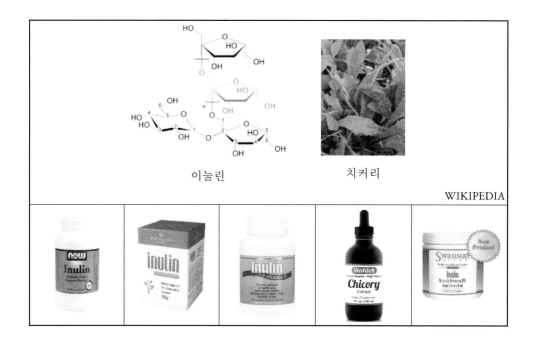

이눌린   치커리

– 차전자피 식이섬유

차전자(*Plantago ovata* 또는 *Plantago spp.*) 껍질을 분쇄한 후 식용에 적합하도록 한다. 기능성분 또는 지표성분의 함량은 식이섬유를 790㎎/g 이상 함유하고 있어야 한다. 차전자피 식이섬유는 혈중 콜레스테롤 개선, 배변활동을 원활하게 해준다하여 기능성 원료로 인정하였다. 하루섭취량은 차전자피 식이섬유로서 ① 콜레스테롤 개선: 5.5g 이상, ② 배변활동: 3.9g/day 이상이다(이상 식품의약품안전처).

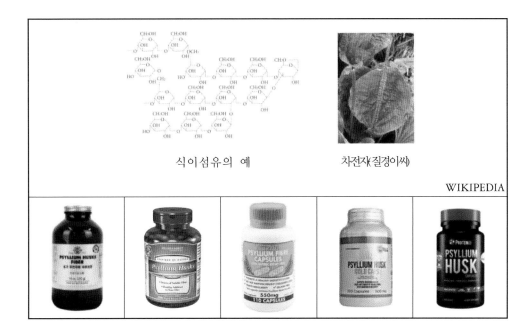

식이섬유의 예 　　　　　　　　　 차전자(질경이씨)

WIKIPEDIA

– 폴리덱스트로스

구연산과 같은 유기산을 사용하여 글루코스와 솔비톨로부터 합성하여 평균 중합도가 12정도가 되도록 제조한다. 기능성분 또는 지표성분의 함량은 식이섬유를 650mg/g 이상 함유하고 있어야 한다. 폴리덱스트로스는 배변활동을 원활하게 하는데 도움을 준다하여 기능성 원료로 인정하였다. 하루섭취량은 폴리덱스트로스 식이섬유로서 4.5~12g/day이다. 섭취 시 반드시 충분한 물과 함께 섭취해야 한다 (이상 식품의약품안전처).

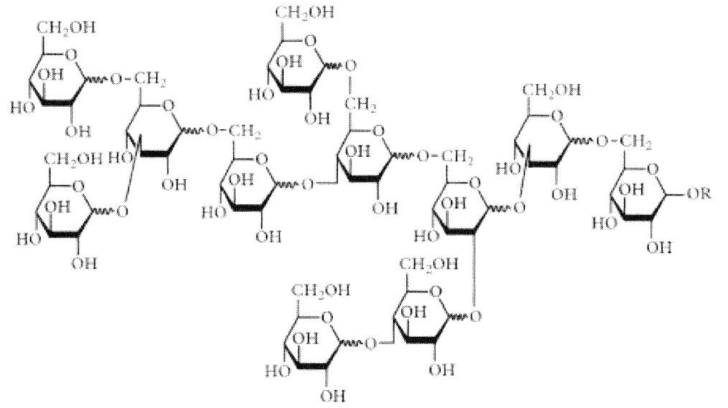

폴리덱스트로스

www.intechopen.com

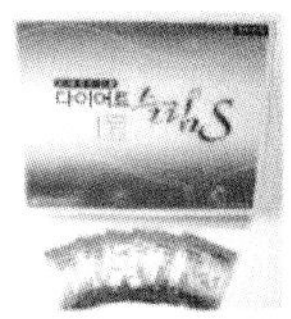

– 호로파종자 식이섬유

호로파(*Trigonella foenum-graecum*) 종자를 분쇄하거나 탈지하여 식용에 적합하도록 한다. 기능성분 또는 지표성분의 함량은 식이섬유를 450mg/g 이상 함유하고 있어야 한다. 호로파종자 식이섬유는 식후 혈당상승 억제에 도움을 줄 수 있다 하여 기능성 원료로 인정하였다. 하루섭취량은 호로파종자 식이섬유로서 12~50g/day이다(이상 식품의약품안전처).

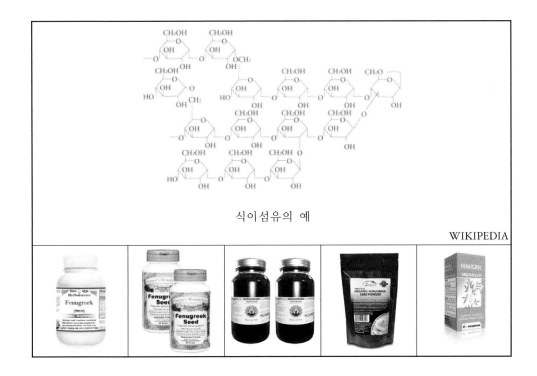

식이섬유의 예

WIKIPEDIA

- 프로바이오틱스

프로바이오틱스는 체내에 들어가서 유익한 효과를 주는 생균을 의미한다. 장에 도달하여 장 점막에서 생육할 수 있게 된 프로바이오틱스는 젖산을 생성하여 장 내 환경을 산성으로 만든다. 산성 환경에서 견디지 못하는 유해균들은 감소하게 되고 유익균들은 더욱 증식하게 되어 장내 환경을 건강하게 만들어 주게 된다. 현재까지 알려진 대부분의 프로바이오틱스는 유산균들이며 일부 *Bacillus* 등을 포함하고 있다. 따라서 프로바이오틱스는 위의 과정으로 인해 배변활동을 원활하게 해 준다. 프로바이오틱스가 유익한 기능을 나타내려면 하루에 $10^8 \sim 10^9$cfu를 섭취해야 한다. 그러나 과량으로 섭취하면 이형젖산발효를 하는 균주의 경우 가스를 발생시켜 설사 등을 유발할 수 있으므로 주의하여야 한다(이상 식품의약품안전처).

- 홍국

국(麴, 누룩, koji)은 쌀, 대두 등 곡류에 사상균을 번식시켜 사상균의 당화력, 단백질 분해력으로 곡류를 발효시킨 것이며, 홍국은 일반 쌀을 쪄서 홍국균(Monascus, 속)을 접종한 후 발효시킨 것이다. 홍국은 총 콜레스테롤, LDL-콜레스테롤을 유의하게 감소시키고, HDL 콜레스테롤은 증가시켜, 콜레스테롤 개선에 도움을 준다 하여 기능성 원료로 인정하였다. 하루섭취량은 4~8mg/day이다(이상 식품의약품안전처).

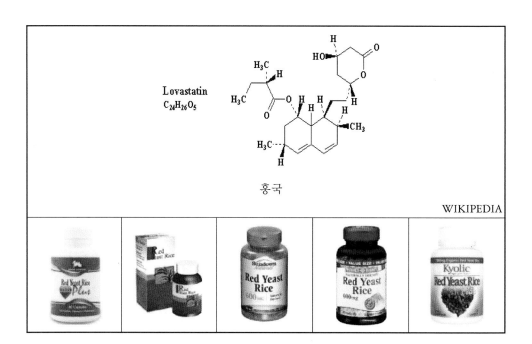

홍국

WIKIPEDIA

- 대두단백

대두(*Glycine max*)에서 지질을 제거한 후 단백질을 분리·정제하여 식용에 적합하도록 한다. 기능성분 또는 지표성분의 함량은 조단백질을 건물 기준으로 600 mg/g 이상 함유하고 있어야 하며, 다이드제인 및 제니스테인이 확인되어야 한다. 대두단백은 혈중 콜레스테롤 개선에 도움을 줄 수 있다 하여 기능성 원료로 인정하였다. 하루섭취량은 대두단백으로서 15g/day 이상이다(이상 식품의약품안전처).

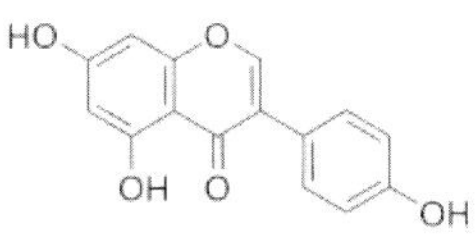

제니스테인 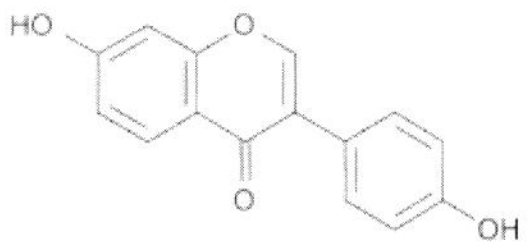   다이드제인

WIKIPEDIA

- 테아닌

테아닌(Theanine)은 녹차잎(Camella sinensis)에서 발견되는 주요한 아미노산의 일종으로 L-글루타민, 에칠아민을 glutaminase 효소 반응시켜 정제, 농축 후 주정으로 결정화하여 제조하거나 화학적으로 합성하는 경우 식품첨가물의 기준 및 규격에 적합하여야 한다. 기능성분 또는 지표성분의 함량은 L-테아닌이 940mg/g 이상 함유되어 있어야 한다. 테아닌은 스트레스로 인한 긴장완화에 도움을 줄 수 있다 하여 기능성 원료로 인정하였다. 하루섭취량은 L-테아닌으로서 200~250mg/day이다(이상 식품의약품안전처).

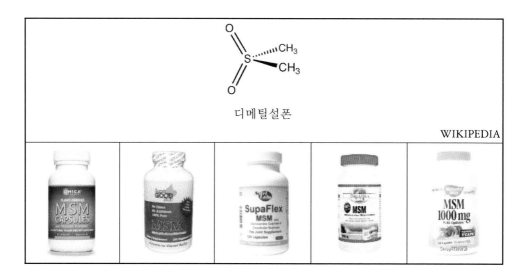

테아닌

- **디메틸설폰(Methyl sulfonylmethane, MSM)**

디메틸설폰은 MSM(Methyl sulfonylmethane)으로도 명명되어지며 Dimethyl sulfoxide(DMSO)의 산화대사산물로 황을 함유하는 유기황화합물이다. 디메틸설폰은 식품 원료로 사용 가능한 식물류의 리그닌에서 생성된 DMSO를 산화한 후 증류, 정제, 여과, 농축한 후 결정화하여 제조하여야 한다. 기능성분 또는 지표성분의 함량은 MSM이 980mg/g 이상 함유되어 있어야 한다. 디메틸설폰은 관절 및 연골 건강에 도움을 줄 수 있다 하여 기능성 원료로 인정하였다. 하루섭취량은 디메틸설폰(MSM)으로서 1.5~2g/day이다(이상 식품의약품안전처).

디메틸설폰

제9장

건강기능식품 개별인정원료

1. 간 건강

1) 밀크씨슬 추출물

밀크씨슬은 해바라기과의 약용식물로서 실리붐 마리아눔(*Silybum marianum*)이라는 학명으로 잘 알려져 있다. 밀크씨슬은 간장 내 GSH의 결핍을 방지함으로써 간 보호에 탁월한 효과가 있다고 하며, 담즙의 흐름을 증진시켜 담석을 예방 혹은 치료하는 기능이 있으며, 더 나아가 간경변과 바이러스성 간염(hepatitis)을 포함한 일련의 간질환을 완화시키는 작용도 가지고 있다. 또한 비타민 C와 E보다 더욱 강력한 항산화제로 불안정한 자유기 분자들로부터의 조직 손상을 억제한다(이상 식품의약품안전처).

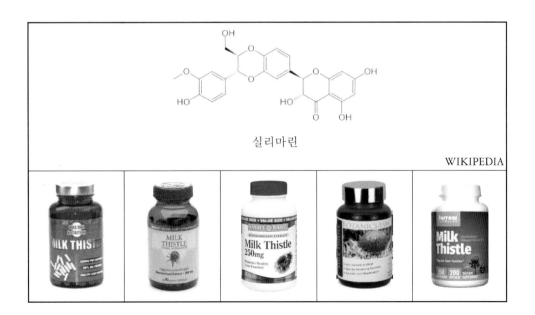

실리마린

WIKIPEDIA

2) 브로콜리 스프라우트 분말

브로콜리 스프라우트 분말은 원재료 브로콜리 스프라우트를 침지시켜 3일간 발아시킨 후, 동결건조하여 분쇄하여 만든다. 지표성분은 설포라판으로 각각 1.5%∼2.5%로 표준화하였다.

브로콜리 스프라우트 분말은 동물시험에서 Glutathione과 GSH reductase 등 Phase II 효소의 활성이 증가하는 것이 확인되었지만 인체적용시험을 통하여 확인되지는 않았다. 따라서 Phase II 효소 활성화에 도움을 주어 간 건강에 도움을 줄 수 있으나 인체시험에서의 확인이 필요하므로 기타기능 III에 해당한다(이상 식품의약품안전처).

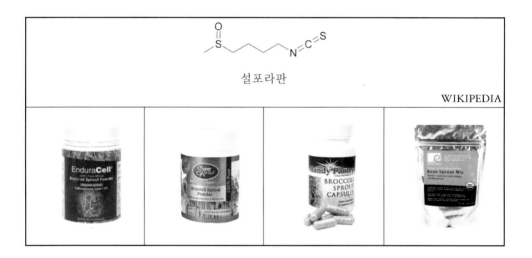

설포라판

3) 표고버섯균사체

표고버섯균사체는 간 건강 도움을 줄 수 있다 하여 기능성 원료로 인정받았다. 기타기능 III에 해당하며 하루섭취량은 표고버섯균사체로서 350mg/day이다(이상 식품의약품안전처).

표고버섯

WIKIPEDIA

4) 표고버섯균사체추출물

표고버섯균사체 추출물은 배양시킨 표고버섯균사체를 열수 추출하여 제조하며, 지표성분인 β-glucan은 3.5~10%로 표준화하였다. 이 추출물은 시험관 시험에서 간세포의 생존율과 단백질 합성이 증가하였으며, 간 성상세포의 섬유화가 억제되어 간 건강에 도움을 줄 수 있다. 이 추출물은 기타등급 Ⅱ에 해당하며, 하루섭취량은 표고버섯균사체 추출물 분말로서 1.8g/day이다(이상 식품의약품안전처).

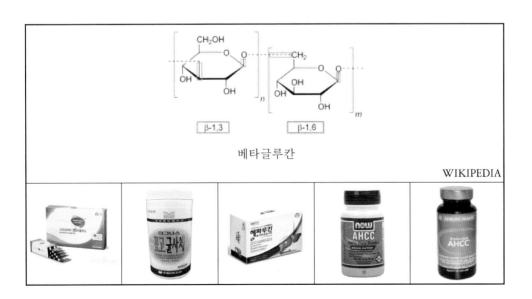

베타글루칸

WIKIPEDIA

5) 복분자 추출분말

복분자 추출분말은 간 건강에 도움을 줄 수 있다 하여 기능성 원료로 인정하였다. 기타기능 Ⅱ에 해당하며, 하루섭취량은 복분자 추출분말로서 3,150mg/day이다 (이상 식품의약품안전처).

복분자

WIKIPEDIA

(2) 알코올성 손상으로부터 간 보호에 도움

1) 헛개나무과병 추출물

헛개나무과병 추출물은 알코올성 손상으로부터 간을 보호하는 데 도움을 줄 수 있다 하여 생리활성기능 2등급에 해당한다. 하루섭취량은 헛개나무과병 추출물로서 2,460mg/day이다(이상 식품의약품안전처).

헛개나무

http://www.hdhealthup.net/1441

2) 유산균발효다시마 추출물

유산균발효다시마 추출물은 알코올성 손상으로부터 간을 보호하는 데 도움을 줄 수 있다 하여 기타기능 Ⅱ에 해당한다. 그러나 요오드 함량이 높은 식품(해조류, 어패류 등)이나, 갑상선 질환 보유자, 임산부 및 수유부는 섭취 시 주의해야 한다. 하루섭취량은 유산균 발효 다시마 추출물로서 1.5g/day이다(이상 식품의약품안전처).

다시마

WIKIPEDIA

2. 갱년기 여성 건강

1) 석류추출/농축물

석류 추출물은 갱년기 여성의 건강에 도움을 줄 수 있다 하여 기타기능 Ⅱ에 해당한다. 석류 추출물은 임산부와 수유부는 피하는 것이 좋으며, 항혈전제 복용자나 에스트로겐 호르몬에 민감한 사람은 주의해야 한다. 하루섭취량은 석류추출물로서 6.0g/day이다. 석류농축액 또한 갱년기 여성의 건강에 도움을 줄 수 있으며, 하루섭취량은 석류농축액으로서 40㎖/day이다(이상 식품의약품안전처).

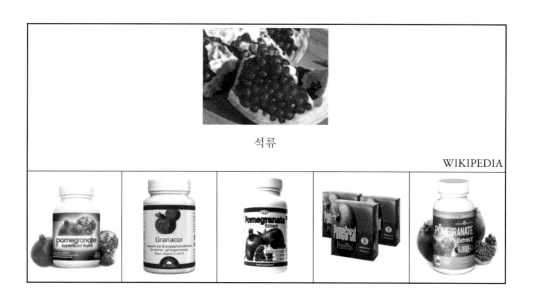

석류

WIKIPEDIA

2) 백수오 등 복합추출물

백수오 등 복합추출물은 갱년기 여성의 건강에 도움을 줄 수 있다 하여 기능성 원료로 인정하였고 기타기능 Ⅱ에 해당한다. 백수오 등 복합추출물은 임산부와 수유부는 섭취하지 않는 것이 좋으며, 항응고제 또는 항혈전제를 복용하는 사람은 주의해야 한다. 하루섭취량은 백수오, 속단, 당귀 열수추출물로서 514㎎/day이다(이상 식품의약품안전처).

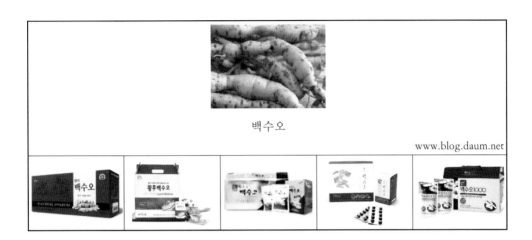

백수오

www.blog.daum.net

3) 회화나무열매 추출물

회화나무열매 추출물은 갱년기 여성의 건강에 도움을 줄 수 있다 하여 기능성 원료로 인정하였다. 이 추출물은 기타기능 Ⅱ에 해당하며, 하루섭취량은 회화나무열매 추출물로서 350mg/day이다(이상 식품의약품안전처).

회화나무 열매

WIKIPEDIA

3. 관절/뼈 건강

(1) 관절 건강

1) 가시오갈피 등 복합추출물
가시오갈피 등 복합추출물은 관절 건강에 도움을 줄 수 있다 하여 생리활성기능 2등급에 해당한다. 하루섭취량은 가시오갈피 등 복합추출물로서 1.5g/day이다 (이상 식품의약품안전처).

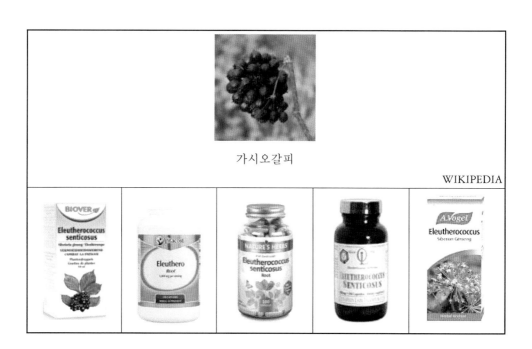

가시오갈피

WIKIPEDIA

2) 글루코사민
글루코사민은 아미노산과 당의 결합물인 아미노당의 하나로, 연골을 구성하는 필수 성분으로, 헥소아민의 대표적인 물질이다. 글루코사민 제품은 글루코사민 염산염과 글루코사민 황산염을 원료로 사용하여 만들 수 있다. 상기의 물질은 모두 순도는 95% 이상이어야 하며, 가수분해 과정에서 사용한 산이 잔류하지 않도록 물이나 주정을 이용하여 충분히 세척하는 것이 중요하다. 글루코사민은 관절 및 연골 건강에 도움을 줄 수 있어 기능성 원료로 인정하였다. 하루섭취량은 글루코사민 염산염 혹은 글루코사민 황산염으로서 1.5~g/day이다(이상 식품의약품안전처).

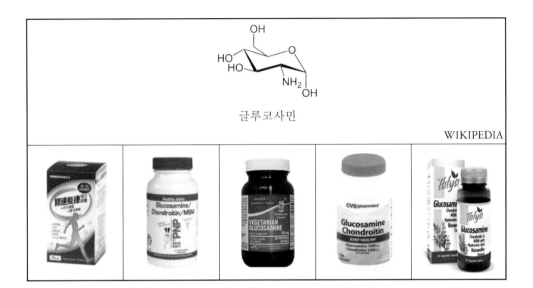

3) 로즈힙 분말

로즈힙(Rosa canina L.)의 열매를 털을 제거하고 건조시켜 제조한다. 로즈힙 분말은 시험관 시험에서 염증세포의 활성이 억제된 것을 보아 관절 및 연골 건강에 도움을 줄 수 있다 하여 생리활성기능 2등급에 해당한다. 하루섭취량은 로즈힙 분말로서 5g/day이다(이상 식품의약품안전처).

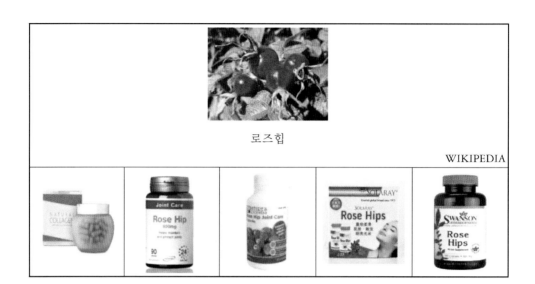

로즈힙

4) 지방산 복합물

지방산 복합물 FAC(Fatty Acid Complex)는 관절 건강에 도움을 줄 수 있다 하여 생리활성기능 2등급에 해당한다. 하루섭취량은 지방산 복합물 FAC로서 1,248mg /day이다(이상 식품의약품안전처).

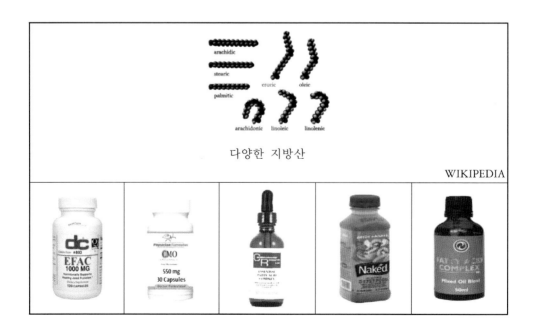

다양한 지방산

5) 전칠삼 추출물 등 복합물

전칠삼 추출물 등 복합물은 관절 건강에 도움을 줄 수 있다 하여 생리활성기능 2등급에 해당한다. 하루섭취량은 전칠삼 추출물 등 복합물로서 800mg/day이다(이상 식품의약품안전처).

전칠삼

www.mdidea.com

6) 차조기 등 복합추출물

차조기 등 복합추출물은 갈근, 인진, 차조기를 주정으로 추출하여 제조하였다. 이 추출물은 Nitric oxide(NO)의 생성과 프로스타글란딘(prostaglandin)의 생성을 감소하고, 프로테오글리칸(proteoglycan)의 분해를 억제하는 기전으로 관절 건강에 도움을 주어 생리활성기능 2등급에 해당한다. 하루섭취량은 차조기 등 복합추출물로서 2.4g/day이다(이상 식품의약품안전처).

차조기

7) 초록입홍합 추출오일

초록입홍합 추출오일은 초록입홍합 초임계추출물과 올리브오일, D-α-토코페롤을 혼합하여 제조한다. 이 추출물은 관절부위 염증을 유발한 동물에게 투여한 경우 부종이 감소되며, 사람혈액에서 분리한 단핵세포에서 염증유발 인자들의 생성이 감소하는 것으로 확인하였다. 따라서 관절 건강에 도움이 될 수 있다 하여 생리활성기능 2등급에 해당한다. 하루섭취량은 초록입홍합 추출오일복합물로서 620 mg/day이다(이상 식품의약품안전처).

초록입홍합

www.blog.daum.net

8) 호프 추출물

호프 추출물은 맥주의 원료로 사용되는 호프식물(홉)에서 추출된다. 호프 추출물은 관절 건강에 도움을 줄 수 있다 하여 기타기능 Ⅱ등급에 해당한다. 하루섭취량은 호프 추출물로서 1～2g/day이다(이상 식품의약품안전처).

호프(홉)

WIKIPEDIA

9) 황금추출물 등 복합물

황금추출물 등 복합물은 황금(*Scutellaria baicalensis*, 뿌리) 물추출 분말과 아선약 (*Uncaria gambir*, 잎, 가지) 물추출 분말을 각각 제조하여 황금 물추출 분말을 80%, 아선약 물추출 분말을 20%의 비율로 혼합하여 제조한다. 지표성분은 baicalin과 catechin이고 그 함량은 각각 18%, 3% 정도로 표준화하였다. 황금추출물 등 복합물은 시험관 시험에서 COX, LTB4 등 염증관련 지표 및 콜라겐 분해 정도가 감소 되는 것이 확인되었고, 골관절염을 유도한 동물시험 모델에서 부종 등이 개선되 는 것이 확인되었다. 따라서 관절 건강에 도움이 될 수 있다 하여 기타기능 Ⅱ등 급에 해당한다. 하루섭취량은 황금추출물 등 복합물로서 1,100㎎/day이다(이상 식 품의약품안전처).

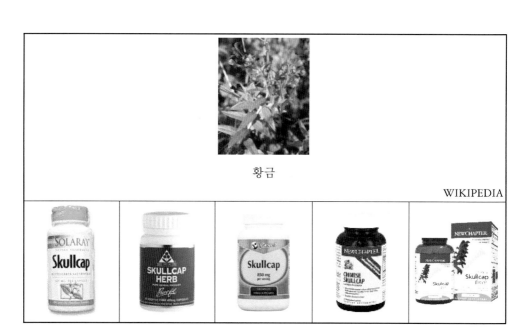

황금

10) N-아세틸글루코사민

N-아세틸글루코사민은 체내에서는 세포와 세포의 결합 성분, 점막 성분, 관절 윤활액 등의 성분인 글루코사미노글리칸, 당지질, 당단백 등을 구성하는 물질이 다. N-아세틸글루코사민은 게, 새우 등 갑각류의 껍질에서 단백질과 칼슘을 제거 하여 얻어지는 키틴을 팽윤시킨 후 키토사나아제로 효소분해하고 탈염, 농축, 여

과, 건조하여 만들어지며, 순도는 95% 이상이어야 한다. N-아세틸글루코사민은 관절 및 연골 건강에 도움을 줄 수 있다 하여 기능성 원료로 인정하였다. 하루섭취량은 N-아세틸글루코사민으로서 0.5~1g/day이다(이상 식품의약품안전처).

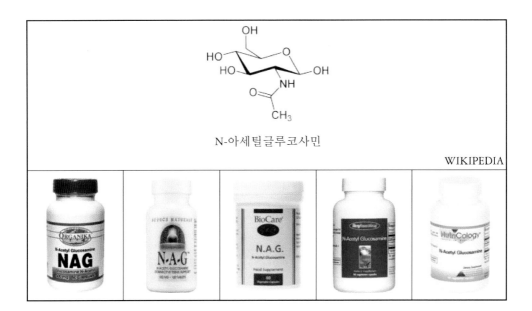

N-아세틸글루코사민

WIKIPEDIA

11) Dimethylsulfone(MSM)

Dimethylsulfone(MSM)은 Dimethyl sulfoxide(DMSO)의 산화대사산물로 황을 함유하는 유기 황 화합물이다. 디메틸설폰은 식품 원료로 사용 가능한 식물류의 리그닌에서 생성된 DMSO를 산화한 후 증류, 정제, 여과, 농축한 후 결정화하여 제조하여야 한다. 기능성분 또는 지표성분의 함량은 MSM이 980mg/g 이상이 함유되어 있어야 한다. 디메틸설폰은 관절 및 연골 건강에 도움을 줄 수 있다 하여 기능성 원료로 인정하였다. 하루섭취량은 디메틸설폰(MSM)으로서 1.5~2g/day이다(이상 식품의약품안전처).

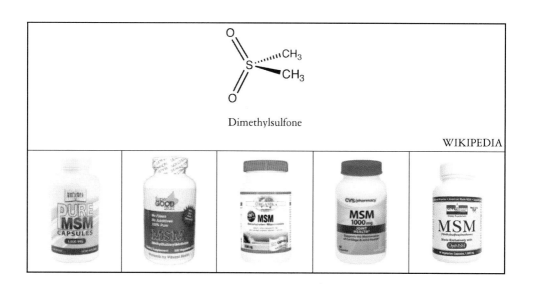

Dimethylsulfone

WIKIPEDIA

(2) 뼈 건강

1) 흑효모배양액 분말

흑효모배양액 분말은 뼈 건강에 도움을 줄 수 있으나 관련 인체적용시험이 미흡하여 생리활성기능 3등급에 해당한다. 하루섭취량은 흑효모배양액 분말로서 150mg/day이다(이상 식품의약품안전처).

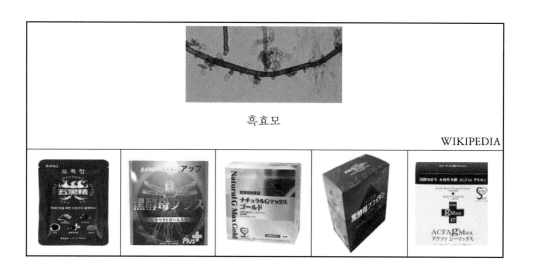

흑효모

WIKIPEDIA

2) 대두이소플라본

대두나 대두를 발효한 후 물이나 주정(물·주정 혼합물 포함)으로 추출하여 여과 또는 정제한 후 식용에 적합하도록 한다. 기능성분 또는 지표성분의 함량은 대두이소플라본 비배당체(Daidzin, Genistin, Glycitin)에 전환계수를 적용한 것과 비배당체(Daidzein, Genistein, Glycitein)의 합)로서 35~440mg/g이어야 한다. 대두이소플라본은 뼈 건강에 도움을 줄 수 있다 하여 기능성 원료로 인정하였다. 하루섭취량은 대두이소플라본 비배당체로서 24~27mg/day이다(이상 식품의약품안전처).

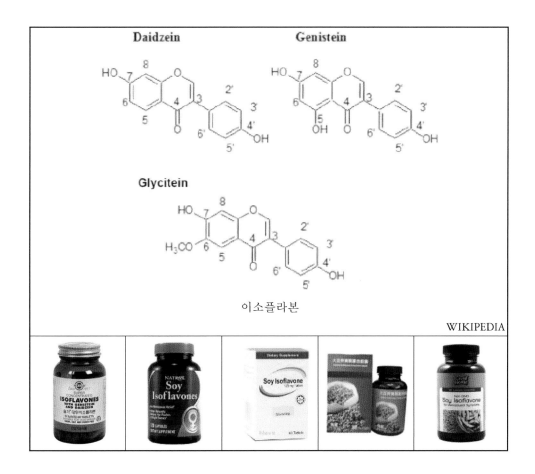

이소플라본

WIKIPEDIA

4. 기억력 개선

1) 녹차 추출물/테아닌 복합물

녹차 추출물/테아닌 복합물은 성인의 기억력 개선에 도움을 줄 수 있으나 인체에서의 효능 확인이 필요하다 하여 기타기능 III등급에 해당한다. 이 추출물은 과량 섭취하게 되면 위장 장애, 어지러움 등의 증상이 나타날 수 있으며, 카페인이 함유되어 있어 초조감, 불면 등을 나타낼 수 있어서 적당량 섭취해야 한다. 따라서 하루섭취량은 녹차 추출물/테아닌 복합물로서 1,680mg/day이다(이상 식품의약품안전처).

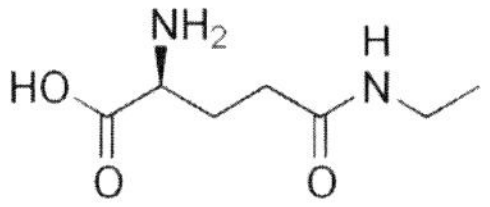

테아닌

WIKIPEDIA

2) 인삼가시오갈피 등 혼합추출물

인삼가시오갈피 등 혼합추출물은 기억력 개선에 도움을 줄 수 있으나 인체시험을 통한 확인이 필요하므로 생리활성기능 3등급에 해당한다. 하루섭취량은 인삼가시오갈피 등 혼합추출물로서 5.2g/day이다(이상 식품의약품안전처).

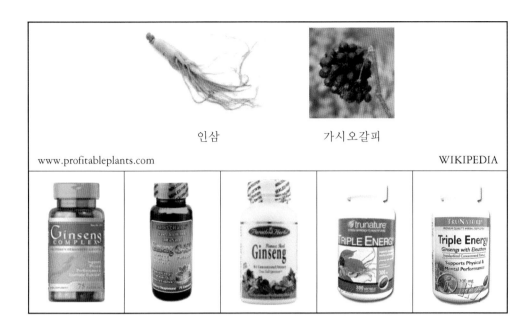

인삼   가시오갈피

www.profitableplants.com   WIKIPEDIA

3) 원지 추출분말

원지추출 분말은 성인의 기억력 개선에 도움을 줄 수 있다 하여 기능성 원료로 인정하였고, 생리활성기능 2등급에 해당한다. 원지 추출분말은 과다 섭취 시 구토, 설사, 메스꺼움 등의 위장관장애가 나타날 수 있으며, 임산부, 수유부, 어린이는 섭취에 주의해야한다. 하루섭취량은 원지 추출분말로서 300mg/day이다(이상 식품의약품안전처).

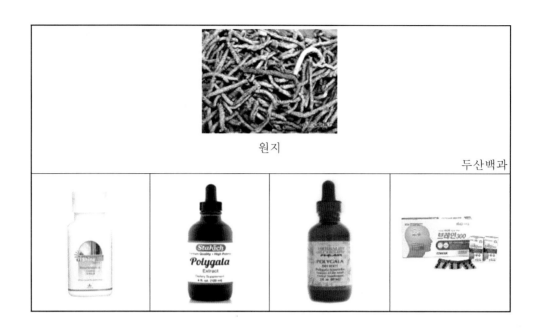

원지

두산백과

4) 은행잎 추출물

은행잎 추출물은 은행나무(Ginkgo biloba)의 잎을 분쇄 후 주정으로 추출하고 정제, 농축, 여과하여 제조하여야 한다. 기능성분 또는 지표성분의 함량은 플라보놀 배당체(flavonol glycoside)가 240～300mg/g 함유되어 있어야 한다. 은행잎 추출물은 기억력 개선에 도움을 줄 수 있다 하여 생리활성기능 2등급에 해당한다. 하루 섭취량은 은행잎 추출물로서 120mg/day이다. 이 추출물은 수술 전, 후와 항응고제 복용 시 섭취에 주의해야한다(이상 식품의약품안전처).

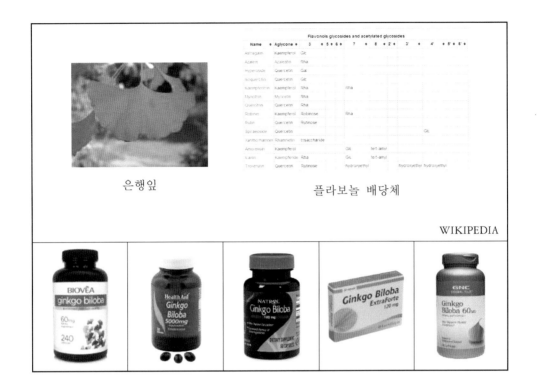

은행잎 플라보놀 배당체

WIKIPEDIA

5) 테아닌 등 복합추출물

테아닌 등 복합추출물은 L-theanine과 쌀미강 발효추출물을 혼합하여 만들어진다. 지표성분은 L-theanine과 GABA이고, 그 함량은 각각 90% 이상과 0.4% 이상 정도로 표준화하였다. 테아닌 등 복합추출물은 시험관 시험에서 손상된 신경세포를 회복시키는 결과를 나타냈으며, 동물시험에서 Water maze test, T- maze test에서는 기억력 개선이 확인되었으나, Passive avoidance test에서는 유의한 기억력 증진 향상이 나타나지 않았다. 그러나 이러한 기능성이 인체적용시험을 통하여 확인되지는 않았다. 따라서 기타기능 Ⅲ에 해당하며, 하루섭취량은 씨제이테아닌 등 복합추출물로서 210mg/day이다. 테아닌은 카페인과 길항작용이 있으므로 섭취 시 카페인 함유음료(커피, 홍차, 녹차)의 섭취를 삼가야 한다(이상 식품의약품안전처).

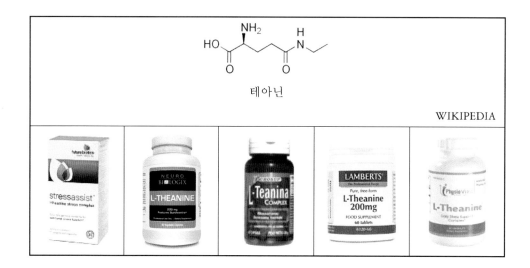

테아닌

WIKIPEDIA

6) 피브로인 효소 가수분해물

피브로인 효소 가수분해물은 누에고치를 정련하고 효소 가수분해하여 제조한다. 이 물질은 신경세포의 손상과 손상된 뇌 기능을 회복시키는 것이 동물시험과 *in vitro* 시험을 통하여 확인하였으므로 생리활성기능 2등급에 해당한다. 하루섭취량은 피브로인 효소 가수분해물로서 200~400mg/day이다(이상 식품의약품안전처).

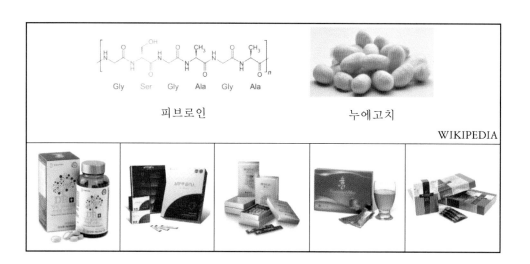

피브로인   누에고치

WIKIPEDIA

7) 홍삼농축액

홍삼농축액은 기억력 개선에 도움을 줄 수 있다 하여 기타기능 Ⅱ에 해당한다. 하루섭취량은 Rg1＋Rb1으로서 0.16〜5.6mg/day이다(이상 식품의약품안전처).

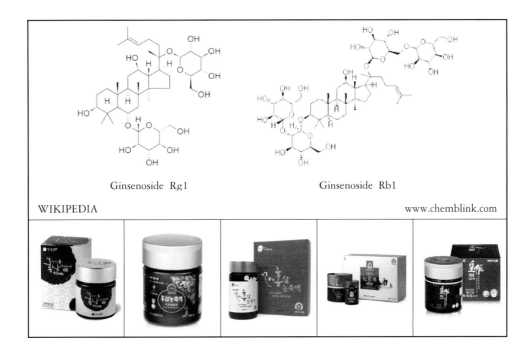

8) 당귀 등 추출복합물

당귀 등 추출복합물은 노인의 기억력 개선에 도움을 줄 수 있다 하여 생리활성 기능 2등급에 해당한다. 하루섭취량은 당귀 등 추출복합물로서 800mg/day이다. 이 기능성 원료는 항응고제와 병용 시 주의하도록 한다(이상 식품의약품안전처).

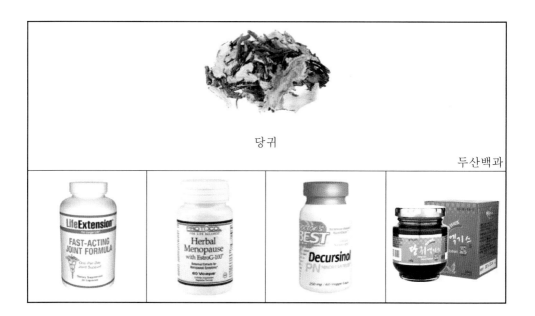

당귀

두산백과

5. 긴장 완화

1) 유단백가수분해물

유단백가수분해물은 스트레스로 인한 긴장을 완화하는 데 도움을 줄 수 있다 하여 기타기능 Ⅱ에 해당한다. 하루섭취량은 유단백가수분해물로서 150㎎/day이며, 어린이, 임산부, 수유기 여성이나 우유 및 유제품에 알레르기 반응이 있는 사람은 섭취에 주의해야 한다(이상 식품의약품안전처).

2) L-테아닌

L-글루타민, 에틸아민을 glutaminase로 효소반응시켜 정제, 농축 후 주정으로 결정화하여 제조하여야 한다. 또한, 상기의 원재료를 화학적으로 합성하는 경우 식품첨가물의 기준 및 규격에 적합하여야 한다. 기능성분 또는 지표성분의 함량은 L-테아닌이 940mg/g 이상 함유되어 있어야 한다. L-테아닌은 스트레스로 인한 긴장완화에 도움을 줄 수 있다 하여 기능성 원료로 인정하였다. L-테아닌의 하루섭취량은 L-테아닌으로서 200~250mg/day이다(이상 식품의약품안전처).

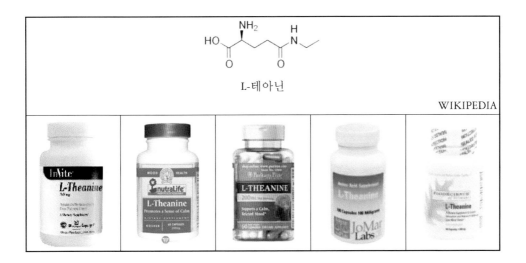

L-테아닌

WIKIPEDIA

3) 아쉬아간다 추출물

아쉬아간다는 인도, 아프라카, 이스라엘 등에서 자생하는 가지과의 작은 상록관목이다. 아쉬아간다 추출물은 스트레스로 인한 긴장완화에 도움을 줄 수 있다 하여 생리활성기능 2등급에 해당한다. 하루섭취량은 아쉬아간다 추출물로서 125~180mg/day이다(이상 식품의약품안전처).

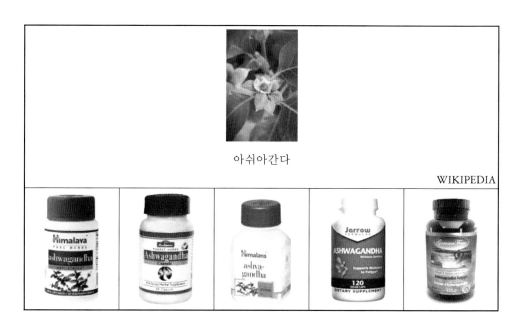

아쉬아간다

WIKIPEDIA

6. 눈 건강

(1) 눈의 피로도 개선

1) 빌베리 추출물

빌베리(*Vaccinum myrtillus* L.)를 주정으로 추출하여 제조한다. 빌베리주정 추출물은 *in vivo*에서 기능성분이 체내 조직까지 반영되며, 혈관 평활근의 긴장완화를 시켜주어 눈의 피로 개선에 도움을 줄 수 있다. 따라서 빌베리 주정추출물은 생리활성기능 2등급에 해당하며, 하루섭취량은 240mg/day, Anthocyanosides로서 72~108mg/day이다(이상 식품의약품안전처).

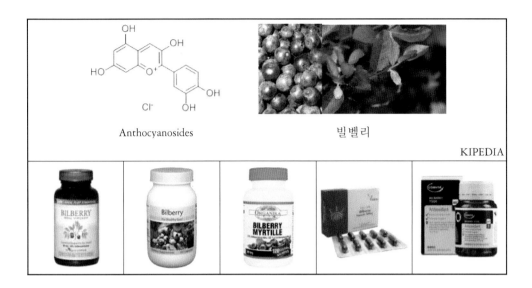

Anthocyanosides   빌벨리

KIPEDIA

2) 헤마토코쿠스 추출물

헤마토코쿠스(*Haematococcus pluvialis*)를 배양한 건조물을 분쇄하여 이산화탄소(초임계추출) 또는 아세톤으로 추출하고 정제하여 식용에 적합하도록 한다. 기능성분 또는 지표성분의 함량은 아스타잔틴(Astaxanthin)이 60~140mg/g 함유되어 있어야 한다. 헤마토코쿠스 추출물은 망막의 혈류를 증가시키는 것 등이 제안되고 있으나 충분한 연구로 반복 확인된 바는 아니며, 눈의 피로도 개선에 도움을 줄 수 있다 하여 생리활성기능 2등급에 해당한다. 그러나 과다 섭취 시 일시적으로 피부가 황색으로 변하거나 β-카로틴의 흡수를 저해할 수 있다. 따라서 하루섭취량은 아스타잔틴으로서 4~12mg, 헤마토코쿠스 추출물로서 120mg/day이다(이상 식품의약품안전처).

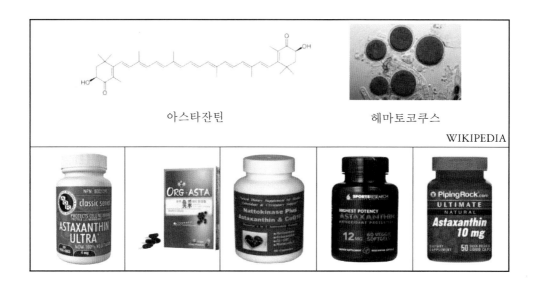

아스타잔틴

헤마토코쿠스

WIKIPEDIA

(2) 눈 건강 도움

1) 지아잔틴 추출물

지아잔틴은 자연계 내에서 가장 흔하게 발견되는 카로티노이드 알코올 중의 하나이며, 겨자, 순무, 케일, 콜라드 같은 식물에 많이 함유되어 있다. 지아잔틴 추출물은 노화로 인해 감소될 수 있는 황반색소 밀도를 유지시켜 주어 눈 건강에 도움을 준다하여 생리활성기능 1등급에 해당한다. 지아잔틴은 과다 섭취 시 일시적으로 피부가 황변으로 변할 수 있으므로, 하루섭취량은 지아잔틴으로서 10~20㎎/day로 제한한다(이상 식품의약품안전처).

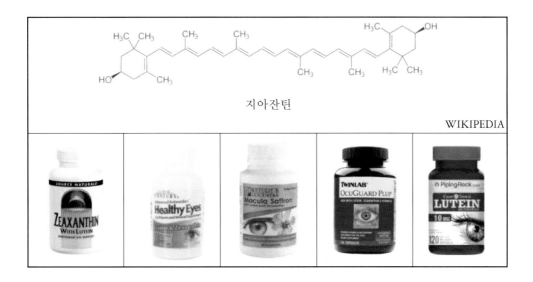

지아잔틴

WIKIPEDIA

2) 루테인복합물

루테인/지아잔틴 복합추출물은 노화로 인해 감소될 수 있는 황반색소 밀도를 유지시켜 주어 눈 건강에 도움을 준다하여 생리활성기능 1등급에 해당한다. 이 추출물은 과다 섭취 시 일시적으로 피부가 황변할 수 있으므로, 하루섭취량은 루테인＋지아잔틴으로서 10～20mg/day로 제한한다(이상 식품의약품안전처).

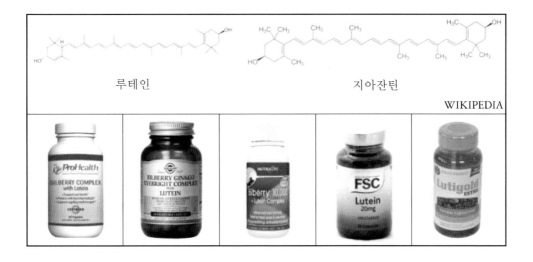

루테인   지아잔틴

WIKIPEDIA

3) 루테인에스테르

루테인에스테르는 노화로 인해 감소될 수 있는 황반색소 밀도를 유지시켜 눈 건강에 도움을 준다하여 생리활성기능 2등급에 해당한다. 루테인에스테르는 과다 섭취 시 일시적으로 피부가 황변할 수 있으므로, 하루섭취량은 루테인에스테르로서 18.5~20mg/day(루테인으로서 10~10.8mg/day)로 제한한다(이상 식품의약품안전처).

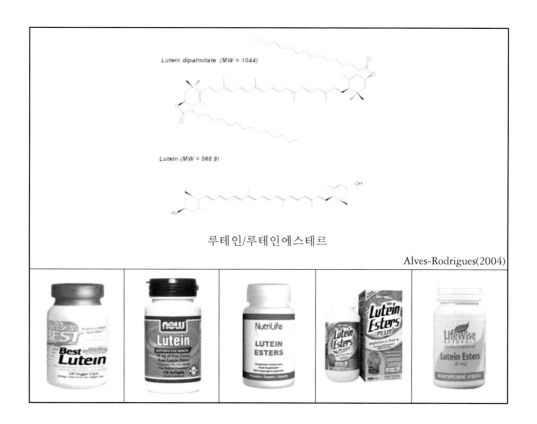

루테인/루테인에스테르

Alves-Rodrigues(2004)

7. 면역 기능

(1) 면역력 증진

1) 게르마늄효모

게르마늄효모는 면역기능 증진에 도움을 줄 수 있으나 인체에서의 확인이 필요하므로 기타기능 Ⅲ에 해당한다. 게란티 바이오 게르마늄효모의 하루섭취량은 1.2g/day이다(이상 식품의약품안전처).

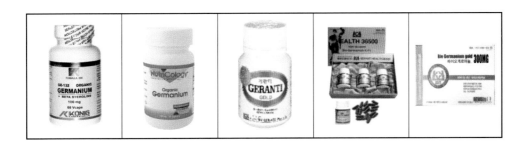

2) 금사상황버섯

금사상황버섯은 3~4년생 건조 상황버섯을 분쇄하여 110℃에서 96~100시간 정도 물로 추출하여 제조한다. 지표성분은 베타글루칸으로 8.7~16.2% 함량으로 표준화하였다. 금사상황버섯은 인터페론-감마(IFN-γ)를 증가시키고, 림프구의 수를 증가시켜 체내에서 면역기능을 개선시키는 것으로 작용기전이 제안되고 있다. 실제로 동물시험에서는 면역억제제로 면역력을 감소시킨 동물에 금사상황버섯을 섭취시켰을 때, Th-1 계열의 면역지표인 인터페론-감마(IFN-γ)와 림프구 수가 증가하고 IL-4 및 IL-10 등의 Th-2 계열의 면역지표는 감소되는 것이 확인되었다. 인체적용시험에서는 금사상황버섯의 보충은 NK-세포의 활성 및 인터페론-감마를 증가시켜 면역기능을 개선하는 것이 확인되었다. 그러나 반복 확인시험의 수가 충분하지 않으므로 기타기능 Ⅱ에 해당한다. 하루섭취량은 금사상황버섯추출물로서 3.3g/day이다(이상 식품의약품안전처).

베타글루칸 　　　　　　　　　금사상황버섯

http://granora.tistory.com

3) 당귀 혼합추출물

당귀 혼합추출물은 원재료 당귀뿌리, 천궁뿌리, 백작약뿌리를 동량을 넣고 정제수를 첨가하여 중탕한 후, 여과하고 농축한 원료에 주정을 첨가하여 정치시켜 조다당체를 회수한 것과 배합하여 만들어진다. 지표성분과 그 함량은 각각 조다당 30~50%, nodakenin 0.1~0.4%, paeoniflorin 0.8~1.5%, chlorogenic acid 0.08~0.2% 정도로 표준화하였다. 당귀 혼합추출물은 시험관 시험에서 림프구 활성이 증가하였으며, 면역결핍 모델을 사용한 동물시험에서 백혈구 및 림프구 수, NK 활성, IFN-γ 등이 증가하여 면역기능 개선이 확인되었다. 실제로 면역기능이 약간 감소한 사람에게 당귀 혼합추출물을 섭취시켰을 때, NK 세포활성, 림프구 수, 사이토카인 등이 증가하는 것이 확인되었다. 따라서 면역기능 개선에 도움을 줄 수 있다 하여 기능성을 인정하였으나 근거자료의 수가 충분치 않으므로 기능성 등급은 기타기능 Ⅱ에 해당한다. 하루섭취량은 당귀 혼합추출물로서 6~12g/day이다 (이상 식품의약품안전처).

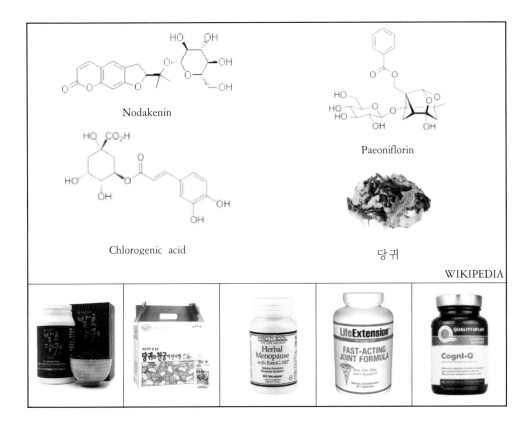

Nodakenin

Paeoniflorin

Chlorogenic acid

당귀

WIKIPEDIA

4) 스피루리나

사이아노박테리아의 일종으로 소금의 농도가 높고 알칼리성인 아프리카와 같은 열대 소금호수에 자생하는 식물과 동물의 혼합 형태를 가지고 있다. 스피루리나는 면역조절에 도움을 줄 수 있으나 인체에서의 확인이 필요하므로 기타기능 Ⅲ에 해당한다. 하루섭취량은 총 엽록소 67~72mg/day이다(이상 식품의약품안전처).

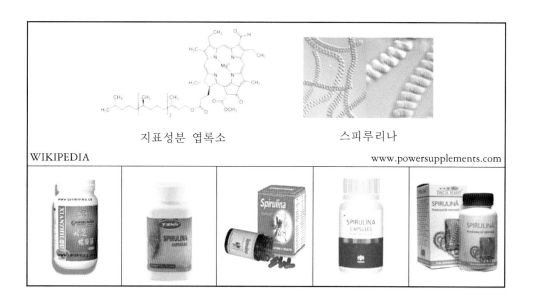

지표성분 엽록소   스피루리나

5) 클로렐라

클로렐라 속 조류는 인공적으로 배양하고 건조하여 식용에 적합하도록 한다. 기능성분 또는 지표성분의 함량은 총 엽록소를 10mg/g 이상 함유하고 있어야 한다. 클로렐라는 면역력 증진에 도움을 줄 수 있다 하여 기능성 원료로 인정하였다. 하루섭취량은 총 엽록소로서 125～150mg/day이다(이상 식품의약품안전처).

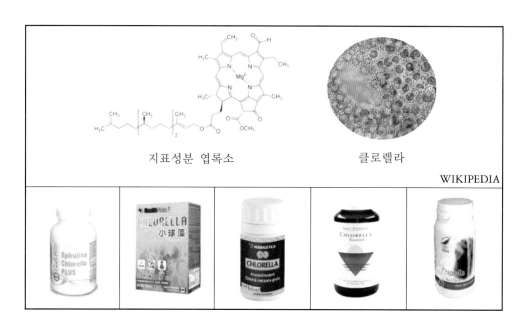

지표성분 엽록소   클로렐라

6) 표고버섯균사체

표고버섯균사체는 면역기능 증진에 도움을 줄 수 있다 하여 생리활성기능 2등급에 해당한다. 하루섭취량은 표고버섯균사체로서 1.8~3.6g/day이다(이상 식품의약품안전처).

표고버섯

WIKIPEDIA

7) L-글루타민

L-글루타민은 액상포도당, 대두박분해물, 염화암모늄, 황산암모늄, 제1인산칼륨, 제2인산칼륨 수용액을 Corynebacterium glutamicum으로 발효시켜 제조한다. 과도한 운동을 장기간 할 경우 L-글루타민이 감소되어 면역기능이 저하되는데 시험관 시험에서 L-글루타민이 면역세포의 증식을 돕는다는 것이 관찰되어 신체 저항능력 향상에 도움이 될 수 있다. 따라서 생리활성기능 2등급에 해당하며 하루섭취량은 L-글루타민으로서 3~5g/day이다. 섭취 시 주의사항은 Methotrexate, anticonvulsants, lactulose의 효과를 경감시킬 우려가 있으며, MSG에 민감한 사람은 섭취에 주의해야 한다(이상 식품의약품안전처).

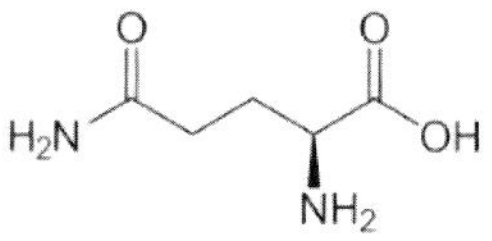

L-글루타민

WIKIPEDIA

8) 청국장균배양정제물(폴리감마글루탐산칼륨)

청국장균배양정제물은 면역기능 증진에 도움을 줄 수 있다 하여 생리활성기능 2등급에 해당한다. 하루섭취량은 폴리감마글루탐산칼륨으로서 1,000mg/day이다(이상 식품의약품안전처).

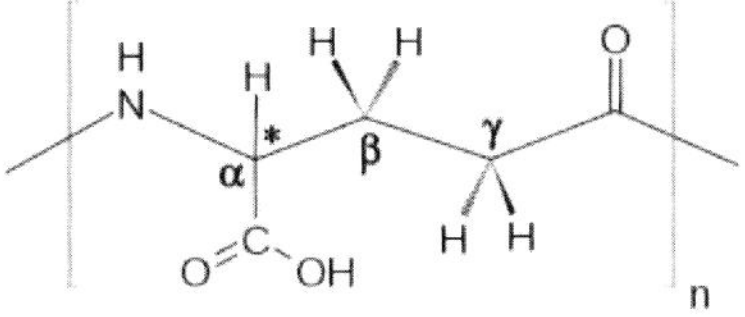

폴리감마글루탐산칼륨

WIKIPEDIA

(2) 과민면역반응 완화

1) 구아바잎 추출물 등 복합물

구아바잎 추출물 등 복합물은 과민반응에 의한 코 상태(코 가려움, 재채기, 콧물) 개선에 도움을 줄 수 있다 하여 생리활성기능 2등급에 해당한다. 하루섭취량은 구아바잎 추출물 등 복합물로서 800mg/day이다(이상 식품의약품안전처).

구아바잎

2) 다래 추출물

다래 추출물은 면역 과민반응 개선에 도움을 줄 수 있다 하여 생리활성기능 2 등급에 해당한다. 하루섭취량은 다래 추출물(PG102)로서 2~2.5g/day이다(이상 식품의약품안전처).

다래

야생화도감

3) 소엽 추출물

소엽 추출물은 면역 과민반응 개선에 도움을 줄 수 있으나 인체적용 시험이 미흡하므로 생리활성기능 3등급에 해당한다(이상 식품의약품안전처).

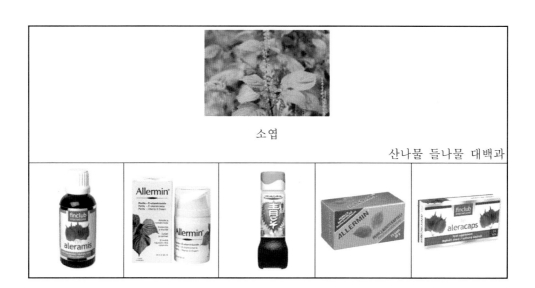

소엽

산나물 들나물 대백과

4) 피카오프레토 분말 등 복합물

피카오프레토 분말 등 복합물은 과민반응에 의한 코 상태 개선에 도움을 줄 수 있다 하여 생리활성기능 2등급에 해당한다. 하루섭취량은 아세로라 농축물, 계피 추출물, 피카오프레토 분말 3종 혼합물로서 1,350mg/day이다(이상 식품의약품안전처).

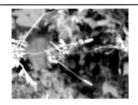

피카오프레토

5) *Enterocococcus faecalis* 가열처리건조분말

Enterocococcus faecalis 가열처리건조분말은 *Enterococcus faecalis* FK-23을 사전배양한 후, 37℃, 10시간 이상 본 배양을 하여 정제 및 세척하고 효소 처리하여 제조한다. 위의 분말의 작용 기전은 Th2 매개면역을 Th1 매개면역 방향으로 전환하고, 호산구가 감소하고 IgG2 농도가 증가하고 IgE:IgG2의 비율을 유의적으로 감소시킨다. 그러므로 *Enterocococcus faecalis* 가열처리건조분말은 꽃가루에 의해 나타나는 코막힘의 개선에 도움을 줄 수 있다 하여 기타기능 II등급에 해당한다. 하루섭취량은 1g/day이다(이상 식품의약품안전처).

Enterococcus faecalis

8. 위 건강/소화 기능

1) 아티초크 추출물

아티초크 추출물은 담즙분비를 촉진하여 지방소화에 도움을 줄 수 있다 하여 생리활성기능 2등급에 해당한다. 하루섭취량은 아티초크 추출물로서 1.92g/day이다(이상 식품의약품안전처).

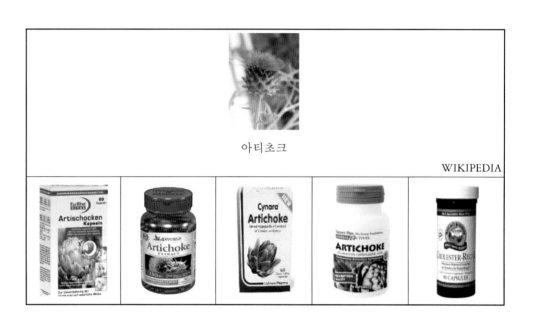

아티초크

WIKIPEDIA

9. 배뇨 기능

1) 호박씨 추출물 등 복합물

호박씨 추출물 등 복합물은 방광의 배뇨기능 개선에 도움을 줄 수 있다 하여 생리활성기능 2등급에 해당한다. 호박씨, 대두에 알레르기 반응을 나타내는 사람, 에스트로겐 호르몬에 민감한 사람은 섭취에 주의하도록 한다. 호박씨 추출물 등 복합물의 하루섭취량은 1g/day이다(이상 식품의약품안전처).

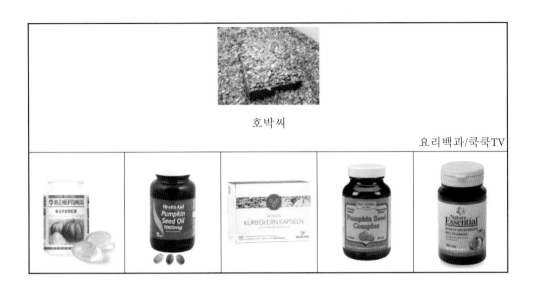

호박씨

요리백과/쿡쿡TV

10. 요로 건강

1) 크랜베리 추출분말

크랜베리 추출분말은 요로의 유해균 흡착 억제로 요로 건강에 도움을 줄 수 있다 하여 생리활성기능 2등급에 해당한다. 크랜베리 추출분말은 와파린, 쿠마딘 등 항응고제, 오메프라졸 등의 위산분비 억제제와 함께 섭취하지 말아야 하며, 제안된 섭취량 이상 과잉 복용할 경우 설사가 있을 수 있다. 따라서 하루섭취량은 파크랜 크랜베리 분말로서 500~1,000mg/day 이상 섭취를 금지한다(이상 식품의약품안전처).

크랜베리

2) 크랜베리 추출물

크랜베리 추출물은 요로의 유해균 흡착 억제로 요로 건강에 도움을 줄 수 있다 하여 생리활성기능 2등급에 해당한다. 하루섭취량은 크랜베리 추출물로서 (Cran-Max) 500㎎/day이다(이상 식품의약품안전처).

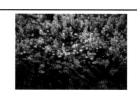

크랜베리

11. 운동수행능력

(1) 운동능력 향상

1) 마카젤라틴화 분말

마카젤라틴화 분말은 운동수행능력 향상에 도움을 줄 수 있으나 관련 인체적용시험이 미흡하여 생리활성기능 3등급에 해당한다. 하루섭취량은 마카젤라틴화 분말로서 1.5~3.0g/day이다(이상 식품의약품안전처).

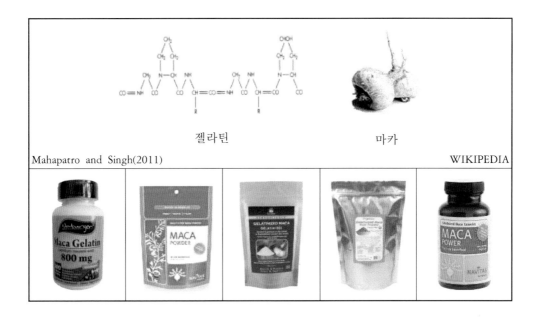

젤라틴   마카

Mahapatro and Singh(2011)   WIKIPEDIA

2) 크레아틴

크레아틴은 Sodium sarcosinate와 Cyanamide이 화학적으로 합성되어 만들어지며, 기능성분인 creatine monohydrate의 함량은 약 99%로 표준화되었다. 크레아틴은 섭취하면 체내에서 인산기(Phosphate)가 붙은 인산크레아틴(Phospho-creatine)이 되는데, 이것은 ATP의 생성에 사용되어 에너지를 생성하도록 해준다. 동물실험 및 인체적용연구에서 크레아틴 섭취 후, 혈액과 근육에 인산크레아틴이 증가되는 것이 확인되었다. 실제로 운동선수를 대상으로 크레아틴의 보충효과를 비교한 연구에

서, 크레아틴이 숄더프레스, 인클라인프레스 등의 근력운동 수행능력을 향상시키는 것이 확인되었다. 따라서 크레아틴은 근력 운동 시에 운동수행능력 향상에 도움을 줄 수 있다 하여 기타기능 Ⅱ에 해당한다. 크레아틴은 신장 이상자에게는 섭취를 주의해야하며, 탈수를 동반할 수 있으므로 충분한 수분 보충을 해줘야 한다. 크레아틴의 하루섭취량은 3g/day이다(이상 식품의약품안전처).

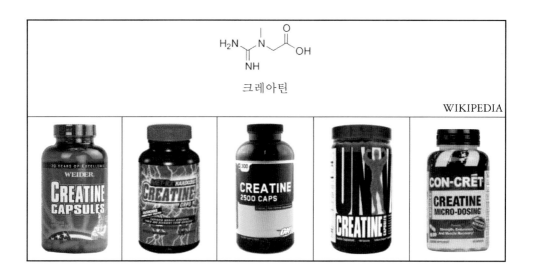

(2) 지구력 증진

1) 동충하초 발효추출물

동충하초 발효추출물은 지구력 증진에 도움을 줄 수 있으나 관련 인체 적용시험이 미흡하므로 생리활성기능 3등급에 해당한다. 위의 추출물은 섭취할 때 가벼운 위불쾌감이 유발할 수 있으며, 혈당강하제, 항응고제, 항우울제와 병용 시 섭취에 주의해야 한다. 하루섭취량은 동충하초 발효추출물로서 2.1~3.0g/day이다(이상 식품의약품안전처).

동충하초

12. 인지 능력

1) 참당귀뿌리 추출물

참당귀(*Angelica gigas Nakai*)뿌리를 분쇄, 건조하여 5배 분량의 주정(95%)으로 추출하여 여과하고 농축한 후, 미세결정셀룰로오스와 혼합하여 제조한다. 참당귀 뿌리 추출물은 동물실험에서 Passive avoidance test, Y-maze test로 확인한 결과, 노인의 인지능력 저하 개선에 도움을 줄 수 있다 하여 생리활성기능 2등급에 해당한다. 이 추출물은 소화불량, 속쓰림 등이 나타날 수 있으며, 혈액응고방지제 또는 혈당강하제를 복용하는 사람은 상담하게 섭취해야 한다. 하루섭취량은 참당귀뿌리 추출물로서 800mg/day이다(이상 식품의약품안전처).

당귀뿌리

제천 향토문화대전

 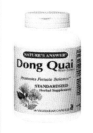   

2) 포스파티딜세린

포스파티딜세린은 대두 레시틴을 L-세린(serine)과 효소(phopholipase) 반응하여 물, 주정, 아세톤 또는 헥산으로 추출하고 정제하여 제조한다. 기능성분 또는 지표성분의 함량은 포스파티딜세린이 380mg/g 이상 함유되어 있어야 한다. 포스파티딜세린은 노화로 인해 저하된 인지력 개선에 도움을 줄 수 있어 생리활성기능 2등급에 해당한다. 포스파티딜세린은 과잉섭취 시 위장장애나 불면증을 유발할 수 있으므로, 하루섭취량은 300mg/day로 제한한다(이상 식품의약품안전처).

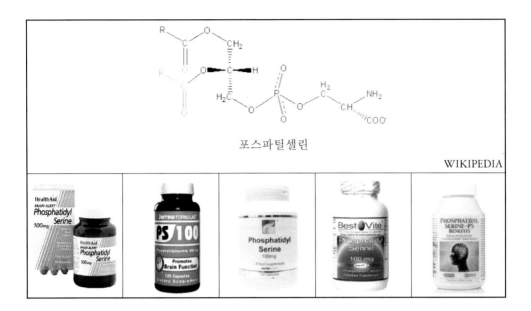

포스파틸셀린

WIKIPEDIA

13. 장 건강

(1) 장내 유익균 증식 및 유해균 억제

1) 갈락토올리고당

갈락토올리고당은 장내 유익균 증식, 유해균 억제에 도움을 줄 수 있으나 인체 적용시험이 미흡하여 생리활성기능 3등급에 해당한다. 하루섭취량은 갈락토올리고당으로서 2.1~8.4g/day이다(이상 식품의약품안전처).

갈락토올리고당

WIKIPEDIA

2) 구아검 가수분해물

콩과 구아종자(*Cyamopsis tetragonolobus*)의 배유부분을 분쇄하거나 온수나 열수로 추출하여 고분자 다당류인 갈락토만난을 얻은 후 식용에 적합하도록 한다. 또한, 위의 방법으로 나온 갈락토만난을 가수분해한 후 식용에 적합하도록 한다. 기능성분 또는 지표성분의 함량은 식이섬유를 660mg/g 이상 함유하고 있어야 한다. 구아검 및 구아검 가수분해물은 배변활동에 도움을 줄 수 있다 하여 기능성 원료로 인정하였으며, 하루섭취량은 구아검 및 구아검 가수분해물 식이섬유로서 4.6~27g/day이다(이상 식품의약품안전처).

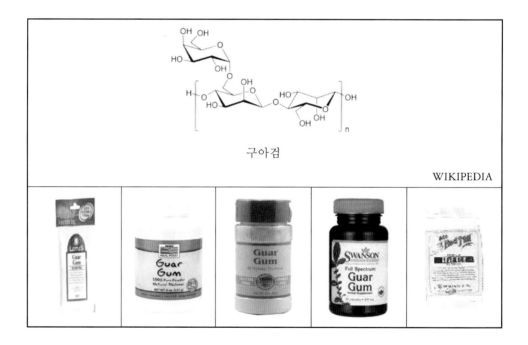

구아검

WIKIPEDIA

3) 라피노스

라피노스는 D-갈락토오스(galactose), D-글루코오스(glucose), D-프룩토오스(fructose)가 결합된 3당류로서, 설탕 제조 시 생성되는 부산물에서 라피노스를 분리하여 만들어진다. 기능성분은 라피노스(raffinose)로 함량은 99% 이상이 되도록 표준화하였다. 시험관 시험을 수행한 결과 장내의 유익균인 *Bifidobacteria*나 *Lactobacillus* 등은 라피노스를 이용하여 증식할 수 있으나 유해한 균들은 라피노스를 이용하지 못해 증식이 억제되는 것을 확인하였다. 실제로 라피노스의 보충효과를 비교한 인체적용연구에서도, 라피노스는 장내 유익균의 수를 증가시키고 유해균을 감소시키며, 배변일수 및 배변횟수를 증가시키는 데 도움을 주는 것으로 확인되었다. 라피노스는 기반연구와 인체적용연구의 수가 충분하지는 않으나, 그 결과가 일관성 있으므로 기타기능 Ⅱ에 해당한다. 제안된 섭취량보다 많은 양을 섭취할 때에는 설사를 유발할 수 있으므로 하루섭취량은 라피노스로서 3~5g/day로 제한한다(이상 식품의약품안전처).

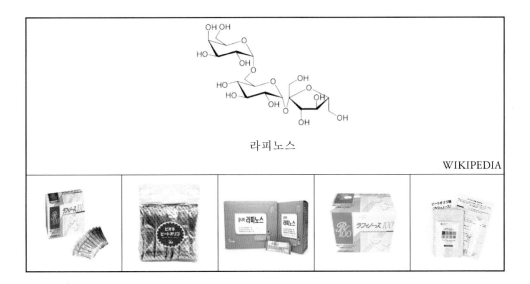

라피노스

WIKIPEDIA

4) 락추로스 파우더

락추로스 파우더는 유익균 증식, 유해균 억제에 도움을 줄 수 있다 하여 생리활성기능 2등급에 해당한다. 락추로스 파우더를 과량 섭취할 경우 위장 관계 계통의 이상반응 및 전해질 이상 등이 나타날 수 있으므로 하루섭취량은 락추로스 분말로서 650~3,000mg/day으로 제한한다(이상 식품의약품안전처).

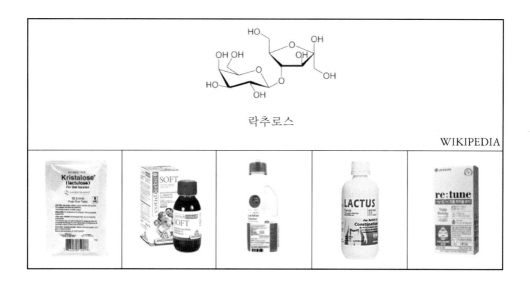

락추로스

WIKIPEDIA

5) 밀전분유래 난소화성말토덱스트린

밀전분유래 난소화성말토덱스트린은 장내 유익균의 증식과 유해균의 억제에 도움을 줄 수 있다 하여 생리활성기능 2등급에 해당한다. 밀전분유래 난소화성말토덱스트린을 과량 섭취할 경우 설사, 복부팽만 등을 유발할 수 있으므로 하루섭취량은 8~20g/day로 제한한다(이상 식품의약품안전처).

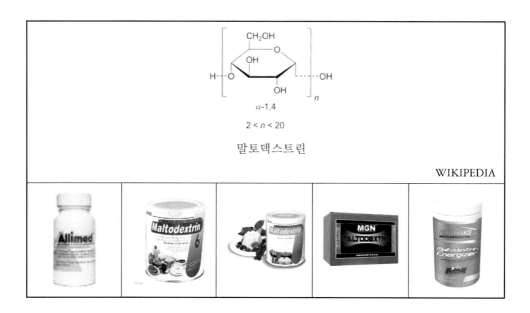

말토덱스트린

WIKIPEDIA

6) 프락토올리고당

프락토올리고당은 설탕분자에 1개에서 3개의 과당분자가 β-1, 2 결합된 올리고당류로서 설탕을 녹여서 당액을 만든 후 전이효소 또는 전이효소를 가진 미생물을 사용하여 제조·가공한다. 또한 이눌린(inulin)을 효소로 가수분해하여 제조·가공하기도 한다. 기능성분 또는 지표성분의 함량은 프락토올리고당을 410mg/g 이상 함유하고 있어야 하며, 프락토올리고당은 1-케이스토즈(GF2), 니스토즈(GF3), 프락토퓨라노실니스토즈(GF4)를 합한 양으로 계산한다. 프락토올리고당은 유익균 증식 및 유해균 억제, 배변활동을 원활하게 해주므로 기능성 원료로 인정하였다. 하루섭취량은 프락토올리고당으로서 3~8g/day이다(이상 식품의약품안전처).

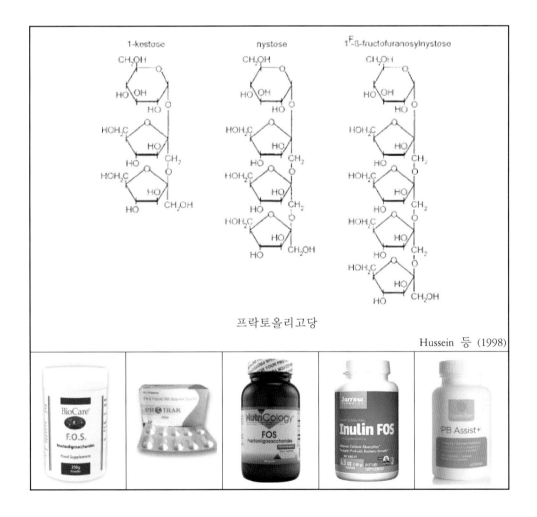

프락토올리고당

Hussein 등 (1998)

7) 이소말토올리고당

이소말토올리고당은 전분을 효소(α-amylase, transglucosidase, glucoamylase, pullulanase) 처리하고 정제/농축하여 제조한다. 이소말토올리고당은 소화효소에 의하여 분해되지 않고 장에 도달하는데, 이때 장내 유익균인 *Bifidobacterium*, *Lactobacillus* 등의 증식인자로 작용하는 것으로 관찰되었다. 이러한 유익균이 증식하면서 생성되는 지방산 등으로 인하여 장내 pH가 저하되므로 유해균 성장을 억제하는 데 도움을 주므로 배변활동이 개선되는 효과를 나타난다. 위와 같은 기전을 통해 이소말토올리고당의 장 건강에 대한 기능성을 확인하였다. 이소말토올리고당은 제안된 섭취량 이상으로 섭취하는 경우 설사를 유발할 수 있으므로 하루섭취량은 8~15g/day으로 제한한다(이상 식품의약품안전처).

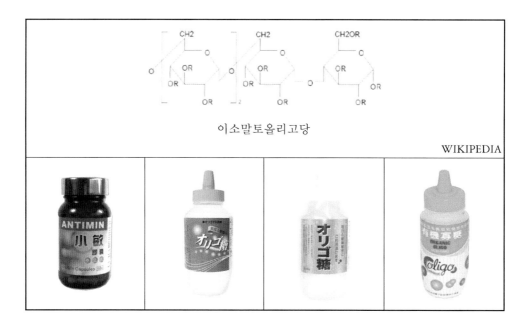

이소말토올리고당

WIKIPEDIA

8) 자일로올리고당

자일로올리고당은 장내 유익균 증식, 유해균 억제 및 배변활동에 도움을 줄 수 있다 하여 생리활성기능 2등급에 해당한다. 자일로올리고당을 과량 섭취할 경우 설사를 유발할 수 있으므로 하루섭취량은 0.7~7.5g/day로 제한한다(이상 식품의약품안전처).

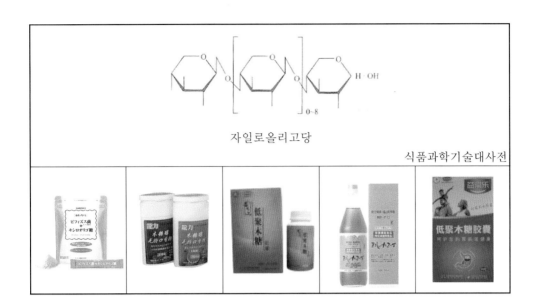

자일로올리고당

식품과학기술대사전

9) 커피만노올리고당분말

커피만노올리고당은 장내 유익균 증식, 배변활동 원활 및 유해균을 억제하는데 도움을 줄 수 있어 생리활성기능 2등급에 해당한다. 커피만노올리고당분말은 과량 섭취할 경우 복부팽만감을 느낄 수 있으므로 주의해야 하며, 하루섭취량은 만노올리고당으로서 1.0g/day이다(이상 식품의약품안전처).

(2) 면역 조절하여 장 건강에 도움

1) 프로바이오틱스(VSL#3)

프로바이오틱스(VSL#3)은 유익한 유산균 증식, 배변활동 원활, 유해균 억제 및 장 면역 조절을 통해 장 건강에 도움을 줄 수 있다 하여 기타기능 Ⅱ에 해당한다. 하루섭취량은 $10^8 \sim 3 \times 10^{12}$이다(이상 식품의약품안전처).

(3) 배변활동 원활

1) 대두올리고당

대두올리고당은 대두 유청에서 단백질을 제거하고 정제/농축하여 만들어진다. 기능성분인 스타키오스(stachyose), 라피노오스(raffinose)는 그 함량의 합이 20~35%가 되도록 표준화하였다. 대두올리고당은 시험관 시험을 통하여 대두올리고당의 스타키오스와 라피노오스는 장내의 유익균인 일부 비피더스균에 의해서만 발효되는 것을 확인하였다. 라피노스는 소화효소로 분해되지 못해 장까지 그대로 도달하여 장내 유익균에 의하여 선택적으로 이용되어 장내 pH가 저하되고 유해균이 성장하는 데 적합하지 않은 환경으로 변화되어 배변활동이 개선되는 효과가 나타나는 것으로 추정된다. 실제로 대두올리고당의 보충효과를 비교한 인체적용연구에서, 대두올리고당의 보충은 장내 유익균이 증식하고 유해균이 감소하며, 변의 pH, 배변횟수 및 변의 성상 등이 개선되는 것으로 확인되었다. 따라서 대두올리고당은 일관성 있는 결과를 나타내는 인체적용연구의 수가 적당히 확보되었으므로 기타기능 Ⅱ에 해당한다. 하루섭취량은 스타키오스와 라피노오스의 합으로서 2~3g/day이다. 제안된 섭취량 이상으로 과다하게 섭취하는 경우 설사 유발에 유의하여야 한다(이상 식품의약품안전처).

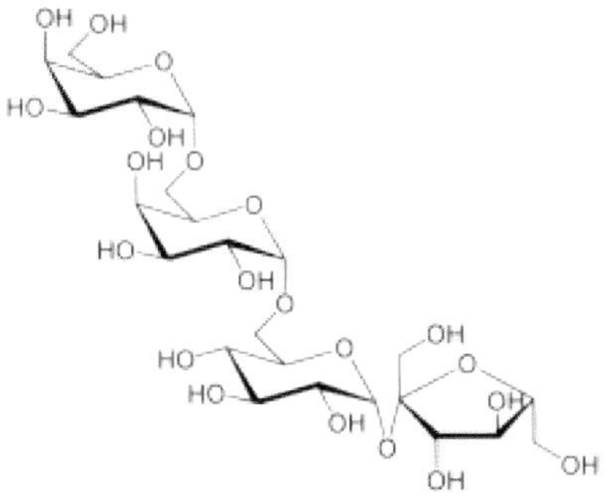

스타키오스 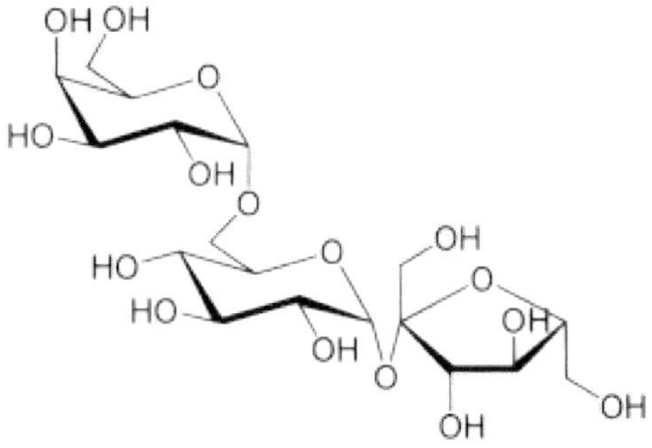 　　　　　　　　 라피노오스

WIKIPEDIA

2) 목이버섯

목이버섯 YJ001은 인체시험에서 식전에 섭취할 경우 배변활동을 원활히 도움을 줄 수 있다 하여 기능성 원료로 인정하였다. 목이버섯 YJ001은 1.8g/회 이상, 1일 3회, 식전에 섭취하며 충분한 물과 함께 섭취해야 한다. 또한, 과량 섭취해도 기능을 더 증가시키지 않으므로 하루섭취량은 1회 섭취 시 4g으로 정하였다(이상 식품의약품안전처).

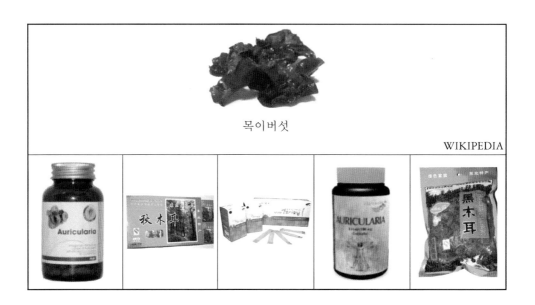

목이버섯

WIKIPEDIA

3) 분말한천

세포벽 구성성분이 점질성(粘質性) 다당류로 된 홍조식물(紅藻植物)인 우뭇가사리를 열수추출하고 여과·응고시킨 뒤 동결·융해·탈수·건조의 과정을 여러 차례 반복하여 제조한다. 분말한천은 배변일수 및 배변량을 증가시키는 데 도움을 줄 수 있다 하여 생리활성기능 2등급에 해당한다. 분말한천은 충분한 물과 함께 섭취하며, 과량 섭취 시 미약한 설사, 구토, 배변량 및 배변빈도 증가, 복부팽만, 두통 등의 부작용을 일으킬 수 있다. 따라서 하루섭취량은 분말한천으로서 2~5g/day이다(이상 식품의약품안전처).

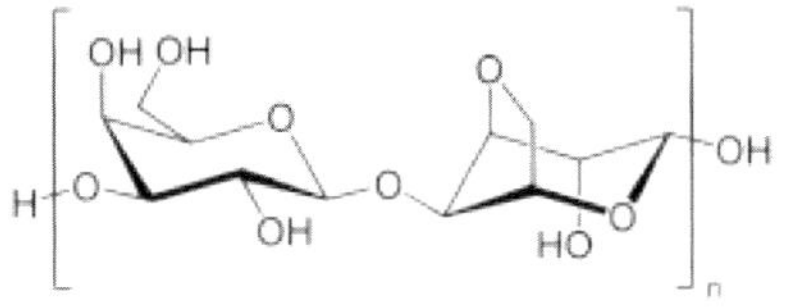

한천

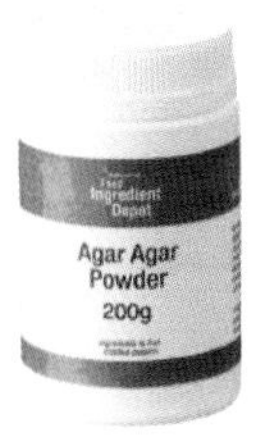

4) 라피노스

라피노스는 D-갈락토오스(galactose), D-글루코오스(glucose), D-프룩토오스(fructose)가 결합된 3당류로서, 설탕 제조 시 생성되는 부산물에서 라피노스를 분리하여 만들어진다. 기능성분은 라피노스(raffinose)로 함량은 99% 이상이 되도록 표준화하였다. 시험관 시험을 수행한 결과 장내의 유익균인 *Bifidobacteria*나 *Lactobacillus* 등은 라피노스를 이용하여 증식할 수 있으나 유해한 균들은 라피노스를 이용하지 못해 증식이 억제되는 것을 확인하였다. 실제로 라피노스의 보충효과를 비교한 인체적용연구에서도, 라피노스는 장내 유익균의 수를 증가시키고 유해균을 감소시키며, 배변일수 및 배변횟수를 증가시키는 데 도움을 주는 것으로 확인되었다. 라피노스는 기반연구와 인체적용연구의 수가 충분하지는 않으나, 그 결과가 일관성 있으므로 기타기능 Ⅱ에 해당한다. 제안된 섭취량보다 많은 양을 섭취할 때에는 설사를 유발할 수 있으므로 하루섭취량은 라피노스로서 3~5g/day로 제한한다(이상 식품의약품안전처).

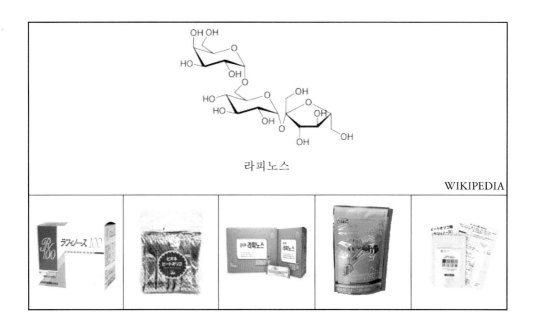

라피노스

5) 액상프락토올리고당

액상프락토올리고당(고형분기준 55%)은 배변활동을 원활하게 하는 데 도움을 줄 수 있다 하여 생리활성기능 2등급에 해당한다. 하루섭취량은 프락토올리고당으로 3~8g/day이다(이상 식품의약품안전처).

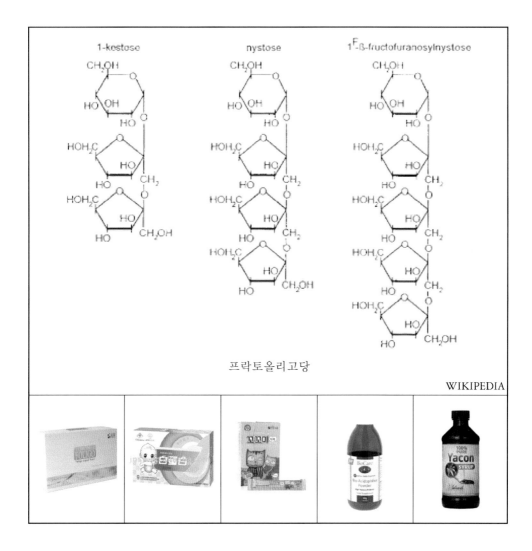

프락토올리고당

WIKIPEDIA

6) 프로바이오틱스

프로바이오틱스는 미생물 또는 이를 혼합한 균과 균 또는 배양체를 배양시키기 위한 배지 및 보호제로서, 관련된 미생물은 다음과 같다.

- *Lactobacillus*: *L.acidophilus, L.casei, L.gasseri, L.delbrueck* Ⅱ *spp. Bulgaricus, L.heloticus, L.fermentum, L.paracasei, L.plantarum, L.reuteri, L.rhamnosus, L.salioarius*

- *Lactococcus*: *Lc. lactis*

- *Enterococcus*: *E.faecium, E.faecalis*

- *Streptococcus*: *S.thermophilus*

- *Bifidobacterium*: *B.bifidum*, *B.breve*, *B.longum*, *B.animalis ssp. lactis*

제조방법은 상기 미생물을 배양·건조하여 식용에 적합하도록 한다. 기능성분 또는 지표성분의 함량은 생균을 10^8CFU/g 이상 함유하고 있어야 한다. 프로바이오틱스는 배변활동 원활에 도움을 줄 수 있으므로 기능성 원료로 인정하였다. 하루섭취량은 프로바이오틱스로서 $10^8 \sim 10^{12}$이다(이상 식품의약품안전처).

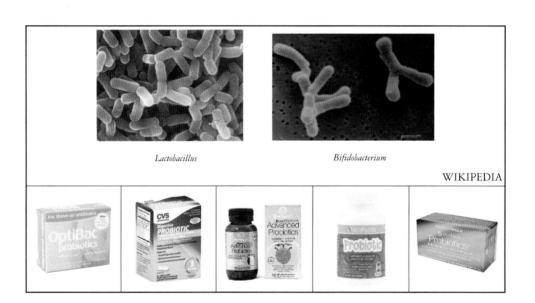

Lactobacillus   *Bifidobacterium*

WIKIPEDIA

7) 커피만노올리고당분말

커피만노올리고당분말은 배변활동에 도움을 줄 수 있다 하여 생리활성기능 2 등급에 해당한다. 과량 섭취 시 복부팽만감을 느낄 수 있으므로 하루섭취량은 만노올리고당으로서 1.0g/day이다(이상 식품의약품안전처).

14. 전립선 건강

1) 쏘팔메토열매 추출물

Saw palmetto(*Serenoa repens*) 열매를 주정 또는 이산화탄소 추출 후 여과, 농축, 정제하여 유(oil)상으로 식용에 적합하도록 제조하였으며, 지표성분인 Lauric acid

가 220~360mg/g 함유되어 있다. 쏘팔메토열매 추출물은 5-α-reductase의 활성을 저해하여 테스토스테론이 DHT(디하이드로테스토스테론)로 전환되는 것을 억제하고 이를 통하여 최종적으로 중·노년 남성의 전립선을 건강하게 유지할 수 있도록 하는 것이다(이상 식품의약품안전처).

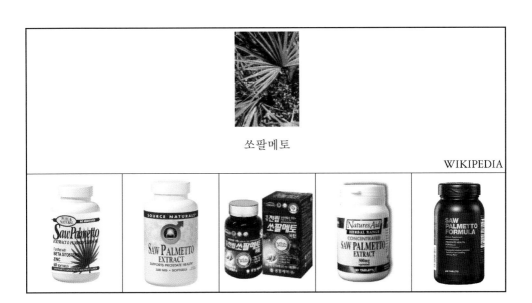

쏘팔메토

WIKIPEDIA

2) 쏘팔메토열매 추출물 등 복합물

전립선 건강의 유지에 도움을 줄 수 있으며, 일일섭취량은 쏘팔메토열매 추출물 등 복합물의 경우 705mg/day, 네틀 추출물은 240 mg/day이다(이상 식품의약품안전처).

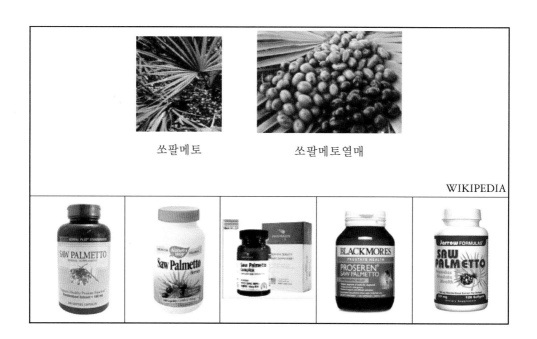

쏘팔메토   쏘팔메토열매

15. 체지방 감소

1) 가르시니아캄보지아껍질 추출물

가르시니아캄보지아열매의 껍질을 사용하며, 껍질에는 기능성분인 Hydroxycitric acid(HCA)가 약 10~30% 함유되어 있다. HCA의 Krebs/citric acid cycle 억제제로서의 역할을 제시하여 신체 내에서 탄수화물로부터 지방합성을 억제하여 체지방 감소에 도움을 준다(이상 식품의약품안전처).

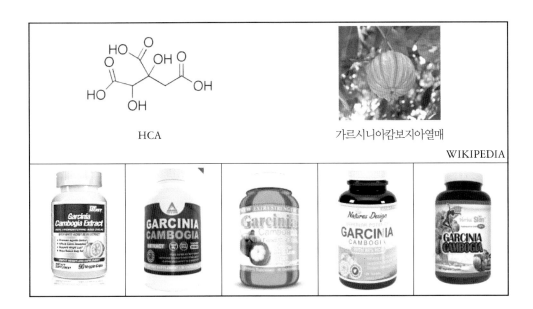

HCA

가르시니아캄보지아열매

WIKIPEDIA

2) 공액 리놀레산(유리지방산, 트리글리세라이드)

공액리놀레산은 홍화유 중에 천연적으로 존재하는 리놀레산(Linoleic acid)을 이 중결합 사이에 하나의 단일결합이 위치하도록 화학적인 방법으로 변형하여 식용에 적합하게 제조, 가공한 것으로 지방산 형태와 글리세라이드 형태로 존재한다. 공액리놀레산은 과체중인 성인의 체지방 감소에 도움을 줄 수 있으므로, 기능성으로 인정되었다. CLA는 지방세포에서 Lipoprotein lipase activity 저해로 지방산유리를 감소시키고, CPT(Carnitine acyl transferase)활성을 증가시켜 acyl-CoA가 미토콘드리아로의 흡수 증가로 β-oxidation을 증가시켜 체지방이 감소되는 것으로 알려져 있고 그 외 지방세포의 apoptosis도 증가시킨다는 보고도 있다(이상 식품의약품안전처).

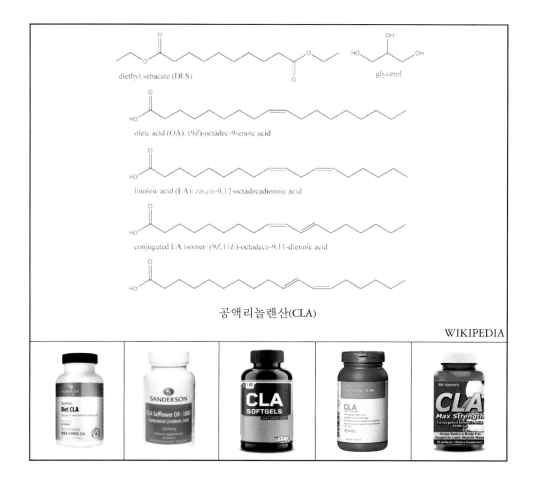

공액리놀렌산(CLA)

WIKIPEDIA

3) 그린마떼 추출물

남아메리카 원산지인 천연물에서 추출한 다이어트 소재로서 체지방 감소에 도움을 줄 수 있다는 기능성 원료로서 기타기능 Ⅱ등급을 받은 개별인정 원료이다. 그린마테의 유효성분인 Chlorogenic acid는 체지방 축적을 억제, 사포닌은 췌장의 리파아제 활성을 저해함으로써 식이지방의 장내 흡수를 억제, 사포닌 표면활동으로 인한 micelle 파괴로 식이지방 재흡수를 감소시킨다(이상 식품의약품안전처).

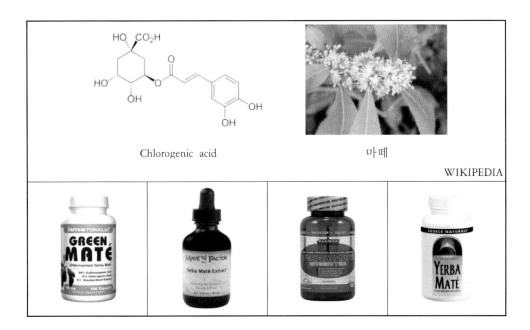

Chlorogenic acid

마떼

WIKIPEDIA

4) 녹차 추출물

녹차에서 추출한 카테킨(Catechin)은 폴리페놀 화합물의 일종으로 특유의 쓴맛을 가지고 있으며, flavan-3-ol을 기본구조로 하고 있다. 녹차추출물은 경증의 비만인에게 섭취시켰을 때 에너지 소비가 증가하고 호흡률이 감소하였고, 체중, BMI, 체지방, 복부 지방 등이 감소하는 것으로 확인되어 체지방 감소에 도움이 되는 원료로 알려져 있다. 카테킨의 일일섭취량은 300~1,000㎎로 설정하였으며, 이는 녹차 3~20잔 정도에 해당한다(이상 식품의약품안전처).

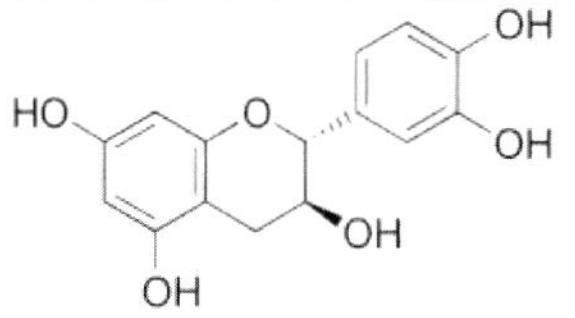

카테킨

5) 대두배아 추출물 등 복합물

대두배아를 열수로 추출한 추출물과 L-carnitine을 혼합하여 제조되었다. 대두배아 추출물 등 복합물은 동물실험에서 지방산 산화를 조절하는 효소(Carnitine palmitoyl transferase, CPT)의 활성을 증가시켰으며, 인체적용 연구에서는 복부지방을 포함한 체지방을 감소에 도움이 되는 것으로 확인되어 기타기능 Ⅱ에 해당하는 기능성을 인정받았다. 하루섭취량은 700mg이다(이상 식품의약품안전처).

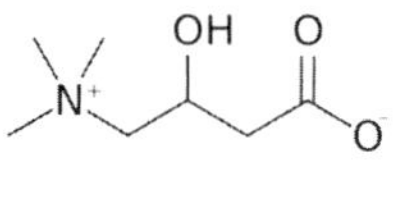

L-carnitine

6) 레몬밤 추출물 혼합분말

레몬밤 추출물 혼합분말은 인체적용 연구에서 내장지방의 혈관신생을 억제해 내장지방을 감소시켜 체지방 감소에 도움을 줄 수 있다고 확인되어 기타기능 Ⅱ에 해당하는 기능성을 인정받았다. 하루섭취량은 1,380mg/day이다(이상 식품의약품안전처).

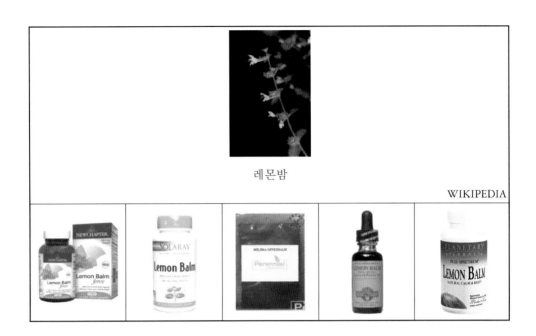

레몬밤

7) 중쇄지방산 함유유지

중쇄지방산 함유유지는 중쇄지방산을 함유하고 있어 다른 식용유와 비교했을 때, 체지방 증가가 적을 수 있어 기타기능 Ⅱ에 해당하는 기능성을 인정받았다. 하루섭취량은 일반 식용유 섭취방법과 동일하다(이상 식품의약품안전처).

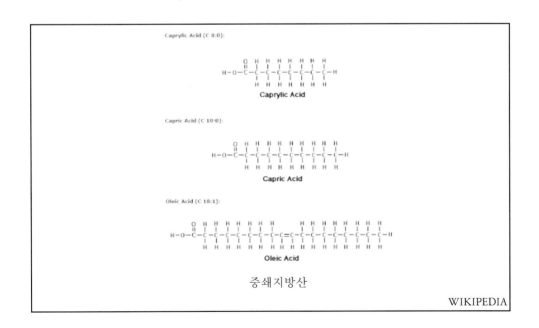

중쇄지방산

8) 콜레우스 포스콜리 추출물

인도 등 동남아시아에서 자생하는 콜레우스 포스콜리(Coleus forskohl Ⅱ)의 식물 뿌리에서 추출한 물질이다. 유효성분은 포스린(Forslean)이며, 이 성분은 우리 몸속에서 체지방 분해에 작용하는 효소인 HSL(Hormone sensitive lipase)을 활성화시켜 지방을 분해하고, 분해된 지방이 에너지로 연소되기 쉽도록 산화를 촉진한다. 또한, 근육량 증가에도 도움을 주어 기초대사량을 증가하게 하여 다이어트에 큰 도움을 주는 성분이다. 따라서 콜레우스 포스콜리 추출물은 체지방 감소에 도움을 줄 수 있다고 확인되어 기타기능 Ⅱ에 해당하는 기능성을 인정받았으며, 하루섭취량은 500㎎/day이다(이상 식품의약품안전처).

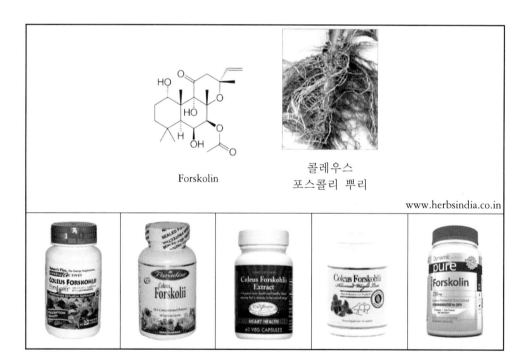

Forskolin

콜레우스 포스콜리 뿌리

www.herbsindia.co.in

9) 히비스커스 등 복합추출물

키토산, 키토올리고당, 히비스커스꽃 물 추출물, L-carnitine을 혼합하여 '씨제이히비스커스 등 복합추출물'이 만들어진다. 지표성분은 키토산, (+)-allo-hydroxycitric acid lactone, L-carnitine으로 정하였으며, 키토산은 27% 이상, (+)-allo-hydroxycitric acid lactone은 7.5% 이상, L-carnitine은 약 17.5% 수준으로 표준화하였다. 동물시험에서 키토산은 분변 중으로 스테롤을 배출시켜 콜레스테롤을 감소시킨다고 보고되었다. 인체시험연구에서는 씨제이히비스커스 등 복합추출물이 내장지방을 포함한 체지방을 감소시키는 것으로 확인되어 기타기능 Ⅱ에 해당하는 기능성을 인정받았다. 하루 섭취량은 2,079mg/day이다(이상 식품의약품안전처).

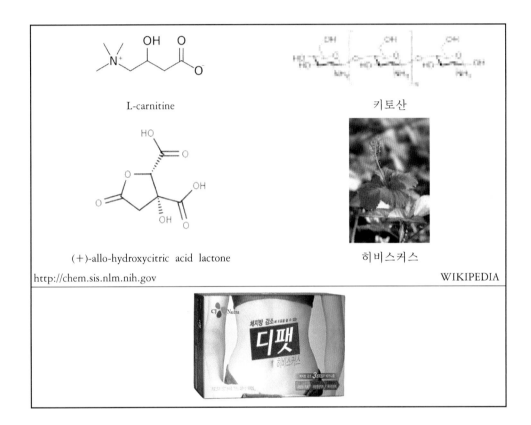

L-carnitine

키토산

(+)-allo-hydroxycitric acid lactone

히비스커스

http://chem.sis.nlm.nih.gov

WIKIPEDIA

10) 깻잎 추출물

깻잎 추출물(PF501)은 비만관련 지방세포의 분화와 지방세포축적 유전자를 억제하여 체지방 감소에 도움을 줄 수 있다고 확인되어 기타기능 Ⅱ에 해당하는 기능성을 인정받았다. 깻잎 추출물의 하루섭취량은 2,700mg/day이다(이상 식품의약품안전처).

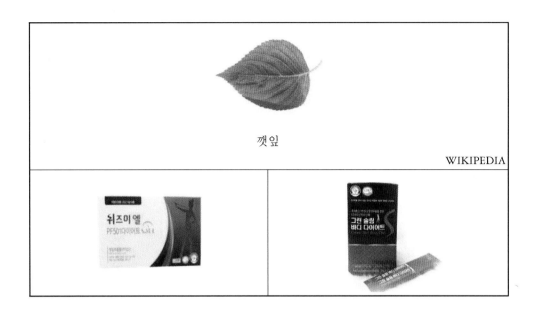

깻잎

WIKIPEDIA

11) L-카르니틴 타르트레이트

카르니틴의 보충물인 L-카르니틴 타르트레이트는 체지방 감소에 도움을 줄 수 있다. 카르니틴은 철, 비타민 B_1, B_6, Lysine, Methionine을 원료로 하여 합성된다. 주 기능은 긴사슬지방산을 미토콘드리아에 수송하는 임무이며, 지방산을 아세트산 이온과 함께 반응시켜 에너지로 변화시킨다. 따라서 이 원료는 혈중 중성 지방량 감소와 체중을 감소시킨다고 확인되었으며, 기타기능 Ⅱ에 해당하는 기능성을 인정받았다. 하루섭취량은 L-카르니틴으로서 2,000mg/day이다(이상 식품의약품안전처).

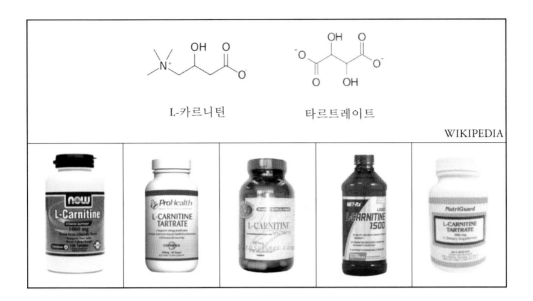

L-카르니틴 　　　　　　 타르트레이트

12) 식물성유지 디글리세라이드

글리세라이드(1, 3-diglyceride)는 유리지방산 형태로 완전하게 가수분해 되어 체지방으로 축적되기 어려운 것으로 알려져 있다. 따라서 다른 식용유와 비교하였을 때, 디글리세라이드를 함유하는 식용유는 식후 혈중 중성지방과 체지방 감소효과가 있는 것으로 확인되었다. 따라서 기타기능Ⅱ에 해당하는 기능성을 인정받았으며, 하루섭취량은 일반 식용유 섭취와 동일하다(이상 식품의약품안전처).

$$H_2\overset{\alpha}{C}-O-\overset{\overset{\displaystyle O}{\|}}{C}-R_1$$
$$\overset{\beta}{H}C-O-\overset{\overset{\displaystyle O}{\|}}{C}-R_2$$
$$H_2\overset{\alpha'}{C}-OH$$

디글리세라이드

13) 키토올리고당

키토올리고당(chitooligosaccharide)은 폴리키토산(polychitosan)을 가수분해하여 얻어지는 올리고당이다. 이와 관련된 연구에 의하면, 키토올리고당을 지방전구세포에 처리한 결과 세포분화가 거의 억제되었고, 체중증가 및 혈당 상승을 현저히 감소시키는 것으로 나타났다. 하지만 인체적용시험이 미흡하므로 생리활성기능 3등급에 해당한다. 하루섭취량은 1.2~3g/day이다(이상 식품의약품안전처).

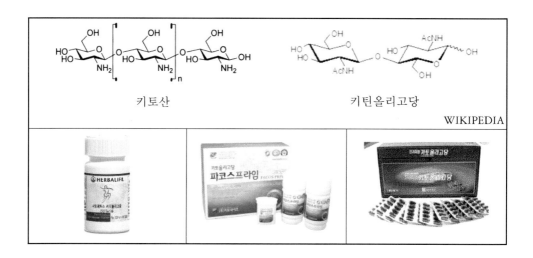

키토산	키틴올리고당

WIKIPEDIA

16. 충치 발생 감소

1) 자일리톨

자일리톨은 너도밤나무류의 자작나무과를 비롯해 아몬드의 외피, 귀리 및 면실의 외피, 짚, 사탕수수에서 얻은 자일란을 가수분해하고 수소 첨가하여 만들어진다. 당알코올인 자일리톨은 충치균(*Streptococcus mutans*)에 의해 사용될 수 없다. 따라서 구강 내에서 플라그와 산생성이 억제된다. 또한 자일리톨은 그 자체로 충치균에 직접적인 독성을 나타내어 사멸을 유도하며, 치아우식발생률을 현저히 감소한다고 알려져 있다. 따라서 질병발생위험감소기능에 해당하며, 하루섭취량은 10~25g/day로 3회 나누어 섭취한다(이상 식품의약품안전처).

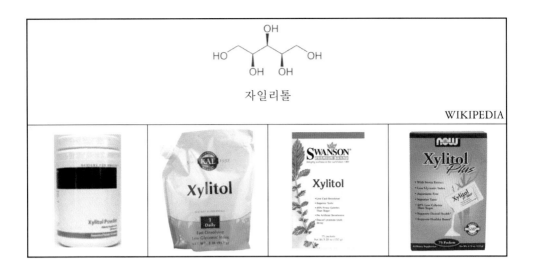

자일리톨

WIKIPEDIA

17. 칼슘 흡수

1) 액상프락토올리고당

칼슘의 흡수를 선택적으로 증진시키는 작용이 있다. 프락토올리고당은 대장 환경을 산성화하여 칼슘의 용해도를 증가시키고 세포사이의 공간(intercellular space)을 통한 단순 투과(simple dispersion)를 촉진시키며, 칼슘 결합 단백질(Ca-binding protein)의 합성을 유도하여 능동 투과(active transport)를 증가시키는 것이 동물시험을 통해 확인되었다. 식품으로 섭취된 칼슘은 주로 십이지장에서 흡수되는 것으로 알려져 있으나, 프락토올리고당을 섭취하는 경우에는 대장을 통한 칼슘 흡수가 증가하는 것으로 보고되었다. 하루섭취량은 3~8g/day이다(이상 식품의약품안전처).

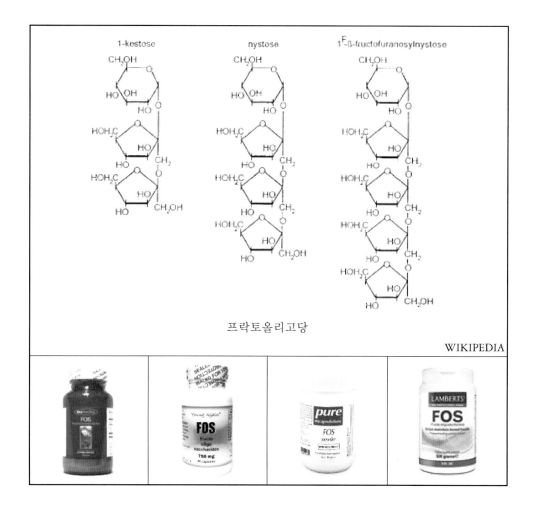

프락토올리고당

WIKIPEDIA

2) 폴리감마글루탐산

폴리감마글루탐산(Poly-γ-glutamic Acid, γ-PGA)은 글루탐산의 γ-카르복실기 와 글루탐산의 α-아미노기가 아마이드 결합된 γ-폴리펩타이드로 콩 발효식품미생 물인 *Bacillus sbutilis*가 보유하고 있는 폴리감마글루탐산 합성계(γ-PGA synthetase complex, pgsBCA system)에 의해서 생성되는 수용성, 음이온성, 생분해성, 및 식용 의 아미노산 고분자소재이다. 폴리감마글루탐산은 동물실험을 통해 소장에서 칼 슘이 인과 결합하여 불용성이 되는 것을 저해하고 칼슘의 흡수를 촉진시키는 것 을 확인하였다. 따라서 체내 칼슘흡수 촉진에 도움을 줄 수 있다고 판단하여 기타 기능 Ⅱ에 해당하는 기능성을 인정받았으며, 하루섭취량은 60~70mg/day이다(이 상 식품의약품안전처).

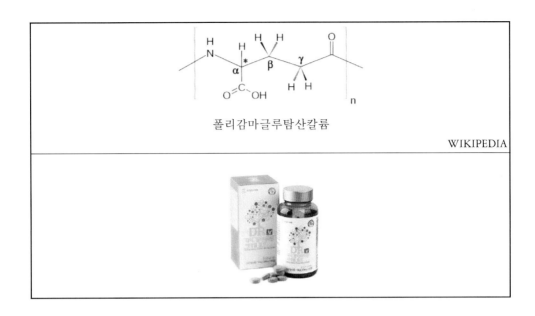

폴리감마글루탐산칼륨

WIKIPEDIA

18. 콜레스테롤 개선

1) 대나무잎 추출물

대나무잎을 주정으로 추출하고 농축하여 만들어졌다. 지표성분으로 Tricin과 p-coumaric acid가 설정하였으며, 각각 0.1~0.3%, 0.3~1% 정도로 표준화하였다. 동물시험에서 혈중 콜레스테롤을 감소시키며, 여러 항산화 지표를 개선시키는 것으로 나타났으나, 인체연구에서는 확인되지 않았다. 따라서 기타기능 Ⅲ에 해당하는 기능성을 인정받았다. 하루섭취량은 대나무잎 추출물로서 300~600mg/day, tricin으로서 0.345~2.07mg/day, p-coumaric acid acid로서 1.095~6.57mg/day이다(이상 식품의약품안전처).

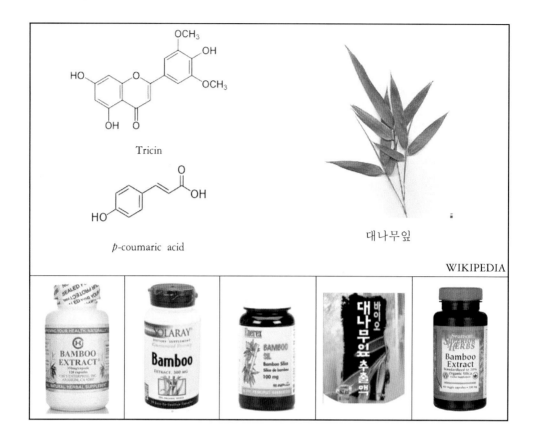

Tricin

p-coumaric acid

대나무잎

WIKIPEDIA

2) 보리 베타글루칸 추출물

보리는 베타글루칸이 3~11%가 들어있어, 심장에 좋은 물질로 알려져 있다. 베타글루칸은 담즙산을 점액질의 위장 내용물로 감싸거나 그것과 직접 결합해서 대변으로 배출시킴으로써 담즙산 분비를 증가시킨다. 콜레스테롤은 담즙산 합성의 기질이므로 담즙산 분비의 증가는 순환성 콜레스테롤 수치를 감소시킨다. 따라서 보리의 베타글루칸은 혈중 콜레스테롤 개선에 도움을 줄 수 있다고 판단하여 기타기능 Ⅱ에 해당하는 기능성을 인정받았으며, 하루섭취량은 3~8g/day이다(이상 식품의약품안전처).

베타글루칸

3) 보이차 추출물

보이차는 대엽종 차잎을 발효한 흑차의 일종으로 중국지방에서 많이 재배되어 왔다. 보이차 추출물은 콜레스테롤의 분해물인 담즙산과 결합하여 담즙산 내의 콜레스테롤 배출을 도와주고 소장으로서의 재흡수되는 양을 낮추어 주어, 총 콜레스테롤 수치의 개선에 도움을 줄 수 있다 하여 생리활성기능 2등급에 해당한다. 하루섭취량은 신청원료로서 1g/day이다(이상 식품의약품안전처).

보이차

4) 사탕수수 왁스알코올

폴리코사놀-사탕수수 왁스알코올은 사탕수수(*Sacchaum officinarum L.*)의 잎과 줄기를 압착한 후 아세톤, 에탄올, 헥산으로 추출과정을 거친다. 지표성분으로 지방산 알코올의 혼합물(1-tetracosanol, 1-hexacosanol, 1-heptacosanol, 1-octacosanol, 1-nonacosanol, 1-triacontanol, 1-dotriacontanol, 1-tetratriacontanol)이며, 90% 이상으로 표준화하였다. 폴리코사놀-사탕수수 왁스알코올은 Hmg-CoA reductase에 영향을 주어 acetate에서 mevalonate를 합성하는

과정을 저해하고 궁극적으로 체내 콜레스테롤 합성을 저해하는 것으로 추정할 수 있다. 동물시험과 *in vitro* 시험에서 Hmg-CoA reductase 자체가 유의적으로 감소하는 것이 확인되었다. 또한인체시험과 동물시험을 통하여 콜레스테롤이 약간 높은 사람의 혈액 중 총 콜레스테롤과 저밀도지질단백(LDL) 수치를 감소시키고, 고밀도지질단백(HDL) 수치를 증가시키는 것으로 확인되었다. 따라서 기반연구와 인체적용 연구를 통해 높은 혈중 콜레스테롤 수치의 개선에 도움이 된다고 판단하여 기타기능 I로 인정받았다. 하루섭취량은 5~20mg/day이다(이상 식품의약품안전처).

사탕수수

WIKIPEDIA

5) 스피루리나

스피루리나는 염도가 높은 호수에서 자생하며 엽록소 함유 식물이다. 동물실험 결과에 따르면 스피루리나는 총 콜레스테롤 수치저하뿐만 아니라 LDL 콜레스테롤 저하, HDL 콜레스테롤 수치의 상승효과를 보여주었다. 그러나 인체에서의 확인이 필요하기 때문에 기타기능 III으로 인정받았으며, 하루섭취량은 총 엽록소 67~72mg/day이다(이상 식품의약품안전처).

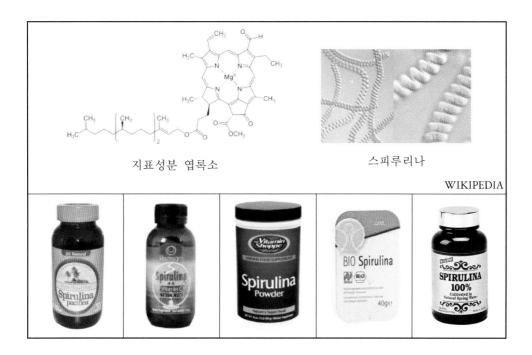

지표성분 엽록소

스피루리나

6) 식물스타놀에스테르

식물스타놀에스테르는 대두유를 생산하는 과정에서 만들어지는 식물스테롤을 원재료로 사용하고 수소화와 에스테르화를 거쳐 만들어진다. 지표성분은 시토스타놀과 캄페스타놀이며, 두 성분의 합이 55% 이상 되도록 표준화하였다. 식물스타놀에스테르는 소장에서 잘 흡수되지 않으며, 물리화학적인 면에서 콜레스테롤과 유사하다는 특징이 있다. 따라서 식물성스타놀에스테르를 보충섭취하면 소장에서 석출되는데 이때 구조가 유사한 콜레스테롤도 함께 결정체를 이루게 되므로 흡수율이 낮아질 수 있다. 또한 체내 콜레스테롤 운반체인 지질단백에 대해 경쟁적으로 작용하여 장을 통한 콜레스테롤의 흡수를 낮춘다고 보고되고 있다. 인체적용연구에서 식물스타놀에스테르의 보충효과를 연구한 결과, 식물스타놀에스테르 보충은 혈액 중 총 콜레스테롤과 LDL-콜레스테롤 수준을 유의하게 낮출 수 있음이 확인되었다. 따라서 기타기능 I 해당하며, 하루섭취량은 식물스타놀에스테르로서 3.4g/day이다(이상 식품의약품안전처).

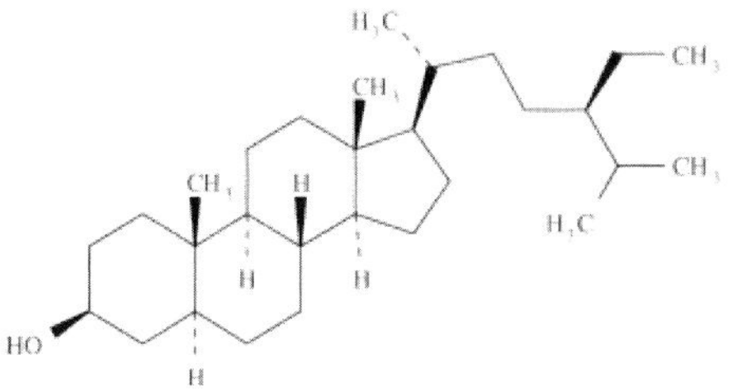

| 시토스타놀 | 캄페스타놀 |

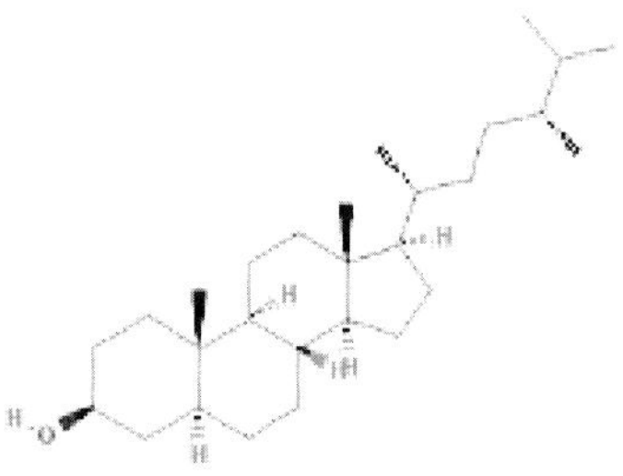

WIKIPEDIA

7) 아마인

열처리한 아마씨(*Linum usitatissimum Linne*)를 분쇄하여 만들어졌으며, 지표성분은 알파리놀렌산, 식이섬유, 리그난으로 100g당 각각 23g, 28g, 1.2~2.3g으로 표준화하였다. 아마인의 작용기전은 명확하지 않으나, 동물시험에서 아마인의 섭취는 혈중 총 콜레스테롤과 LDL-콜레스테롤 수준을 유의하게 낮출 수 있는 것으로 확인되었다. 혈청 콜레스테롤 수치가 높아(약 200mg/dl) 걱정하는 폐경기 여성을 대상으로 아마인 보충효과를 비교한 연구에서, 아마인은 혈액 중 총 콜레스테롤 수준을 유의하게 낮추는 것으로 확인되었다. 그러나 구체적으로 LDL-콜레스테롤 수준은 낮추고 HDL-콜레스테롤 수준은 높이는 지에 대해서는 일관성 있는 결과를 도출하지 못하였기 때문에 기타기능 Ⅱ로 기능성을 인정하였다. 하루섭취량은 아마인으로서 50g이다(이상 식품의약품안전처).

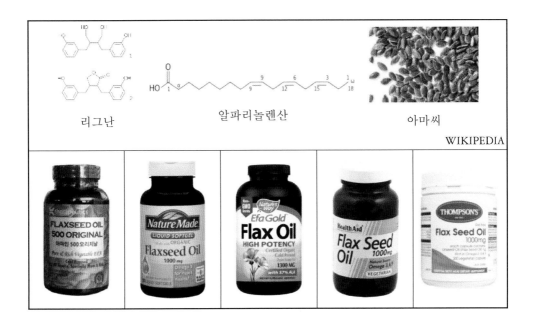

리그난   알파리놀렌산   아마씨

WIKIPEDIA

8) 알로에 추출물

알로에 추출물분말은 알로에 착즙액을 60℃로 가열하여 주정 추출한 후, 여과한 후, 감압 농축하여 만들어지며, 지표성분은 베타시토스테롤이고, 그 함량은 4% 이상 정도로 표준화하였다. 동물시험에서 총콜레스테롤, 중성지방, HDL-콜레스테롤 수치가 유의적으로 향상되는 것이 확인되었으나, 인체적용시험을 통하여 확인되지는 않았다. 따라서 혈중 콜레스테롤 수준의 개선에 도움을 줄 수도 있으나 아직은 과학적인 근거가 부족하다는 판단하에 기타기능 Ⅲ에 해당한다. 하루 섭취량은 알로에 추출물분말로서 210∼4,200㎎(베타시토스테롤로서 8.4∼168㎎)이다(이상 식품의약품안전처).

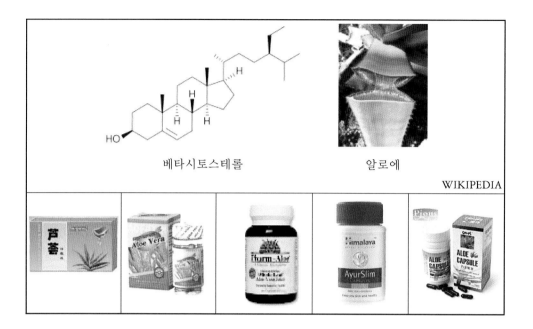

베타시토스테롤   알로에

WIKIPEDIA

9) 알로에 복합추출물

알로에 복합추출물분말은 알로에 착즙액을 60℃로 가열하여 주정추출한 후, 여과를 거쳐 감압 농축하여 만들어진 분말에 홍국을 혼합하여 만들어진다. 지표성분은 베타시토스테롤과 모나콜린 K이고, 그 함량은 각각 2%, 0.7% 이상 정도로 표준화하였다. 알로에 추출 분말은 알로에 추출물과 비슷한 결과로 동물시험에서 총 콜레스테롤, 중성지방, HDL-콜레스테롤 수치 개선에 도움을 줄 수 있음이 확인되었으나 인체시험 자료는 제출되지 않았으므로 기타기능 Ⅲ에 해당한다. 하루섭취량은 알로에 추출물분말로서 420∼1,680mg/day이다(이상 식품의약품안전처).

베타시토스테롤   알로에

WIKIPEDIA

10) 창녕양파 추출액

창녕양파 추출액은 기능성분 및 지표성분은 퀘르세틴(Quercentin)이며, 창녕양파 추출액(150㎖)에 20㎎이 포함되어 있다. 임상시험결과 혈중 콜레스테롤 감소, LDL-콜레스테롤 감소, HDL-콜레스테롤이 상승하여 혈중 콜레스테롤 개선효과가 검증되었다. 따라서 기타기능 Ⅱ에 해당하는 기능성을 인정받았으며, 하루섭취량은 창녕양파 추출액으로서 150㎖/day이다(이상 식품의약품안전처).

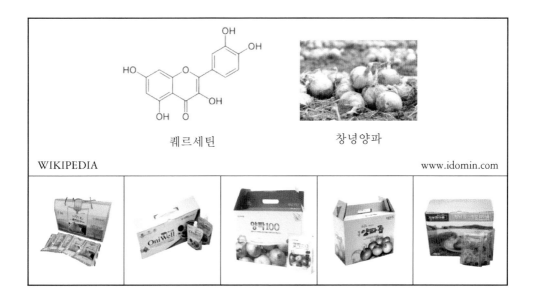

퀘르세틴

창녕양파

WIKIPEDIA

www.idomin.com

11) 홍국쌀

홍국쌀은 증기로 가열한 쌀에 붉은색을 띠는 누룩곰팡이(홍국균)를 배양 발효하여 건조한 것이다. 홍국의 주요성분은 붉은 색을 내는 모나콜린-K(Monacolin-k)로 알려져 있다. 모나콜린-K는 콜레스테롤의 대사과정을 억제하여 체내에 콜레스테롤을 만들지 못하게 하여 콜레스테롤 감소효과를 나타낸다. 따라서 기능성 원료로 인정되었으며, 하루섭취량은 총 모나콜린-K의 4~8㎎/day이다(이상 식품의약품안전처).

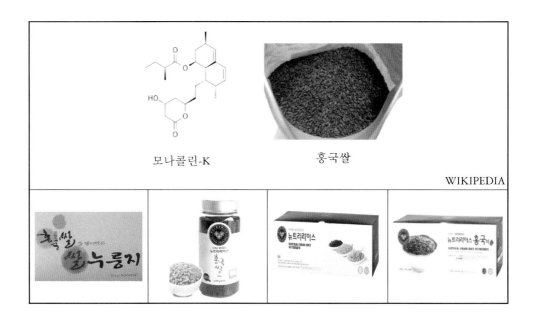

모나콜린-K　　　　　　홍국쌀

WIKIPEDIA

12) 씨폴리놀 감태주정 추출물

제주연안에 자생하는 감태에서 추출된 씨놀(Seanol) 성분은 혈중 콜레스테롤 개선에 도움을 줄 뿐만 아니라, 간 기능 개선과 항산화, 항염 기능이 있다고 알려져 있다. 따라서 씨폴리놀 감태주정 추출물은 생리활성기능 2등급에 해당하며, 하루 섭취량은 씨폴리놀 감태주정 추출물로서 72∼360mg/day이다(이상 식품의약품안전처).

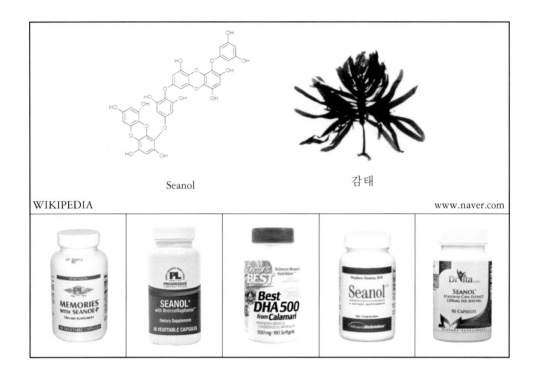

Seanol   감태

WIKIPEDIA   www.naver.com

19. 피로 개선

1) 발효생성아미노산 복합물

발효생성아미노산 복합물은 지구성 운동 시 피로 개선에 도움을 줄 수 있다고 판단하여 기타기능 Ⅱ에 해당한다. 하루섭취량은 발효생성아미노산 복합물로서 4.7~5.0g/day이다(이상 식품의약품안전처).

2) 홍경천 추출물

홍경천(*Rhodiola Rosea*)은 유럽과 아시아의 고산지대에 널리 분포되어 서식하는 식물이다. 홍경천의 유효성분에 의하여 골격근 내의 RNA 함량과 ATP 재합성 능력이 높아지는 것과 관계가 있으며 뇌 속의 매개물질의 매개 작용의 개선과도 관계가 있다. 이러한 작용을 통해 스트레스로 인한 피로개선에 도움을 줄 수 있다 하여 생리활성기능 2등급으로 인정받았다. 하루섭취량은 홍경천 추출물로서 200

~600mg/day이다(이상 식품의약품안전처).

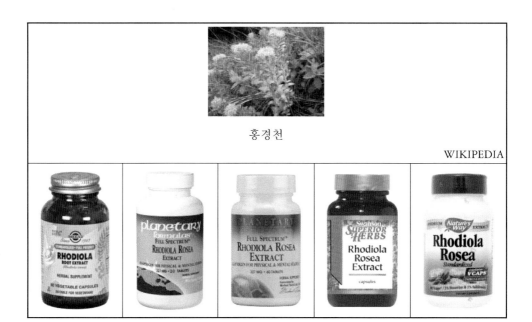

홍경천

20. 피부 건강

(1) 자외선에 의한 피부손상 개선

1) 소나무껍질 추출물 등 복합물

소나무껍질 추출물 등 복합물은 프랑스해안송껍질주정추출물, 비타민 C, 비타민 E 및 달맞이꽃 종자유를 혼합하여 만들어졌다. 사용된 원재료의 지표성분은 프로시아니딘, 비타민 C, 비타민 E, 감마리놀렌산으로 각각 2%, 53%, 6%, 3%로 표준화되었다. 피부주름은 자외선에 의해 발생된 활성산소가 피부의 콜라겐을 분해하는 효소(MMP, Matrix Metalloproteinase)를 활성화하고, TGF-β2 발현을 억제하여 교원질의 합성을 저하하므로 나타나게 된다. 동물시험에서 소나무껍질 추출물 등 복합물은 자외선 조사로 인한 콜라겐 분해와 교원질 합성 저하를 억제할 수 있다고 나타났으며, 보충효과 연구에서도 자외선으로 인한 피부주름이 감소되는 것으로 확인되었다. 따라서 소나무껍질 추출물 등 복합물은 기반연구와 인체 적용연구의 수가 충분하지는 않으나, 그 결과가 일관성 있으므로 기타기능 Ⅱ에 해당한다. 하루섭취량은 엘지(LG) 소나무껍질 추출물 등 복합물로서 1,130㎎이다 (이상 식품의약품안전처).

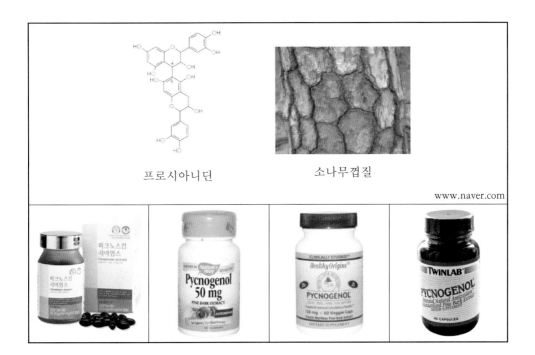

프로시아니딘   소나무껍질

www.naver.com

2) 홍삼·사상자·산수유 복합추출물

홍삼은 미백효과, 노화방지, 피부 청정 효과가 있다고 알려져 있으며, 사상자는 주름, 미백에 효과가 있으며, 종기나 가려움증이 유발되는 피부염에 효과가 탁월하다. 또한, 산수유는 피부 손상 방지효과, 상처치료 및 세포보호 활성, 세포증식 및 재생효과 신진대사를 통해 피부 영양공급에 효능이 있다. 따라서 홍삼·사상자·산수유 복합추출물은 햇볕 또는 자외선에 의한 피부손상으로부터 피부건강을 유지하는 데 도움을 줄 수 있다고 판단하여 기타기능 Ⅱ에 해당한다. 하루섭취량은 홍삼·사상자·산수유 복합추출물 기준으로 3g/day이다(이상 식품의약품안전처).

| 홍삼 | 산수유 | 사상자 |

(2) 피부보습

1) N-아세틸글루코사민

갑각류(게, 새우 등)의 껍질, 연체류(오징어, 갑오징어 등)의 뼈 등을 탈단백, 탈칼슘화한 키틴(N-아세틸글루코사민의 ß-1,4 결합 중합체)을 팽윤시켜 키토사나아제로 효소분해하여 탈염, 농축 여과, 건조하여 얻은 탈아세틸화되지 않은 단당류로 식용에 적합하도록 한다. 기능성분 또는 지표성분의 함량은 N-아세틸글루코사민이 950mg/g 이상 함유되어 있어야 한다. 피부보습에 도움을 주며, 하루섭취량은 1g/day이다(이상 식품의약품안전처).

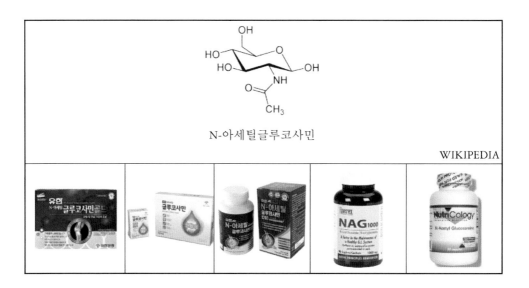

N-아세틸글루코사민

2) 히알루론산나트륨

히알루론산은 D-글루쿠론산과 N-아세틸글루코사민이 반복적으로 결합되어 구성된 원료로서 건강한 닭 벼슬을 효소로 사용하여 가수분해하여 만들어진다. 히알루론산의 원료는 히알루론산나트륨으로 존재하며 그 함량은 90% 이상으로 표준화하였다. 히알루론산은 수분 보유능력이 있는 다당체로서, 노화가 진행됨에 따라 감소되나 보충 섭취할 경우 증가될 수 있는 것으로 보고되었다. 건성피부에 대하여 히알루론산의 보충효과를 비교한 연구에서 피부의 건조 정도와 수분보유량 등을 개선시킬 수 있는 것으로 보고되어 피부 보습과 관련한 사항이 개선되는 것으로 확인되었다. 따라서 기반연구와 인체적용연구 결과가 일관성을 보여주고 있으나 근거자료의 수가 충분치 않으므로 생리활성기능 2등급에 해당한다. 하루 섭취량은 히알루론산나트륨 120㎎/day이다(이상 식품의약품안전처).

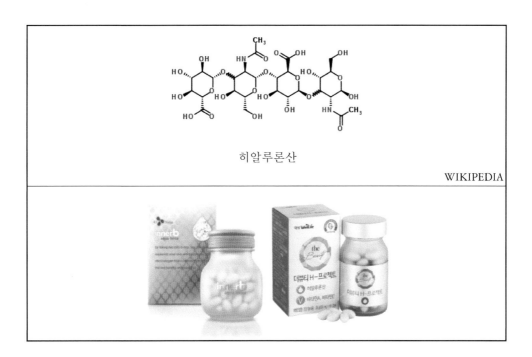

히알루론산

WIKIPEDIA

3) 쌀겨 추출물

쌀겨 추출물 기능성 원료로서 이용되고 있으며, 지표성분은 글루코실세라마이드(Glucosylcereamide)이다. 쌀겨추출물은 피부보습에 도움을 줄 수 있다고 인정되어 기타기능 Ⅱ에 해당하며 하루섭취량은 쌀겨추출물 10~34mg/day이다(이상 식품의약품안전처).

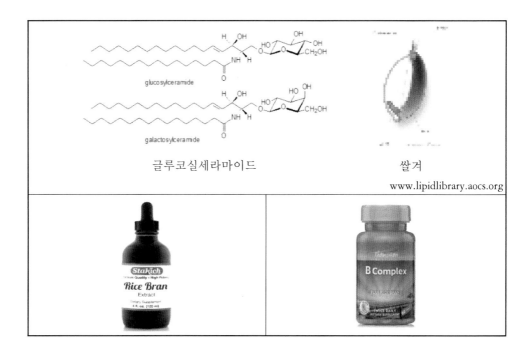

글루코실세라마이드   쌀겨

www.lipidlibrary.aocs.org

4) AP 콜라겐 효소분해 펩타이드

AP 콜라겐 효소분해 펩타이드는 피부 보습에 도움을 줄 수 있는 기능성 원료로 인정되어 기타기능 Ⅱ에 해당한다. 하루섭취량은 AP 콜라겐 효소분해 펩타이드로서 1,000~1,500mg/day이다(이상 식품의약품안전처).

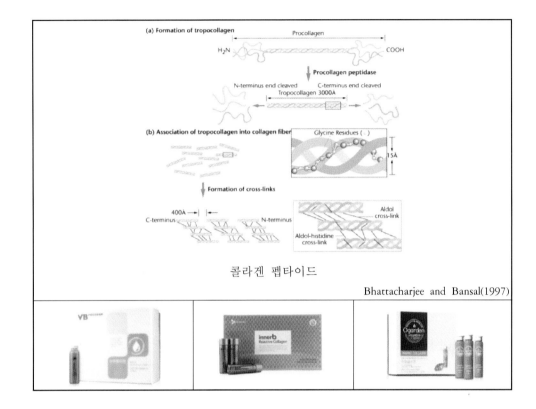

콜라겐 펩타이드

Bhattacharjee and Bansal(1997)

5) 지초 추출분말

지초(*Lithospermum erythrohizon* S. et Z.)는 여러해살이풀로 우리나라 전역에 야생하고 있다. 동물시험에서 지초 추출물은 피부손상 시 치료 및 보호 기능을 가지는 것으로 나타났다. 또한, 지초 추출분말은 피부보습에 도움을 줄 수 있는 기능성 원료로서 인정받아 기타기능 Ⅱ에 해당한다. 하루섭취량은 지초 추출분말로서 2.23g/day이다(이상 식품의약품안전처).

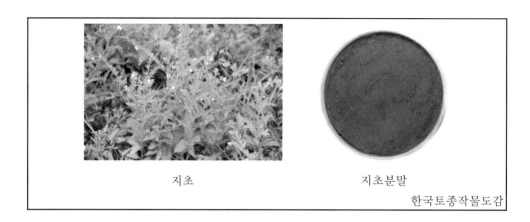

<table>
<tr><td>지초</td><td>지초분말</td></tr>
</table>

지초

지초분말

한국토종작물도감

6) 곤약감자 추출물

곤약감자 추출물은 곤약감자(*Amorphophallus konjac* K. Koch)를 주정으로 추출하여 만들어지며, 지표성분인 글루코실세라마이드(Glucosylceramide)는 2.3∼3.4% 정도로 표준화하였다. Glucosylceramide는 피부가 손상되거나 건조한 동물과 사람에게서 피부의 수분 양을 증가시키고 표피의 수분 손실량을 유의적으로 감소시키는 것으로 확인되었다. 또한, 건성 피부를 가진 사람을 대상으로 곤약감자 추출물의 보충효과를 비교한 연구에서는 피부의 건조 정도와 수분의 보유량 등을 개선시킬 수 있는 것으로 보고되어 피부 보습과 관련한 지표가 개선되는 것을 확인하였다. 따라서 피부 보습에 도움을 줄 수 있다고 판단하여 기능성을 인정하였다. 기반연구와 인체적용연구 결과가 일관성을 보여주고 있으나 근거자료의 수가 충분치 않으므로 기타기능 Ⅱ에 해당한다. 하루섭취량은 Glucosylceramide로서 1.2∼1.8mg/day이다(이상 식품의약품안전처).

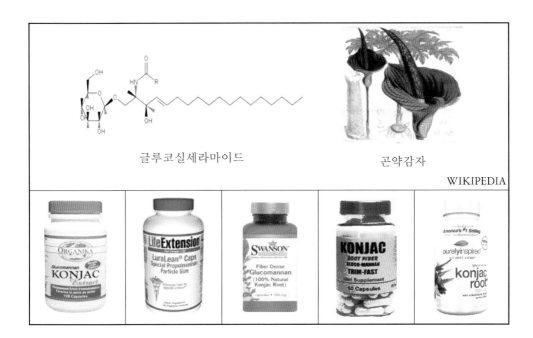

글루코실세라마이드 · 곤약감자

WIKIPEDIA

7) 민들레 등 복합추출물

민들레 등 복합추출물은 민들레, 유근피, 결명자 등의 복합추출물로서 인체시험을 통해 피부 수분 손실량이 유의적으로 감소하고, 피부 수분 함유량이 유의적으로 증가됨을 확인하였다. 따라서 피부보습에 도움을 줄 수 있는 기능성 원료로 인정되어 생리활성기능 2등급에 해당한다. 하루섭취량은 민들레 등 추출복합물로서 750mg/day이다(이상 식품의약품안전처).

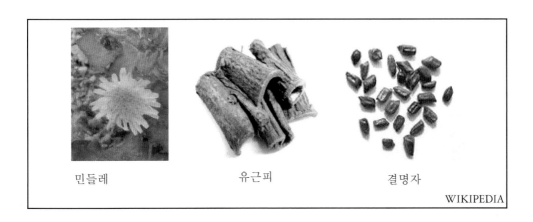

민들레 · 유근피 · 결명자

WIKIPEDIA

8) Collactive 콜라겐 펩타이드

Collactive 콜라겐 펩타이드는 피부 보습에 도움을 줄 수 있다고 기능성 원료로 인정되어, 생리활성기능 2등급에 해당한다. 하루섭취량은 Collactive 콜라겐 펩타이드로서 2g/day이다(이상 식품의약품안전처).

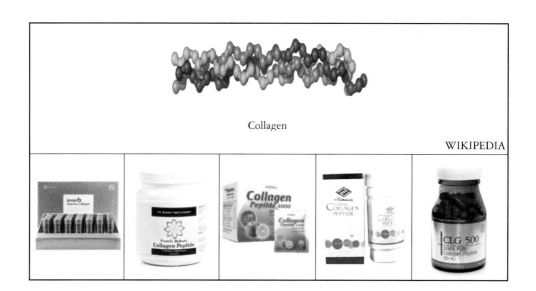

Collagen

WIKIPEDIA

9) 핑거루트 추출분말

핑거루트(*Boesenbergia pandurata*)는 열대 아시아 국가들에서 향신료나 질병치료 등에 민간요법으로 사용되었다. 핑거루트 추출분말은 자외선에 의한 피부손상으로부터 피부 건강을 유지하는 데 도움을 줄 수 있다. 따라서 핑거루트 추출분말은 기능성 원료로 인정되어, 생리활성기능 2등급에 해당한다. 하루섭취량은 핑거루트 추출분말로서 600mg/day이다(이상 식품의약품안전처).

핑거루트

21. 항산화 작용

1) 메론 추출물

PME-88 메론 추출물은 SOD성분이 풍부하기 때문에 산화스트레스로부터 인체를 보호하는 데 도움을 줄 수 있어 기타기능 Ⅱ에 해당한다. 하루섭취량은 SOD 활성으로서 500~1,000IU/day이다. 섭취 시 주의사항은 밀 단백질에 알레르기가 있는 사람은 섭취에 주의해야한다(이상 식품의약품안전처).

메론

2) 비즈왁스 알코올

비즈왁스 알코올은 활성산소가 위 세포 단백질과 지질 결합력을 약하게 만들고 파괴시켜 위산이나 점액이 정상적으로 분비되지 못하게 하는 작용에 특화된 건강기능성 원료다. 따라서 비즈왁스 알코올은 항산화에 도움을 줄 수 있다 하여 생리활성기능 2등급에 해당한다. 하루섭취량은 비즈왁스 알코올로서 50mg/day이다(이상 식품의약품안전처).

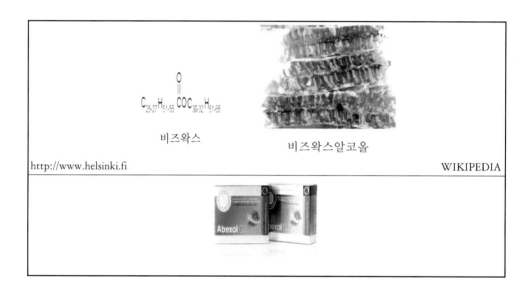

3) 코엔자임Q10

아그로박테륨 투메파시엔스(*Agrobacterium tumefaciens*), 파라콕커스 데니트리피칸스(*Paracocus denitrificans*), 슈도모나스 애투지노사(Pseudomonas aeruginosa) 등을 헥산, 아세톤, 이소프로필알코올, 초산에틸로 추출하고 이를 농축 또는 정제하여 식용에 적합하도록 제조하였다. 기능성분 또는 지표성분의 함량은 코엔자임Q10이 980mg/g 이상 함유되어 있어야 한다. 코엔자임Q10은 항산화에 도움을 줄 수 있으며, 하루섭취량은 코엔자임Q10으로서 90~100mg/day이다(이상 식품의약품안전처).

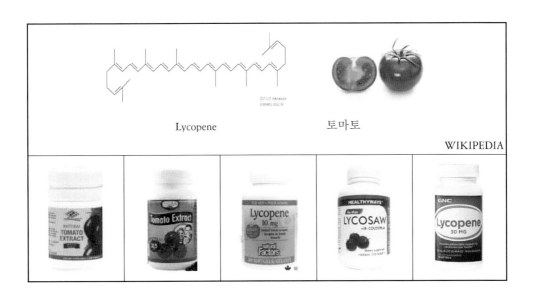

Coenzyme Q10

WIKIPEDIA

4) 토마토 추출물

토마토 추출물은 항산화에 도움을 줄 수 있는 기능성 원료로 인정되어 생리활성 기능 2등급에 해당한다. 섭취 시 주의사항은 라이코펜이 함유된 식품을 과량 섭취 시 피부색이 오렌지색으로 변할 수 있다. 또한, 하루섭취량은 (all-trans)-lycopene 5.7~15mg/day이다(이상 식품의약품안전처).

Lycopene　　　　토마토

WIKIPEDIA

5) 포도종자 추출물

(주)에이치에프푸드의 '끼꼬망 포도종자 추출물'과 (주)네추럴 F&P의 포도종자 추출물은 인체의 항산화능 증진에 도움을 줄 수 있어 생리활성기능 2등급에 해당한다. 하루섭취량은 포도종자 추출물로서 200~300mg/day이다(이상 식품의약품안전처).

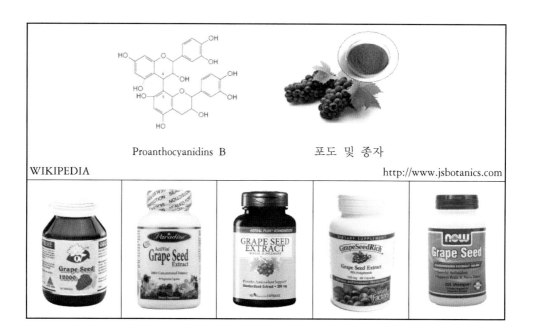

Proanthocyanidins B   포도 및 종자

WIKIPEDIA   http://www.jsbotanics.com

6) 프랑스 해안송껍질 추출물

피크노제놀은 프랑스 해안송(Pinus pinaster)껍질을 주정을 이용하여 연속추출하고 농축하여 막여과 분리한 후 건조하여 만들어진다. 기능성분은 프로시아니딘으로 60~80% 정도로 표준화하였다. 피크노제놀은 시험관 시험 및 동물시험에서 유리라디칼과 지질과산화물이 감소되는 것이 확인되었으며, 항산화 관련 효소의 활성이 증가하는 것이 확인되었다. 피크제놀을 섭취시켰을 때, 실제로 건강한 사람은 항산화 활성이 증가하였고, 흡연자는 혈소판 응집이 감소되는 것이 확인되었다. 인체에 유해한 활성산소 제거와 혈소판응집을 억제하는 데 도움을 줄 수 있다고 인정하였다. 기능성 등급은 기반연구의 수는 충분하지는 않으나, 인체적용연구의 수가 충분하고 결과가 일관성 있으므로 기타기능 Ⅱ에 해당한다. 하루섭취량은 피크노제놀로서 100~300mg/day이다(이상 식품의약품안전처).

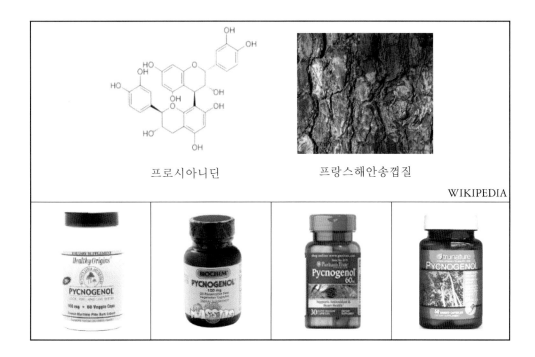

프로시아니딘   프랑스해안송껍질

WIKIPEDIA

7) 고농축녹차 추출물

녹차잎을 물 또는 주정(물·주정 혼합물 포함), 초산에틸로 추출 후 여과하여 식용에 적합하도록 한다. 기능성분 또는 지표성분의 함량은 카테킨을 200mg/g 이상 함유하고 있어야 한다. 카테킨은 에피갈로카테킨 [(-)-epigallocatechin EGC], 에피갈로카테킨갈레이트[(-)-epigallocatechin gallate, EGOB], 에피카테킨[(-)-epicatechin, EC] 및 에피카테킨갈레이트[(-)-epicatechin gallate, ECG] 합계 양으로 환산하여 4가지 카테킨이 모두 확인되어야 한다. 제조 시 유의 사항은 카페인 함량이 50,000mg/kg 이하여야 한다. 녹차 추출물은 항산화에 도움을 줄 수 있고, 하루섭취량은 카테킨으로서 0.3~1g/day이다(이상 식품의약품안전처).

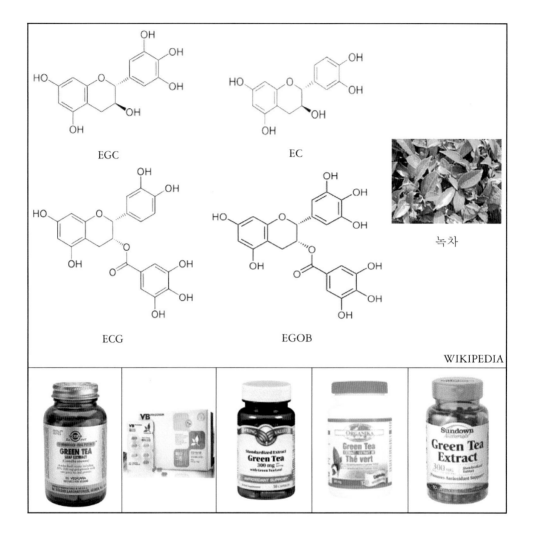

EGC

EC

ECG

EGOB

녹차

22. 혈당 조절

1) 구아바잎 추출물

구아바잎(*Psidium gujava*)을 열수로 추출하여 여과, 농축하여 제조하였다. 기능성분 또는 지표성분의 함량은 총 폴리페놀이 250~450mg/g이 함유되어 있어야 한다. 체내에서 α-amylase, maltase, sucrase의 활성에 관여하여 혈당을 조절하므로 생리활성기능 2등급에 해당한다. 하루섭취량은 총 폴리페놀로서 120mg/day이다(이상 식품의약품안전처).

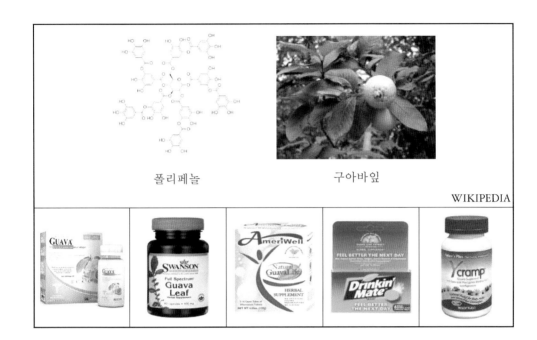

<table>
<tr><td>폴리페놀</td><td>구아바잎</td></tr>
</table>

WIKIPEDIA

2) 난소화성 말토덱스트린

옥수수전분을 가열하여 얻은 배소덱스트린을 α-amylase(*Bacillus subtilis* 또는 *Bacillus licheniformis* 유래) 및 Amyloglucosidas(*Aspergillus niger* 유래)로 효소분해하고 정제한 덱스트린 중에 난소화성 성분을 분획하여 식용에 적합하도록 한다. 기능성분 또는 지표성분의 함량은 식이섬유 850mg/g 이상, 액상인 경우 580mg/g 이상이어야 한다. 하루섭취량은 난소화성 말토덱스트린 식이섬유로서 11.9~30g/day, 액상은 11.6~44g/day이다(이상 식품의약품안전처).

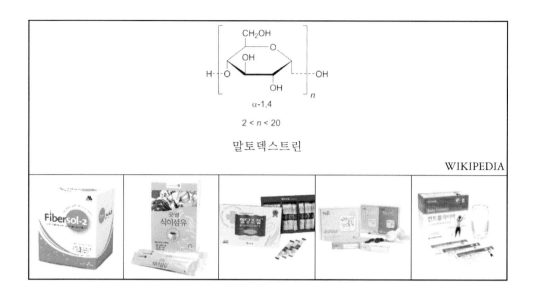

말토덱스트린

α-1,4

$2 < n < 20$

3) 동결건조 누에분말

동결건조 누에분말은 혈당조절에 도움을 줄 수 있다 하여 기타기능 Ⅱ에 해당한다. 당뇨병의 치료 및 예방에는 사용될 수 없으므로 치료가 필요한 경우에는 의사와 상담하에 사용하여야 한다. 하루섭취량은 동결건조 누에분말 2.7g/day이다 (이상 식품의약품안전처).

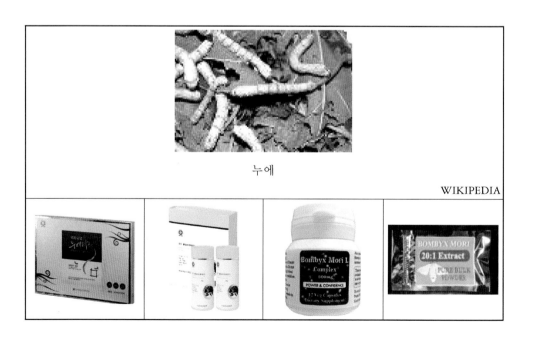

누에

4) 마주정 추출물

마주정 추출물은 혈당조절에 도움이 될 수 있어 기능성 원료로 인정받았다. 그러나 인체적용시험이 미흡하므로 기타기능 Ⅲ에 해당한다. 하루섭취량은 마주정 추출물로서 900mg/day이다(이상 식품의약품안전처).

5) 솔잎증류 농축액

솔잎증류 농축액은 적송(*Pinus densiflora*)의 솔잎을 수증기로 증류하여 만들어진다. 지표성분은 3-carene, Limonene과 Terpinolene로 정하였으며, 각각의 함량은 12%, 8%, 17.5% 이상이 되도록 표준화하였다. 솔잎증류 농축액은 동물시험에서 인슐린 수준에는 영향을 미치지 않고 공복혈당을 개선하는 것으로 관찰되었다. 이러한 결과를 바탕으로 솔잎증류 농축액은 인슐린 민감성에는 관여하지 않으며 당의 흡수에 영향을 미치는 것으로 추정된다. 인체적용 연구에서는 실제로 혈당이 약간 높은 사람을 대상으로 솔잎증류 농축액의 보충효과를 비교한 결과, 솔잎증류농축액은 공복혈당 개선에 도움이 될 수 있음이 확인되었다. 따라서 혈당의 유지에 도움을 줄 수 있다고 기능성을 인정하였고, 기반연구와 인체적용연구의 수가 충분하지는 않으나, 그 결과가 일관성 있으므로 기타기능 Ⅱ에 해당한다. 하루섭취량은 솔잎증류 농축액으로서 1,350mg/day이다. 기관지 천식, 해소 기침이나 기도에 심한 염증이 있는 사람은 사용을 자제하는 것이 바람직하다(이상 식품의약품안전처).

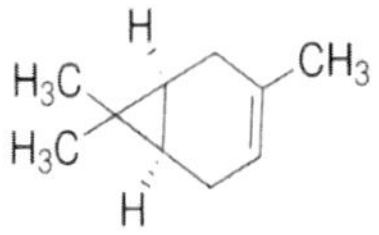

3-carene 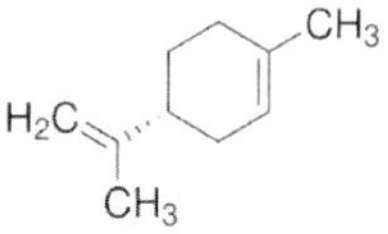 / Limonene 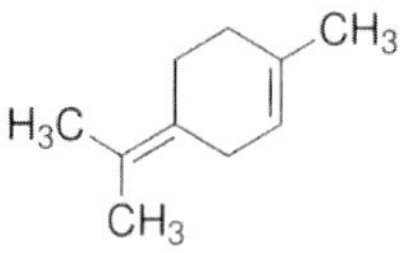 / Terpinolene  / 적송

SIGMA ALDRICH

WIKIPEDIA

6) 알부민

참밀알부민은 소맥분에서 알부민을 분리하여 만들어진다. 지표성분은 0.19-알부민으로 함량은 25~35%가 되도록 표준화하였다. 음식으로 섭취한 전분은 α-amylase로 소화된 후 흡수된다. 동물시험에서 19-알부민은 α-amylase의 효소활성을 저해하므로 전분의 소화·흡수를 느리게 하여 식후 혈당상승을 완화시킬 수 있는 것으로 관찰되었다. 참밀알부민의 보충효과를 비교한 인체적용연구에서도 식후 혈당의 상승속도를 느리게 하는 데 도움이 될 수 있다고 확인되었다. 따라서 급격한 식후 혈당상승을 억제하는 데 도움을 줄 수 있다고 인정하였으나, 섭취 시의 기능성을 확인할 수 없으므로 기타기능 Ⅱ에 해당한다. 하루섭취량은 참밀알부민으로서 1.2~1.5g이다. 소맥에 알레르기 체질인 사람은 섭취에 주의하여야 한다(이상 식품의약품안전처).

| 알부민 | 참밀 |

7) 인삼 가수분해 농축액

인삼 가수분해 농축액은 혈당조절에 도움을 줄 수 있다 하여 기타기능Ⅱ에 해당한다. 인삼 가수분해 농축액은 당뇨치료에, 혈액항응고제 복용 시 섭취에 주의하도록 한다. 하루섭취량은 960mg/day이다(이상 식품의약품안전처).

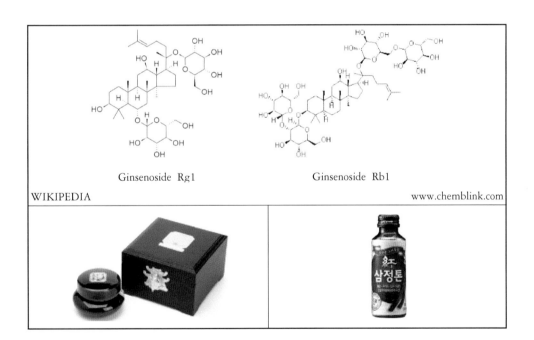

| Ginsenoside Rg1 | Ginsenoside Rb1 |

8) 지각상엽 추출 혼합물

지각상엽 추출 혼합물은 혈당 조절에 도움을 줄 수 있다고 기능성 원료로 인정하여 기타기능 Ⅱ에 해당한다. 하루섭취량은 지각상엽 추출 혼합물로서 2.8g/day이다(이상 식품의약품안전처).

지각	상엽

식약처 생약종합정보시스템

9) 쥐눈이콩 펩타이드 복합물

쥐눈이콩(서목태) 펩타이드는 혈당 조절에 도움을 줄 수 있다고 기능성 원료로 인정하여 생리활성기능 2등급에 해당한다. 하루섭취량은 쥐눈이콩 펩타이드로서 4.5g/day이다(이상 식품의약품안전처).

쥐눈이콩(서목태)

네이버 지식백과

10) 콩발효 추출물

콩발효 추출물은 콩(Glycine max.)을 *Aspergilus oryzea*로 발효시킨 후 열수 추출한다. 본 원료는 Tris[2-Amino-2-(hydroxymethyl)-1, 3-propanedio]와 α-Glucosidase의 활성 억제 능(IC50) 0.018~0.1mg/ml로 표준화하였다. 전분을 섭취하면 소장에서 α-Glucosidase 가 전분을 분해하여 모두 포도당으로 만들어져서 흡수된다. 콩발효 추출물에 함 유된 Tris는 α-Glucosidase 효소의 활성을 저해하여 당의 흡수를 억제시켜 주는 것 을 기반연구를 통해 확인하였다. 콩발효 추출물의 보충효과를 비교한 인체적용연 구에서 식후의 혈당이 감소되는 것이 확인되었으며, 장기간 섭취 시에는 공복혈당 및 당화혈색소가 감소하는 것이 확인되었다. 따라서 콩발효 추출물은 기반연구와 인체적용연구의 수가 충분하지는 않으나, 그 결과가 일관성 있으므로 기타기능 Ⅱ에 해당한다. 하루섭취량은 콩발효 추출물로서 900㎎/day이다(이상 식품의약품안전처).

콩

Aspergilus oryzea

WIKIPEDIA

11) 타가토스

타가토스는 갈락토스(Galactose)의 이성질체이며 과일, 우유, 치즈 등에 존재하는 천연 당류이다. 타가토스는 장에서 탄수화물이 포도당으로 분해되는 것을 감소시켜 흡수를 억제하고, 간에서는 포도당을 글리코겐으로 빠르게 전환시켜 주어 식후 혈중 포도당 수치를 감소시키고 혈당 상승을 억제해 준다. 따라서 식후 혈당 조절에 도움을 준다하여 기타기능 Ⅱ에 해당한다. 하루섭취량은 D-tagatose로서 5~7.5g/day이다(이상 식품의약품안전처).

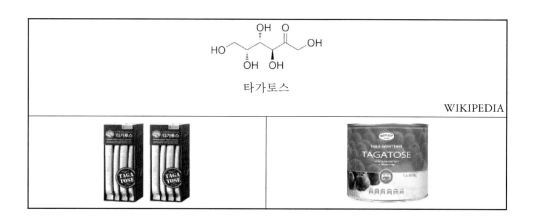

타가토스

12) 탈지달맞이꽃 종자 추출물

달맞이꽃(*Oenothera biennis*)의 씨에서 지방을 제거한 후 주정으로 추출하여 제조한다. 달맞이꽃에 함유한 α-glucosidase의 효소활성을 저해하여 전분의 소화 흡수를 느리게 하여 식후 혈당상승을 완화한다. 따라서 당의 흡수를 억제하여 식후 혈당 상승 억제에 도움을 준다하여 생리활성기능 2등급에 해당한다. 하루섭취량은 탈지달맞이꽃 종자주정 추출물로서 200~300mg/day이다(이상 식품의약품안전처).

달맞이꽃

13) 피니톨

피니톨은 캐롭 빈 포드를 물로 추출하여 효모 처리한 후, 주정으로 농축하여 결정화하여 만들어진다. 기능성분은 피니톨로 95% 이상으로 표준화하였다. 피니톨은 당뇨를 유도시킨 여러 동물모델에서 혈당조절 기능이 확인되었으나 피니톨의 기능성이 건강기능식품에 적합한 사람을 대상으로 한 인체시험을 통하여 확인되지는 않았다. 따라서 동물시험에서 혈당 조절에 도움을 줄 수 있는 것으로 확인되었으나 인체시험 자료는 제출되지 않았으므로 기타기능 III에 해당한다. 하루섭취량은 피니톨로서 1.2g/day이다(이상 식품의약품안전처).

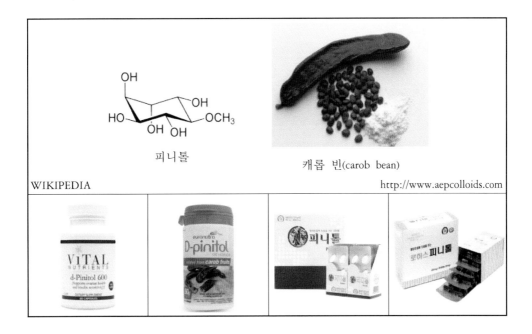

피니톨

캐롭 빈(carob bean)

WIKIPEDIA

http://www.aepcolloids.com

14) 홍경천 등 복합추출물

홍경천 등 복합추출물은 홍경천(Rhodiola rosea) 근부의 주정추출물과 계피(Cinnamomum cassia, Cinnamon bark)의 열수 추출물을 각각 제조하여 홍경천추출물을 88.9%, 계피추출물을 11.1%의 비율로 혼합하여 만들어진다. 지표성분은 살리드로사이드와 계피산이고 그 함량은 각각 1.5%, 0.2% 정도로 표준화하였다. 홍경천등 복합 추출물은 당뇨를 유도시킨 동물모델에서 공복혈당, 내당능 등이 향상되는 것이 확인되었다. 따라서 동물시험에서 혈당 조절에 도움을 줄 수 있음이 확인되었으나 인체시험 자료는 제출되지 않았으므로 기타기능 Ⅲ에 해당한다. 하루섭취량은 홍경천 등 복합추출물로서 900㎎/day이다(이상 식품의약품안전처).

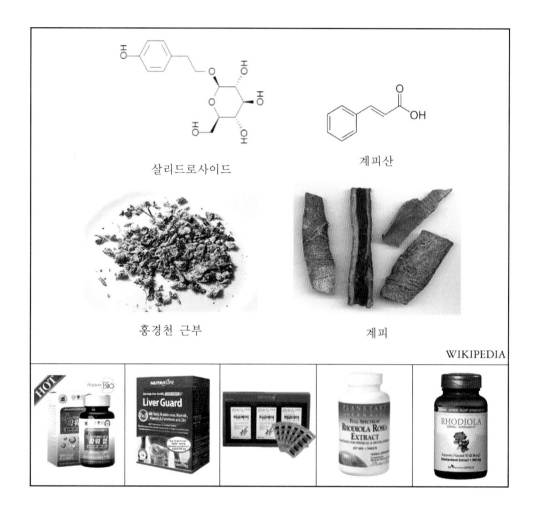

살리드로사이드

계피산

홍경천 근부

계피

WIKIPEDIA

15) Nopal 추출물

Nopal은 선인장 종류 중 한 가지로서 *Opuntia*종이며, 식용 및 약용식물로 사용되어 왔다. Nopal 추출물은 식후 혈당 조절에 도움을 줄 수 있다는 기능성 원료로 인정되어 기타기능 Ⅲ에 해당한다. 하루섭취량은 수용성 식이섬유로서 4.3g/day이다(이상 식품의약품안전처).

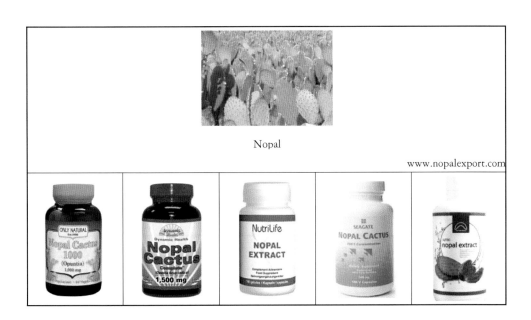

Nopal

www.nopalexport.com

16) 실크단백질 효소 가수분해물

실크단백질 효소 가수분해물은 누에고치에 단백질 가수분해효소를 이용하여 제조한다. 위와 같은 재료는 혈당조절에 도움을 주지만 관련 인체적용시험이 미흡하여 생리활성기능 3등급에 해당한다. 하루섭취량은 실크단백질 효소 가수분해물로서 6g/day이다(이상 식품의약품안전처).

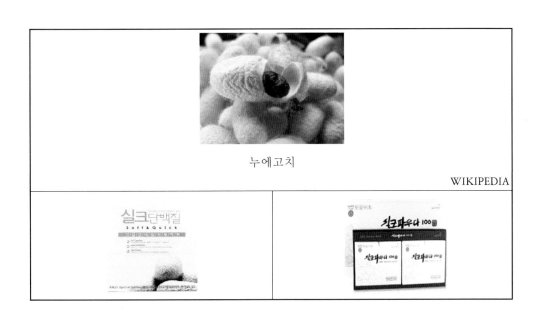

누에고치

WIKIPEDIA

23. 혈압 조절

1) 가쯔오부시 올리고펩타이드

가쯔오부시 올리고펩타이드는 가쯔오부시를 분쇄하여 물을 첨가 후, 가열하여 Thermolysin을 이용하여 효소 분해하여 만들어진다. 지표성분은 [Leu-Lys-Pro-Asn-Met] 5개의 아미노산으로 구성된 펩타이드로 0.34% 함량으로 표준화하였다. 가쯔오부시 올리고펩타이드는 체내에서 안지오텐신 I 변환효소의 활성을 낮추어주어 혈압을 낮추는 작용을 한다. 동물실험에서 고혈압을 유발시킨 동물에 가쯔오부시 올리고펩타이드를 섭취시켰을 때, 혈압이 유의적으로 감소되는 것이 관찰되었다. 인체적용연구에서도 실제로 혈압이 높아 걱정하는 성인을 대상으로 가쯔오부시 올리고펩타이드의 보충효과를 비교한 경우, 혈압을 낮추는 데 도움을 줄 수 있는 것으로 확인되었다. 상기와 같은 확보된 자료의 결과는 일관성 있으나 기반연구와 인체적용연구의 수가 충분하지 않아 기타기능 II에 해당한다. 하루섭취량은 가쯔오부시 올리고펩타이드로서 1.5g/day이다(이상 식품의약품안전처).

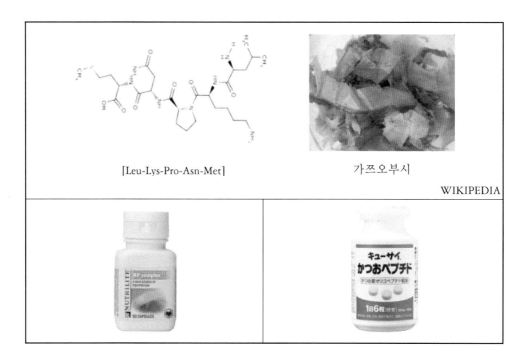

[Leu-Lys-Pro-Asn-Met]　　　　　　가쯔오부시

WIKIPEDIA

2) 연어 펩타이드

연어 펩타이드는 혈압이 높은 사람에게 도움을 줄 수 있다 하여 기능성 원료로 인정받아 기타기능 Ⅱ에 해당한다. 하루섭취량은 연어 펩타이드로서 2g/day이다. 임산부, 수유부는 섭취를 삼가야 하며, 어린이, 노인, 신부전 환자, 혈압약 복용자의 경우 섭취 시에 의사와 상담하여야 한다(이상 식품의약품안전처).

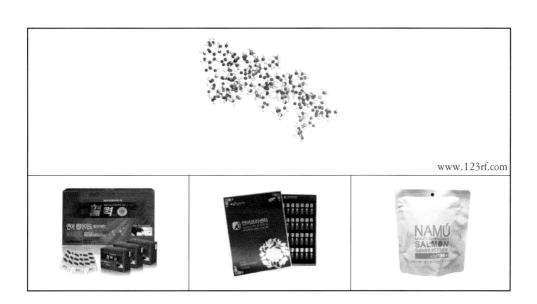

3) 올리브잎 추출물

올리브(*Olea equtopaea*)의 잎을 주정으로 추출하여 제조한다. 동물실험에서 고혈압이 유발된 쥐에 올리브잎 주정 추출물 EFLA943을 섭취시키면 혈압 감소, Oleuropein이 심장근육의 수축과 혈관 확장을 조절하여 혈압 조절에 관여한다. 따라서 건강한 혈압의 유지에 도움을 줄 수 있다 하여 생리활성기능 2등급에 해당한다. 하루섭취량은 신청원료로서 500~1,000mg/day, Oleuropein으로서 90~180mg/day이다(이상 식품의약품안전처).

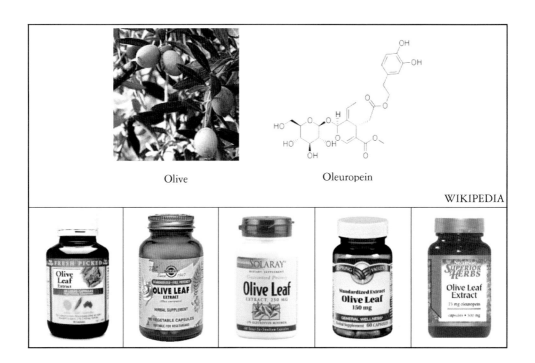

Olive   Oleuropein

WIKIPEDIA

4) 정어리 펩타이드

정어리 펩타이드는 정어리 육질의 단백질을 효소 분해하여 만들어진다. 지표성분은 다이펩타이드인 바릴티로신(Val-Tyr)이며 0.05% 수준으로 표준화되었다. 바릴티로신은 레닌-안지오텐신계에서 안지오텐신I 변환효소를 저하시켜 혈압을 낮추는 것으로 작용기전이 제안되고 있다. 혈압이 높아 걱정하는 성인(수축기 혈압 130~150, 확장기 혈압 80~94)을 대상으로 정어리 펩타이드 보충효과를 비교한 연구에서는 혈압을 정상수준까지 낮추는 데 도움이 된다는 것을 확인하였다. 그러나 혈압이 정상인 경우에는 유의한 혈압의 변동이 없는 것으로 확인되었다. 따라서 혈압을 건강한 수준으로 유지하는 데 도움을 줄 수 있다 하여 기능성을 인정하였지만, 기반연구과 인체적용연구의 수가 부족하여 기타기능 Ⅱ에 해당한다. 하루섭취량은 바릴티로신으로서 250~400㎍/day이다(이상 식품의약품안전처).

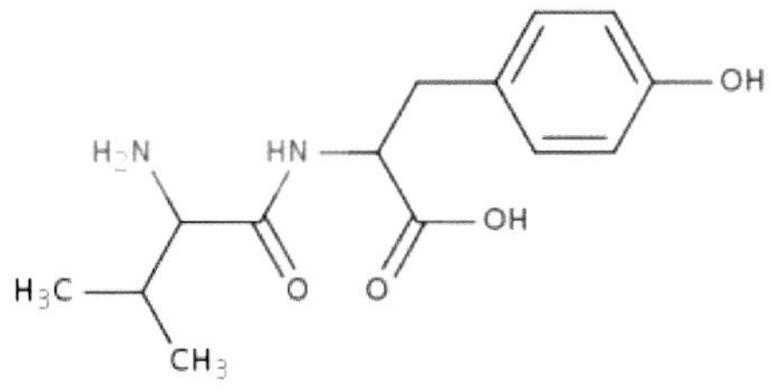

바릴티로신

WIKIPEDIA

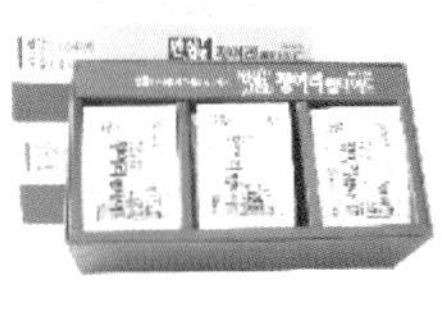

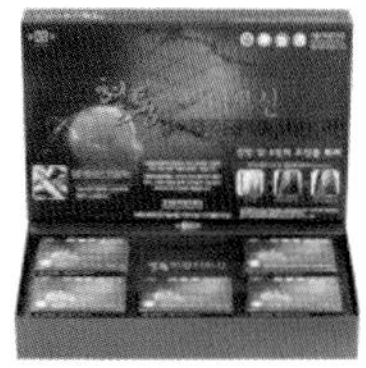

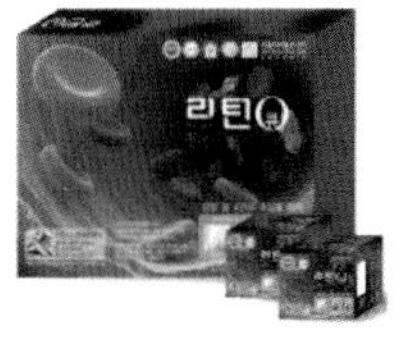

5) 카제인 가수분해물

카제인 가수분해물은 우유 단백질인 카제인을 열처리 한 후, pancreatic trypsin으로 효소 분해하여 만들어진다. 지표성분은 [Phe-Phe-Ala-Pro-Glu-Val-Phe-Gly-Lys] 12개의 아미노산으로 구성된 펩타이드로 5～6% 함량으로 표준화하였다. 카제인 가수분해물은 체내에서 안지오텐신 Ⅰ 변환효소의 활성을 낮추어주어 혈압을 낮추는 것으로 작용기전이 제안되고 있다. 고혈압을 유발시킨 동물에 카제인 가수분해물을 섭취시켰을 때, 혈압이 유의적으로 감소되는 것이 관찰되었다. 실제로 혈압이 높아 걱정하는 성인을 대상으로 카제인 가수분해물의 보충효과를 비교한 인체적용연구에서, 카제인 가수분해물의 보충은 혈압을 낮추는 데 도움을 줄 수 있는 것으로 확인되었다. 카제인 가수분해물은 상기와 같이 확보된 자료의 결과는 일관성 있으나 기반연구와 인체적용연구의 수가 충분하지 않으므로 기타기능 Ⅱ에 해당한다. 하루섭취량은 카제인 가수분해물로서 4,000mg/day이다(이상 식품의 약품안전처).

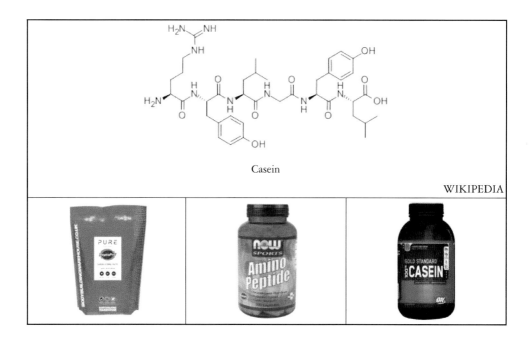

Casein

WIKIPEDIA

6) 코엔자임Q10

아그로박테륨 투메파시엔스(*Agrobacterium tumefaciens*), 파라콕커스 데니트리피칸스(Pancreatic trypsin), 슈도모나스 애투지노사(*Pseudomonas aeruginosa*) 등을 헥산, 아세톤, 이소프로필알코올, 초산에틸로 추출하고 이를 농축 또는 정제하여 식용에 적합하도록 제조하였다. 기능성분 또는 지표성분의 함량은 코엔자임Q10이 980㎎/g 이상 함유되어 있어야 한다. 코엔자임은 높은 혈압의 감소에 도움을 줄 수 있으며, 하루섭취량은 코엔자임Q10으로서 90～100㎎/day이다(이상 식품의약품안전처).

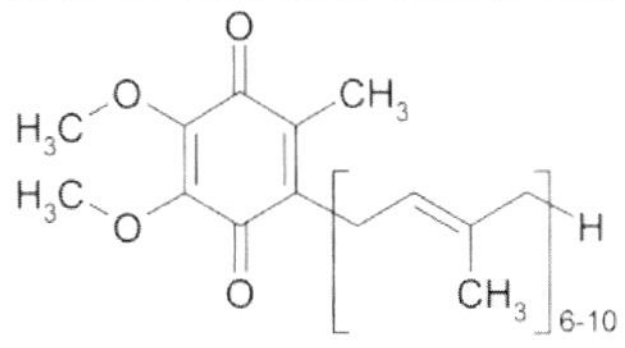

Coenzyme Q10

WIKIPEDIA

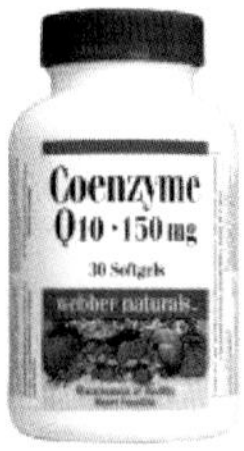

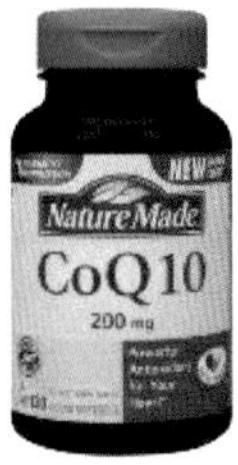

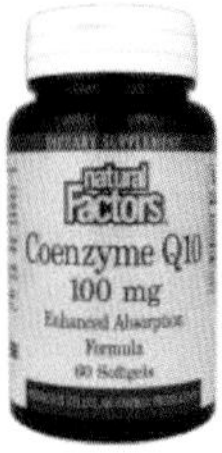

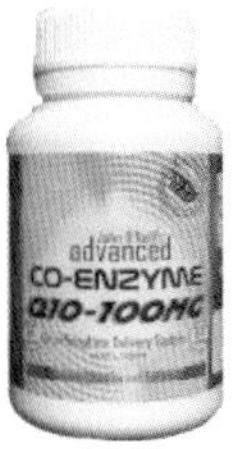

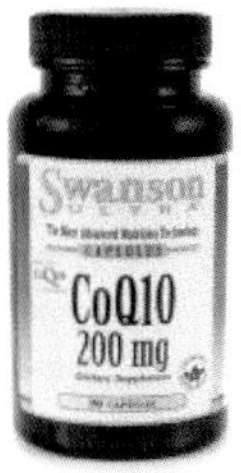

7) 해태올리고펩티드

해태올리고펩티드는 혈압조절에 도움을 줄 수 있으므로 기타기능 Ⅱ에 해당한다. 하루섭취량은 해태올리고펩티드로서 1.6g/day이다. 해태올리고펩티드는 해조식섭취에 주의해야 하는 사람은 섭취를 삼가는 것이 좋다(이상 식품의약품안전처).

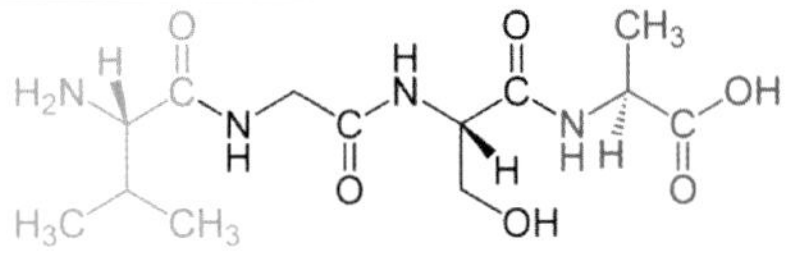

올리고펩티드(Oligopeptide)

WIKIPEDIA

8) L–글루타민산 유래 GABA 함유 분말

L-글루타민산 유래 GABA 함유분말은 혈압이 높은 사람에게 도움을 줄 수 있어 기타기능 Ⅱ에 해당한다. 하루섭취량은 GABA 기준으로 20mg/day이다(이상 식품의약품안전처).

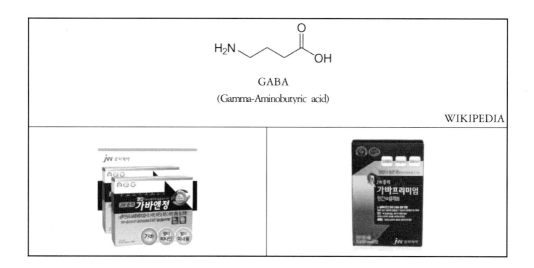

GABA
(Gamma-Aminobutyric acid)

WIKIPEDIA

9) 나토균 배양분말

나토균 배양분말은 혈압이 높은 사람에게 도움을 줄 수 있으므로, 생리활성기능 2등급에 해당한다. 하루섭취량은 나토균 배양분말로서 100㎎/day이다. 나토균 배양분말은 대두에 알레르기를 나타내는 사람, 임산부, 수유부, 혈액항응고제 복용자, 수술 전·후의 경우 섭취에 주의한다(이상 식품의약품안전처).

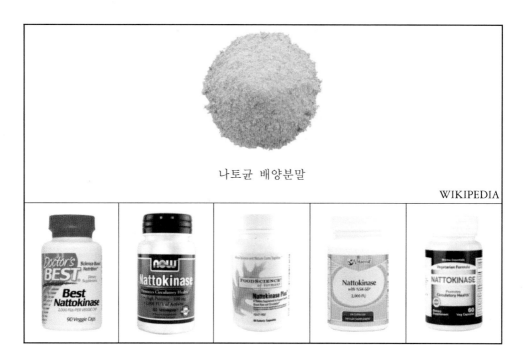

나토균 배양분말

WIKIPEDIA

24. 혈중중성지방 개선

1) 글로빈 가수분해물

글로빈 가수분해물은 식후 혈중 중성지방 개선에 도움을 줄 수 있다 하여 생리활성기능 2등급에 해당한다. 하루섭취량은 가수분해물로서 1g/day이다. 영유아, 어린이, 임산부, 수유부, 높은 혈당 및 당뇨환자는 섭취 시 주의해야 하며, 식사와 함께 섭취하도록 한다(이상 식품의약품안전처).

2) 식물성유지 디글리세라이드

식물성유지 디글리세라이드는 다른 식용유와 비교하였을 때 식후 혈중 중성지방의 증가가 적을 수 있다고 하여 기타기능 Ⅱ에 해당한다. 하루섭취량은 일반 식용유 섭취방법과 동일하다(이상 식품의약품안전처).

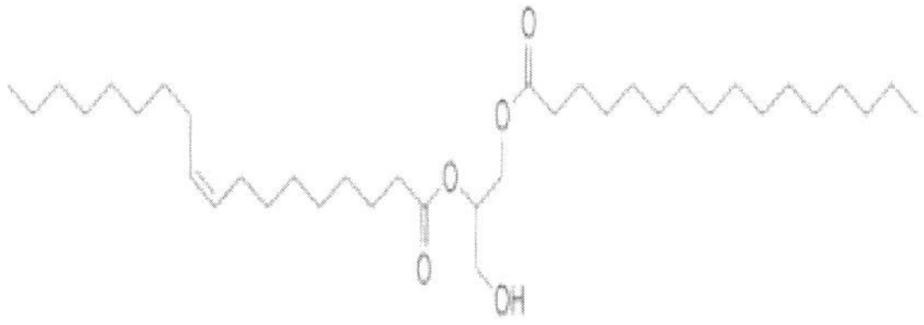

Diglyceride

WIKIPEDIA

3) 정제 오징어유

정제 오징어유는 혈중 중성지질 개선에 도움을 줄 수 있다 하여 기능성 원료로 인정되어 기타기능 Ⅱ에 해당한다. 하루섭취량은 DHA+EPA 0.5~2g/day이다(이상 식품의약품안전처).

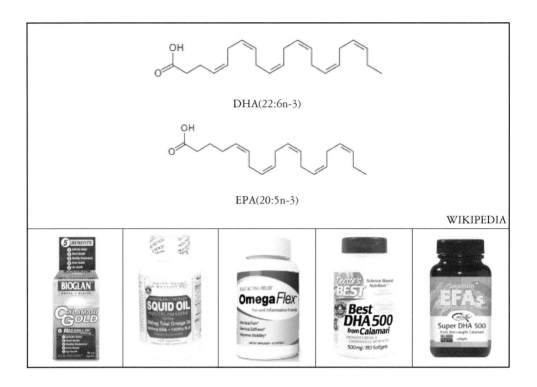

DHA(22:6n-3)

EPA(20:5n-3)

WIKIPEDIA

4) 정어리 정제어유

정어리 정제어유는 혈중중성지방에 도움이 된다하여 기능성 원료로 인정받았다. 하루섭취량은 DHA+EPA함으로써 500~2,000mg/day이다(이상 식품의약품안전처).

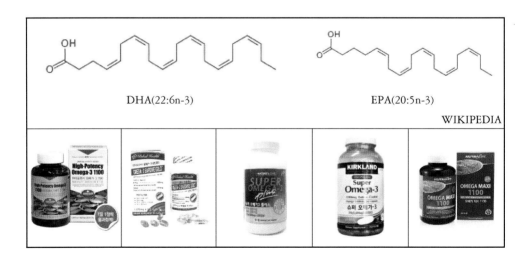

DHA(22:6n-3)   EPA(20:5n-3)

WIKIPEDIA

5) DHA 농축유지

DHA 농축유지는 혈중 중성지질에 도움을 줄 수 있다 하여 생리활성기능 2등급에 해당한다. 하루섭취량은 DHA 농축유지 0.9~5.3g/day, DHA+EPA 0.5~2.0g/day 이다(이상 식품의약품안전처).

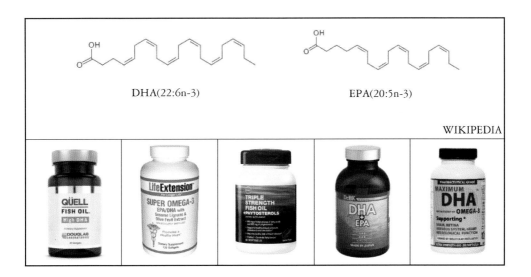

25. 혈행 개선

1) 나토 배양물

HK나토 배양물은 인체시험 연구를 통해 혈소판 응집억제를 통한 혈행 개선이 확인되었다. 따라서 혈액순환을 방해하는 혈액응고물의 생성을 억제하여 혈액순환 개선에 도움을 줄 수 있다 하여 기타기능 Ⅱ에 해당한다. 하루섭취량은 HK나토 배양물로서 133mg/day이다. 알레르기 체질, 임산부, 수유부 여성은 섭취를 삼가는 것이 좋으며, 과다 섭취 시 혈액응고가 저해되어 출혈 위험을 증가할 수 있으므로 조심한다. 또한, 항혈 전 관련 약품(항응고제, 항혈소판제제)을 섭취하는 사람은 의사와 상담 후 섭취하는 것을 권장한다(이상 식품의약품안전처).

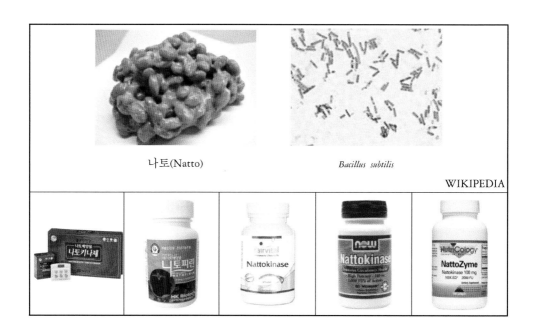

나토(Natto)   *Bacillus subtilis*

WIKIPEDIA

2) 은행잎 추출물

은행나무(*Ginko biloba*)의 잎을 분쇄 후 주정으로 추출하고 정제, 농축, 여과하여 제조하여야 한다. 기능성분 또는 지표성분의 함량은 플라보놀 배당체(Flavonol glycoside)가 240~300mg/g 함유되어 있어야 한다. 은행잎 추출물은 혈행 개선에 도움을 줄 수 있다고 하여 생리활성기능 2등급에 해당한다. 하루섭취량은 은행잎 추출물로서 120mg/day이다. 항응고제 복용자, 임산부 및 수유부는 섭취에 주의하며 질환자의 경우 섭취 전에 의사와 상담하도록 한다(이상 식품의약품안전처).

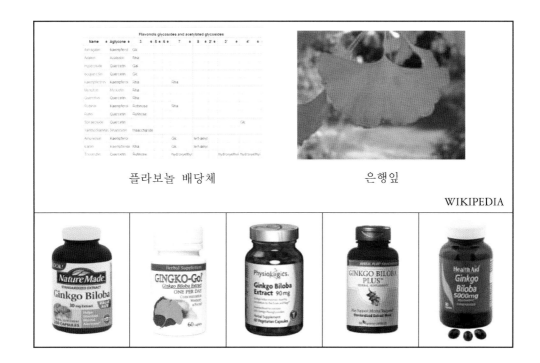

플라보놀 배당체   은행잎

3) 정어리 정제어유

정어리 정제어유는 혈행 개선에 도움이 된다하여 기능성 원료로 인정받았다. 하루섭취량은 DHA+EPA함으로써 500~2,000mg/day이다(이상 식품의약품안전처).

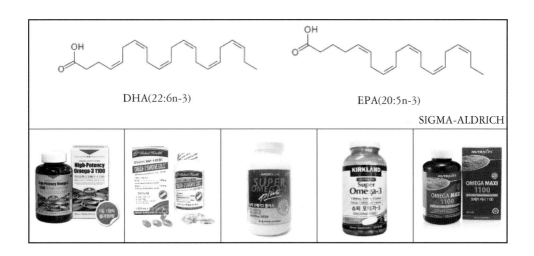

DHA(22:6n-3)   EPA(20:5n-3)

4) 정제 오징어유

정제 오징어유는 혈중 중성지질 개선에 도움을 줄 수 있다 하여 기능성 원료로 인정되어 기타기능 Ⅱ에 해당한다. 하루섭취량은 DHA+EPA 0.5～2g/day이다(이상 식품의약품안전처).

DHA(22:6n-3)   EPA(20:5n-3)

SIGMA-ALDRICH

5) 프랑스 해안송껍질 추출물

주정을 이용하여 프랑스 해안송(*Pinus pinaster*)껍질을 연속추출하고 농축하여 막여과 분리한 후 건조하면 피크제놀이 만들어진다. 기능성분은 프로시아니딘으로 60～80% 정도로 표준화하였다. 피크노제놀은 시험관 시험 및 동물시험에서 유리라디칼과 지질과산화물이 감소되는 것이 확인되었다. 실제로 담배를 피우는 사람을 대상으로 피크노제놀을 섭취시켰을 때, 혈소판 응집이 감소되었다. 따라서 혈액의 흐름을 방해할 수 있는 혈소판응집을 억제하는 데 도움을 줄 수 있다 하여 기능성을 인정하였다. 기능성 등급은 기반연구의 수는 충분하지는 않으나, 인체적용연구의 수가 충분하고 결과가 일관성 있으므로 기타기능 Ⅱ에 해당한다. 하루섭취량은 피크노제놀로서 100～300mg/day이다(이상 식품의약품안전처).

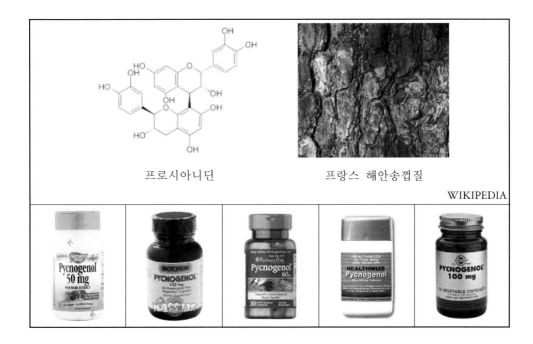

프로시아니딘 프랑스 해안송껍질

6) 홍삼 농축액

홍삼 농축액은 혈행 개선에 도움을 줄 수 있다 하여 생리활성기능 2등급에 해당한다. 하루섭취량은 Rg1+Rb로서 0.16~5.6mg/day이다(이상 식품의약품안전처).

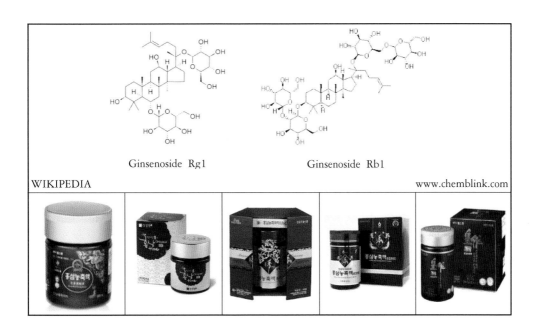

Ginsenoside Rg1 Ginsenoside Rb1

7) DHA 농축유지

DHA 농축유지는 혈행 개선에 도움을 줄 수 있다 하여 생리활성기능 2등급에 해당한다. 하루섭취량은 DHA 농축유지 0.9~5.3g/day, DHA+EPA 0.5~2.0g/day이다(이상 식품의약품안전처).

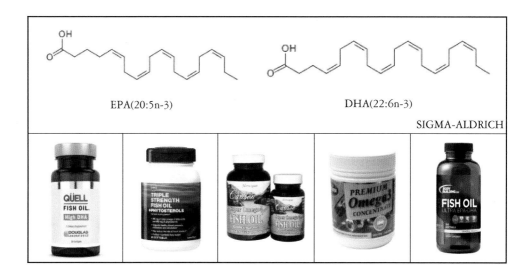

(주의: 앞서 제시된 실제 제품 사진들 중에는 건강기능식품이 아닌 외국 제품과 국내 제품도 포함하고 있으며, 이는 참고용으로 제시한 것으로써 해당 제품이 효능이 크다거나 구입을 권장한다는 의미가 아니다)

부 록

인체적용시험 계획서 및 관련 문서

(이하 "건강기능식품 인체적용시험 설계 안내서" 자료)

1. 인체적용시험 계획서(Protocol)

1) 계획서 요약 작성

항목	내용 예시
시험제목	표지 페이지와 동일한 인체적용시험 제목을 기재한다.
시험의뢰자	인체적용시험 의뢰자를 기재한다.
시험 책임자	인체적용시험 책임자를 기재한다.
시험공동연구자	인체적용시험 공동연구자를 기재한다.
시험담당자	인체적용시험 담당자를 기재한다.
시험 실시기관명 및 주소	인체적용시험이 실시되는 기관명과 주소를 기재한다.
시험기간	인체적용시험이 실시되는 기간을 기재한다.
시험대상	인체적용시험 피험자에 대하여 간략하게 기재한다.
시험목적	인체적용시험 목적을 기재한다.
디자인	인체적용시험 디자인(설계)을 간략하게 기재한다.
시험식품	인체적용시험 시험식품을 기재한다.
대조식품	인체적용시험 대조식품을 기재한다.
섭취방법	인체적용시험 시험/대조식품의 섭취방법을 간략하게 기재한다.
시험방법	인체적용시험이 진행되는 방법에 대하여 간략하게 기재한다.
피시험자수	인체적용시험 피험자 수를 기재한다.
선정기준	인체적용시험 피험자 선정기준에 대하여 기재한다.
제외기준	인체적용시험 피험자 제외기준에 대하여 기재한다.
기능성 평가변수	인체적용시험 기능성 평가변수를 기재한다.
안전성 평가변수	인체적용시험 안전성 평가변수를 기재한다.

(이상 건강기능식품 인체적용 시험 설계 안내서 자료)

2) 계획서 본문 작성

1. 인체적용시험의 명칭

인체적용시험의 명칭은 유사한 인체적용시험의 계획서와 구별될 수 있도록 특정 정보를 담고 있어야 한다. 시험식품, 시험설계 및 단계에 대한 내용을 포함하는 동시에 간결하게 인체적용시험의 명칭을 만들어서 기재한다.

2. 연구자 및 연구지원조직

2.1 인체적용시험 실시기관 및 주소

인체적용시험의 실시기관과 해당 주소를 기입한다.

2.2 인체적용시험 책임자, 공동연구자 및 담당자의 성명 및 직명

2.2.1 인체적용시험 책임자

인체적용시험 책임자의 성명 및 직명을 기입한다.

2.2.2 인체적용시험 공동연구자

인체적용시험 공동연구자의 성명 및 직명을 기입한다.

2.2.3 인체적용시험 담당자

인체적용시험 담당자의 성명 및 직명을 기입한다.

2.3 인체적용시험 의뢰자명 및 주소

인체적용시험 의뢰자명과 해당 주소를 기입한다.

2.4 인체적용시험 수탁기관명 및 주소

인체적용시험 수탁기관명과 해당 주소를 기입한다.

3. 인체적용시험의 목적 및 배경

3.1 인체적용시험의 목적

인체적용시험의 목적에 대하여 기입한다.

3.2 인체적용시험의 배경

해당 기능성소재로 인체적용시험을 실시하게 된 배경 및 관련 논문자료의 결과에 대해서 기입한다.

4. 인체적용시험용 건강기능식품

4.1 인체적용시험용 건강기능식품의 개요

4.1.1 시험식품

시험식품의 주성분명, 제형, 1일 섭취량, 지표물질, 성분함량 및 저장방법 등에 대해서 기입한다.

4.1.2 대조식품

대조식품의 주성분명, 제형, 1일 섭취량, 성분함량 및 저장방법 등에 대해서 기입한다.

4.2 인체적용시험에 사용되는 건강기능식품의 생산/포장 및 라벨링

인체적용시험에 사용되는 건강기능식품의 생산방법에 대해서 기입하고, 라벨 제작 방법과 포장 및 무작위배정표에 따른 고유 코드 기록 방법에 대해서 기입한다.

5. 인체적용시험 기간

피험자가 시험식품/대조식품을 섭취하는 기간으로, 인체적용시험의 시작시점과 종료시점을 포함한 진행기간에 대하여 기입한다.

6. 피험자의 선정기준, 제외기준 및 목표 피험자의 수

6.1 대상자

6.1.1 선정기준

인체적용시험에 참여할 수 있는 피험자를 선별하기 위한 기준들을 기입한다.

6.1.2 제외기준

인체적용시험에 참여할 수 없는 피험자를 선별하기 위한 기준들을 기입한다.

6.2 목표한 피험자의 수 및 설정근거

6.2.1 피험자 수

설정한 피험자 수 및 Drop-out을 고려한 피험자 수를 기입한다.

6.2.2 설정근거

피험자 수 산정을 위하여 사용한 가정, 가설 및 계산식에 대한 내용을 기입한다.

7. 인체적용시험 방법

7.1 인체적용시험의 설계

인체적용시험의 설계에 관하여 간략한 설명을 기입한다.

7.2 섭취량, 섭취방법 및 섭취기간

7.2.1 1일 섭취량 및 섭취방법

시험군 및 대조군의 1일 섭취량 및 섭취방법에 대해 구체적으로 기입한다.

7.2.2 섭취기간

시험식품/대조식품의 섭취기간을 기입한다.

7.2.3 설정사유

시험식품/대조식품의 1일 섭취량 및 섭취기간을 설정한 사유에 대하여 기입한다.

7.3 무작위배정

인체적용시험이 무작위배정으로 진행된다는 것을 설명하고, 피험자 무작위배정번호 부여방법에 대하여 기입한다.

7.4 이중눈가림의 유지

이중눈가림을 유지하기 위하여 시험식품/대조식품을 어떻게 관리해야 하는 가에 대하여 기입한다.

8. 관찰 항목, 임상검사 항목 및 관찰검사 방법

8.1 인체적용시험 진행일정표

인체적용시험 진행일정표를 방문별 구분이 명확한 형태로 기입한다.

* 진행일정표(예시)

Period		Screening	Intervention		
Visit		1	2	3	4
Week		-2	0	6	12
Window period			0	±7	±5
서면동의서		0			
인구학적 조사(성별, 생년월일, 연령)		0			
병력 및 의약품 복용력 조사		0			
음주력 및 흡연력 조사		0			
식사 교육		0	0	0	0
식이섭취 조사			0	0	0
안전성 평가 항목을 기재	안전성 평가 항목을 기재	0			0
	〃	0			0
	〃	0			0
안전성 평가 항목을 기재	기능성 평가 항목을 기재	0	0	0	0
	〃		0	0	0
	〃		0	0	0
적합성 평가		0			
무작위배정			0		
시험식품 및 대조식품 배부			0	0	
반납식품 회수/순응도 확인				0	0
의약품 복용 변화 확인			0	0	0
이상반응 확인				0	0

(건강기능식품 인체적용 시험 설계 안내서)

8.2 관찰항목

인체적용시험에서 진행되는 조사 및 검사 방법에 대해서 간략하게 설명한다.

8.3 관찰 검사 방법(방문별)

8.3.1 1차 방문

방문 1이 진행되는 시기를 명시하고, 방문 1에서 실시되는 검사 항목들을 진행되는 순서에 따라서 간략하게 설명한다.

8.3.2 2차 방문

방문 2가 진행되는 시기를 명시하고, 방문 2에서 실시되는 검사 항목들을 진행되는 순서에 따라서 간략하게 설명한다.

8.3.3 3차 방문

방문 3이 진행되는 시기를 명시하고, 방문 3에서 실시되는 검사 항목들을 진행되는 순서에 따라서 간략하게 설명한다.

8.3.4 4차 방문

방문 3이 진행되는 시기를 명시하고, 방문 3에서 실시되는 검사 항목들을 진행되는 순서에 따라서 간략하게 설명한다.

8.3.5 추가 방문(필요시)

예정되지 않은 방문이 이루어질 수 있음을 명시한다.

9. 인체적용시험에 사용되는 건강기능식품의 사용상 주의사항

인체적용시험에 사용되는 건강기능식품의 부작용 또는 사용상의 주의사항에 대하여 기입한다.

10. 시험 중지 및 탈락기준, 계획서 위반에 대한 처리

10.1 시험 중지 및 탈락 기준

인체적용시험이 진행 중인 피험자를 시험 중지 및 탈락시킬 수 있는 경우에 대하여 기입한다.

10.2 인체적용시험계획서 위반에 대한 처리

인체적용시험계획서의 위반 사항에 대한 처리방법에 대하여 기입한다.

11. 통계분석

11.1 통계분석 방법(* 반드시 계획서에 기재된 분석방법에 따라 결과 분석 및 보고를 실시해야 한다)

인체적용시험의 결과 분석의 기본원칙 및 분석에 사용되는 통계 방법에 대하여 기입한다.

11.2 인구통계학적 기초자료

피험자의 인구통계학적 자료 및 건강 상태에 관하여 기술 통계량을 구하는 방법을 간략하게 기입한다.

11.3 기능성 평가변수 분석

기능성 평가변수를 기입하고 통계 분석방법을 간략하게 기입한다.

11.4 안전성 평가변수 분석

활력징후, 임상병리검사의 변화, 건강기능식품 섭취 후 발생한 이상반응을 통계분석 하는 방법에 대하여 간략하게 기입한다.

12. 이상반응을 포함한 안전성 평가방법, 평가기준 및 보고방법

12.1 안전성 관련 용어의 정의

안전성에 관련된 용어들에 대한 설명을 기입한다(이상반응, 중대한 이상반응).

12.2 평가방법

이상반응을 평가하는 방법에 대하여 기입한다.

12.3 평가기준

12.3.1 자/타각적 증상의 중증도 평가

이상반응의 자/타각적 증상의 정도를 분류하기 위해서 사용되는 평가기준을 기입한다.

12.4 시험식품과의 인과관계

이상반응과 시험식품과의 연관성 정도를 나타내는 분류를 기입한다.

12.5 보고방법

12.5.1 이상반응의 보고

이상반응을 보고하는 방법에 대하여 기입한다.

12.5.2 신속 보고

중대한 이상반응의 경우 해당되는 신속보고의 방법에 대하여 기입한다.

12.6 중대한 이상반응 발생 시 조치사항

중대한 이상반응이 발생하였을 경우에 각 담당자가 취해야 하는 조치사항 및 의무에 대하여 기입한다.

13. 동의서, 보상 규약, 인체적용시험 후 피험자 진료 및 치료

13.1 동의서 설명문 및 동의서 양식

인체적용시험 담당자가 피험자에게 동의서를 받는 과정에 대하여 간략하게 기입한다.

13.2 보상에 대한 규약

피험자 보상에 관한 규약 문서를 계획서 내에 첨부하도록 기입한다.

14. 피험자의 안전 보호에 관한 대책

14.1 인체적용시험 실시기관

인체적용시험이 실시되는 기관이 갖추어야할 사항에 대하여 간략하게 기입한다.

14.2 인체적용시험계획서의 승인 및 수정

인체적용시험을 변경할 경우 필요한 절차에 대하여 간략하게 기입한다.

14.3 인체적용시험계획서의 숙지

시험 책임자 및 담당자가 인체적용시험계획서를 숙지해야 한다는 내용을 간략하게 기입한다.

14.4 인체적용시험의 동의

피험자에게 동의서를 받는 절차에 대하여 간략하게 기입한다.

14.5 적합한 피험자의 선정

적합한 피험자를 선정하는 절차에 대하여 간략하게 기입한다.

14.6 인체적용시험의 진행 점검

의뢰자에 의해 인체적용시험 진행 상황에 대한 점검이 실시될 수 있다는 내용을 기입한다.

14.7 인체적용시험 실시기관의 모니터링

인체적용시험 실시기관의 모니터링 방법에 대하여 기입한다.

14.8 피험자의 비밀 유지

피험자의 기록이 비밀로 보장되어야 한다는 내용을 기입한다.

14.9 시험식품 관리

시험식품 관리 방법에 대하여 간략하게 기입한다.

14.10 이상반응 발생 시 조치

이상반응 발생 시 조치 방법에 대해 간략하게 기입한다.

15. 기타 인체적용시험을 안전하고 과학적으로 실시하기 위하여 필요한 사항

인체적용시험 실시와 관련된 각종 자료 및 기록을 보존하는 방법, 시험계획서 준

수, 품질 관리, 품질 보증 활동 등에 대하여 기입한다.

16. *References*

인체적용시험계획서를 작성하면서 사용된 자료의 출처를 기입한다.

2. 피험자 동의서(Informed Consent Form)

1) 피험자 동의서 작성

○ 피험자 동의서 필수구성항목

- 피험자의 성명 기재란, 서명란, 서명일

- 법정대리인의 성명 기재란, 서명란, 서명일

- 입회자(증인)의 성명 기재란, 서명란, 서명일

- 연구책임자 또는 담당자의 성명 기재란, 서명란, 서명일

2) 피험자 동의를 위한 설명서 작성

○ 피험자 설명문 항목 및 검토사항

- 인체적용시험 계획서에서 규정한 모든 검사 및 처치, 피험자가 관여하게 되는 모든 부분에 대해 정확하고 자세하게 설명해야 한다.

- 피험자가 읽고 이해하기 쉽게 서술해야 한다(이상 건강기능식품 인체적용 시험 설계 안내서 자료).

번호	항목	내용
1	시험의 목적	·시험의 목적과 배경
2	시험의 방법	·시험의 진행 절차 및 방법
3	시험에 사용되는 건강기능식품에 대한 정보	·시험식품의 기능성 내용 및 작용기전, 연구결과 ·시험식품의 또는 대조식품의 구성성분
4	시험에 시험군 또는 대조군에 무작위로 배정될 확률	·시험군이나 대조군에 무작위 배정될 가능성과 확률에 대한 정보
5	시험의 내용과 검사 절차	·침습적 시술을 포함하여 시험에서 피험자가 받게 될 각종 검사나 절차
6	시험을 위해서 귀하가 준수해야 하는 사항	·피험자가 준수해야 할 사항

7	시험의 검증되지 않은 실험적인 측면	・참여할 시험이 연구 목적으로 수행된다는 사실
8	시험의 참여로 인하여 예견되는 위험(부작용)이나 불편사항	・피험자에게 예상되는 위험이나 불편 ・예상되지 않은 부작용을 경험할 수 있다는 사실
9	시험 참여 시 제공되는 사항	・피험자에게 시험 참여로 받게 될 금전적 보상이나 대가
10	예상 참여기간 및 본 시험에 참여하는 대략의 전체 피험자 수	・피험자의 예상되는 참여기간과 시험에 참여하는 총 피험자 수
11	시험과 관련된 손상이 발생하였을 경우의 보상/배상이나 치료방법	・피험자가 시험과 관련이 있는 손상을 입었을 때의 진행 절차 또는 보상 내용
12	연구참여의 제한	・시험 도중 피험자의 시험 참여가 중지되는 경우 및 해당 사유
13	시험 지속 참여 의지에 영향을 줄 수 있는 새로운 정보	・피험자의 시험 지속 참여 의지에 영향을 줄 수 있는 새로운 정보가 시험 진행 중에 수집되면 적시에 피험자(또는 대리인)에게 제공된다는 사실
14	자유의사에 의한 시험 참여 동의와 철회 및 연구중단 이후의 절차	・시험 참여 여부는 피험자의 자발적 판단에 의해 결정해야 한다는 사실 ・참여 동의를 한 후에라도 자유의사에 의해 동의를 취소할 수 있다는 사실 ・동의를 취소하는 경우 진행되는 절차, 피험자로부터 수집된 정보에 대한 처리 방안
15	신분의 비밀 보장	・피험자의 신원과 관련된 기록이 비밀로 유지되는 경우, 범위 외에 기록의 보관 기간 명시
16	피험자로서의 권익에 관한 정보 제공	・피험자의 권리에 대해 추가적인 정보를 얻고자 하는 경우 시험수행기관의 기관생명윤리위원회 담당자에게 연락할 수 있다는 사실
17	동의서 서명	・피험자의 판단 하에 자발적으로 동의서에 서명을 해야 한다는 사실
18	인체적용시험의 책임자 및 담당자	・시험에 대한 모든 궁금한 사항에 대해 정보를 얻고자 하는 경우 문의할 수 있는 사람과 연락처 기재

(건강기능식품 인체적용 시험 설계 안내서)

인체적용시험 피험자 동의서

(Version 1.0)

1. 인체적용시험(이하 시험)의 목적	예 □ 아니오 □
2. 시험의 방법	예 □ 아니오 □
3. 시험에 사용되는 건강기능식품에 대한 정보	예 □ 아니오 □
4. 시험에 시험군 또는 대조군에 무작위로 배정될 확률	예 □ 아니오 □
5. 시험의 내용과 검사 절차	예 □ 아니오 □
6. 시험을 위해서 귀하가 준수해야 하는 사항	예 □ 아니오 □
7. 시험의 검증되지 않은 실험적인 측면	예 □ 아니오 □
8. 시험의 참여로 인하여 예견되는 위험(부작용)이나 불편사항	예 □ 아니오 □
9. 시험 참여 시 제공되는 사항	예 □ 아니오 □
10. 예상 참여기간 및 본 시험에 참여하는 대략의 전체 피험자 수	예 □ 아니오 □
11. 시험과 관련된 손상이 발생하였을 경우의 보상/배상이나 치료방법	예 □ 아니오 □
12. 연구 참여의 제한	예 □ 아니오 □
13. 시험 지속 참여 의지에 영향을 줄 수 있는 새로운 정보	예 □ 아니오 □
14. 자유의사에 의한 시험 참여 동의와 철회 및 연구중단 이후의 절차	예 □ 아니오 □
15. 신분의 비밀 보장	예 □ 아니오 □
16. 피험자로서의 권익에 관한 정보 제공	예 □ 아니오 □
17. 동의서 서명	예 □ 아니오 □
18. 인체적용시험의 책임자 및 담당자	예 □ 아니오 □

본인은 위 사항에 대한 설명을 충분히 듣고 이해하였으며 자발적으로 본 연구에 참여하는 것에 동의합니다.

피 험 자
성 명: (서명)
서 명 일: 년   월   일

```
법정대리인
성  명:                    (서명)
서 명 일:      년     월     일
(* 법정대리인이 동의서 작성 시 법정대리인임을 확인할 수 있는 주민등록등본, 건강보험증상의
   기재를 복사하여 첨부하도록 합니다.)

입 회 자(증인)
성  명:                    (서명)
서 명 일:      년     월     일

연구책임자/공동연구자
성  명:                    (서명)
서 명 일:      년     월     일
소  속:
```

(건강기능식품 인체적용 시험 설계 안내서)

3. 피험자 모집 공고문

1) 피험자 모집 공고문 작성

○ 피험자 모집 공고문 구성항목 및 검토사항

항목	내용
인체적용시험 내용	연구 개요에 대해 명확히 기술(연구목적, 시험제품 등)
참여대상	선정기준을 요약하여 표기
제외대상	모든 제외기준을 기재할 필요는 없으며 중요한 제외기준을 명시
선정방법	연구 참여를 위한 동의 절차 및 피험자 선정을 위한 시험 절차를 요약
장소	시험기관명 및 부서 시험기관 주소
모집기간	예상 모집기간
참여기간	참여기간 방문횟수
참여 시 제공되는 사항	피험자에게 제공되는 금전적 보상
신청 및 문의	추가 정보를 얻기 위한 담당자 성명, 소속, 연락처 등을 기재 * 시험기관 기관생명윤리위원회 규정에 따라 연구책임자의 이름, 소속, 연락처 등을 기재하는 경우도 있음.

(건강기능식품 인체적용 시험 설계 안내서)

○ 피험자 모집 공고문 작성 시 피해야 할 문구

- 아래의 예와 같이 피험자를 현혹하는 문구는 사용을 자제해야 한다.

① 연구에 사용되는 시험제품에 대하여 "새로운, 안전한, 효과적인, 완치, 치료" 라는 용어로 설명

② 해당 연구의 안전성이나 효과에 대한 내용

③ 연구 참여에 따른 잠재적인 이득이나, 연구자나 병원으로부터 받게 될 치료에 대한 과도한 진술

④ "연구가 곧 끝남, 오늘 연락하세요, 연구 참여가 한정되어 있음" 등의 문구

⑤ "연구에 참여하여 당신의 삶을 주도하십시오, 당신은 더 좋게 느낄 자격이 있습니다."

⑥ 잠재적으로 피험자를 안심시키거나 또는 강제적일 수 있는 도표, 그림, 문구, 심볼 사용

⑦ 특정 문구를 굵은 글씨체, 붉은색, 밑줄 등으로 강조

- 아래와 같이 피험자를 유인하는 혜택에 대한 강조 문구는 사용을 자제해야 한다.

① 사례금 액수 명시

② "무료, 혜택"이라는 용어나 피험자에 대한 사례금을 강조

③ 피험자의 이득이나 혜택에 대한 부적절한 약속

인 체 적 용 시 험

감기의 증상을 완화하는 OOOO의 효과를 연구하기 위한
인체적용시험에 참여할 피험자를 모집합니다.

감기를 앓은 후 2일 안에 방문하셔야 합니다.
18세 이상 참여가능

문의사항은 OOO 병원 (222) 222-2222 으로 연락바랍니다.

적절한 광고의 예

감기의 새로운 치료법!!

코감기를 앓는 기간은 반으로!!
단 7일 만에 1,000,000원을 벌 수 있는 기회!

인체적용시험 피험자 구함. 1-800-999-9999로 전화주세요.

부적절한 광고의 예

(전북대학교 기능성식품임상지원센터
"건강기능식품의 인체적용시험 이해")

〈그림〉 부적절한 광고의 예

- 기타

① 연구자, 시험기관, 의뢰자, 의뢰자의 대리인 등이 의무를 소홀히 한 책임을 면제받거나 이를 암시하는 내용이 포함되어야 한다(이상 건강기능식품 인체적용 시험 설계 안내서 자료).

4. 증례기록서(Case Report Form)

1) 개발 및 제작 방법

증례기록서(Case report form)는 인체적용시험 계획서에 따라 피험자들로부터 수집되는 자료를 기록하기 위해 사용하는 도구이며, 인체적용시험에서 자료 수집 과정을 표준화하고 데이터 관리 및 통계과정에서 요구하는 사항들을 만족시킬 수 있어야 한다.

○ 증례기록서의 표준화

- 표준화: 대부분의 인체적용시험에서 공통적으로 수집하는 정보(인구학적 조사, 병력 조사, 임상병리검사 등)를 입력하는 양식을 개발한다.

- 모듈화(Modularization): 표준화된 양식을 활용하여 증례기록서를 개발한다.

○ 증례기록서의 형태

- 증례기록서의 형태에 따라 개발 방법 및 내용이 달라진다. ex) paper-CRF, electronic-CRF

○ 수집할 자료의 결정

- 인체적용시험 계획서를 근거로 수집하여야 할 모든 자료를 목록화한다.

○ 증례기록서의 layout 결정

- 머리글, 바닥글: 표준화된 양식을 사용하여 인체적용시험 계획서 번호, 페이지번호를 명시하고, 피험자 번호 작성란을 제작한다.

- 필드 형태: 페이지에 할당되는 필드의 수는 보기에 편하고 실수를 줄일 수 있을 정도로 구성. 가능한 한 많은 데이터를 숫자나 check box를 이용하여 수집하게 하고 문장형 작성 필드는 가능한 자제한다.

- 글자 형태: 증례기록서 내의 글자는 읽기 쉬운 크기와 글씨체를 사용한다.

- 음영: 양식에 음영을 주면 error 발생을 줄일 수 있음. 데이터가 기록되어야 하는 필드를 제외하고 나머지를 음영처리 한다면 필드를 부각시켜 error나 누락된 자료를 쉽게 알아볼 수 있다.

○ 증례기록서에 사용되는 용어
- 인체적용시험에 관련된 연구자들에게 익숙한 표준용어를 사용하여 제작한다.

○ 증례기록서의 구성
- 표지: 연구제목, Protocol No, CRF version No, Version Date, 연구책임자, 연구담당자, 피험자 ID 기입 한다.
- 증례기록서 작성 지침: 기입 시 주의사항 및 기재방법에 대하여 간략하게 설명한다.
- 시험 진행 일정표: 인체적용시험계획서에 명시되어 있는 시험 진행 일정표 본문에 명시
- 본문은 피험자 방문순서에 따른 자료 순으로 기록하도록 개발한다.
- 이상반응: 시험식품/대조식품의 섭취 후 의학적인 문제 또는 질병의 상태에 변화가 있는 이상반응이 발생할 경우 이에 대한 내용을 기입할 수 있도록 뒷장에 이상반응 페이지 제작. 만약, 중대한 이상반응일 경우에는 '중대한 이상반응 보고서'를 작성할 수 있도록 해당 문서 작성 양식을 뒷장에 포함시킨다.
- 시험종결: 시험이 종결되면 종결에 대한 내용을 증례기록서에서 작성할 수 있도록 맨 뒷장에 시험 종결 페이지 제작 한다.
- 식이조사: 식이조사에 해당하는 방문별 자료의 경우 방문별 해당 식이조사지를 첨부할 수 있는 페이지 제작한다.

○ 증례기록서 개발 시 주의사항
- 증례기록서의 여러 페이지에서 같은 데이터를 반복해서 작성하게 하면 같은 데이터지만 작성내용이 일치하지 않을 수 있으므로 이러한 작성양식 개발은 피하도록 한다.
- 증례기록서 작성 시 모든 작성란이 누락되지 않도록 개발. 이를 위하여 서술적으로 작성되는 작성 란은 허용이 되는 작성형태를 설명해주고, 작성란에 특정 자릿수를 지정하여 증례기록서를 개발해야 한다.
- 임상적 의미를 판단해야 하는 자료의 경우 임상적 의미에 대한 소견(comment)

을 서술할 수 있도록 이를 위한 공간을 확보하도록 함. 이때, 소견은 서술식으로 기록되어 컴퓨터화 하기 어렵기 때문에 정말로 필요한 경우에 한하여 소견란을 만들도록 한다(이상 건강기능식품 인체적용 시험 설계 안내서 자료).

5. 인체적용시험 연구자 자료집(Investigator's Brochure)

1) 인체적용시험 연구자 자료집 작성

1. 제출자료 전체의 총괄

1) 품목명

기능성 원료의 품목명을 기입한다.

2) 기능성

원료의 기능성에 대하여 간략하게 기입한다.

3) 섭취량 및 섭취방법

기능성 원료의 섭취량과 섭취방법을 기입한다.

4) 지표성분

기능성 원료의 지표성분을 기입한다.

5) 제조 기준

기능성 원료의 제조 기준을 기입한다.

6) 규격

기능성 원료의 규격을 기입한다.

7) 안전성

기능성 원료의 안전성에 대하여 간략하게 기입한다.

8) 기능성

해당 원료의 기능성에 대하여 기입한다.

9) 일일섭취량 및 주의사항 등

기능성 원료의 일일섭취량 및 주의사항을 기입한다.

2. 기원, 개발경위, 국내·외에서의 인정 및 사용현황 등에 관한 자료

1) 기원 및 개발경위

언제, 어느 나라에서, 어떤 경위로 개발되었는지를 기입함. 또한, 원재료의 기원, 학명, 원산지, 사용 부위 등을 구체적으로 기입한다.

2) 국내외 인정·허가 현황

국내외 및 국제기구에서의 인정·허가 상황, 사용 기준·규격 등의 관련 내용을 정확히 기입한다.

3) 국내외 사용현황 등

국내외에서 식품 등으로 사용실적이 있는 경우에는 사용용도 유통량, 제조회사, 섭취 실태 등을 조사하여 작성한다.

3. 제조방법 및 그에 관한 자료

1) 일반적 설명

기능성 원료의 제조방법에 대하여 구체적으로 작성한다.

2) 원재료

기능성 원료 제조 시 사용한 원재료의 명칭, 함량 등을 기입하고 두 가지 이상의 원재료를 혼합 경우 각 원재료의 명칭, 함량 등을 기재한다.

3) 제조 원리

기능성 원료의 제조 원리에 대하여 기재한다.

4) 제조 공정

기능성 원료의 제조 공정에 사용된 용매, 효소, 미생물 등의 안전성·기능성 평가와 관련된 모든 사항에 관하여 상세히 설명한다.

5) 제조 기준 등

기능성 원료의 제조 기준에 대하여 작성한다.

4. 원료 및 기능성분(또는 지표성분)에 관한 자료

1) 원료의 특성

해당 원료를 특징지을 수 있는 성상, 물성 등에 관한 내용을 작성한다.

2) 기능성분(지표성분)

기능성분(지표성분)의 명칭을 기재한다.

3) 기능성분(지표성분)의 특성

기능성분(지표성분)의 공식명칭, 분자량, 분자식 및 구조식 등에 대한 정보를 기술한다.

4) 기능성분(지표성분) 규격

기능성 원료 내 기능성분(지표성분)의 규격(함량)을 기재한다.

5) 기능성분(지표성분) 시험방법 등

기능성분(지표성분)의 분석법에 대해 작성한다.

5. 안전성 자료

1) 독성시험 등 안전성 근거 자료 등

기능성 원료가 적용되는 대상 식품과 제안한 방법에 따라 섭취하였을 때 당해 원료가 인체에 위해가 없음을 확인할 수 있는 과학적 자료 등에 대하여 기재한다.

6. 기능성 자료

1) *in vitro* 시험

기능성 원료에 대한 *in vitro*(시험관) 시험 내용을 요약하여 기술한다.

2) *in vivo* 시험

기능성 원료에 대한 *in vivo*(동물) 시험 내용을 요약하여 기술한다.

3) 인체적용시험

기능성 원료에 대한 인체적용시험 내용을 요약하여 기술한다.

7. 섭취량, 섭취 시 주의사항 및 그 설정에 관한 자료

1) 섭취량 산정 근거 자료

기능성 원료의 섭취량 설정 시 사용한 근거를 설명한다.

안전성 및 기능성 자료를 근거로 원료의 안전성이 보장되고 기능성이 나타날 수 있는 일일 최소 및 최대 섭취량을 설정하고, 해당 원료가 가장 효율적으로 기능성을 나타낼 수 있는 섭취량 및 섭취방법을 설정하게 된다.

2) 주의사항 등

해당 원료의 과잉섭취, 식품 또는 의약품 성분과의 상호작용, 취약집단(임산부, 수유부, 어린이, 노약자 등) 등을 고려한 섭취 시 주의사항을 기재한다.

8. 인체적용시험 보고서

1) 결과 보고서 요약 작성

1. 제품명

인체적용시험 제품명을 명확히 기재한다.

2. 시험 제목

인체적용시험 제목은 기관생명윤리위원회의 최종 승인을 받은 계획서의 제목과 동일하여야 한다.

3. 수행기관 – 수행기관명 및 주소

인체적용시험을 수행한 기관의 명칭 및 주소를 기재한다.

4. 연구책임자 – 기관, 직위 및 성명

연구책임자의 소속 기관, 직위 및 성명을 기재한다.

5. 공동연구자 – 기관, 직위 및 성명

공동연구자의 소속 기관, 직위 및 성명을 기재한다.

7. 연구담당자 – 기관, 직위 및 성명

연구담당자의 소속기관, 직위 및 성명을 기재한다.

8. 의뢰기관 – 의뢰기관명, 대표자 및 주소

의뢰기관의 명칭, 대표자 및 주소를 기재한다.

9. 시험 기간

인체적용시험의 시작일(최초의 피험자 등록일) 및 종료일(마지막 피험자의 마지막 방문일)을 기재한다.

10. 디자인

디자인, 즉, 기간, 눈가림여부, 배정방법 등을 기재한다.

11. 시험대상

인체적용시험 대상자를 간략히 기재한다.

12. 시험 목적

최종 인체적용시험 계획서의 목적과 동일하게 작성한다.

13. 시험방법

시험방법을 간단히 기재한다.

14. 피험자 수

최초 계획된 피험자 수와 결과 분석에 포함된 피험자 수를 기재한다.

15. 선정기준

인체적용시험 최종 계획서의 피험자 선정기준을 기재한다.

16. 제외기준

인체적용시험 최종 계획서의 피험자 제외기준을 기재한다.

17. 시험식품

시험식품의 주성분명, 제형, 1일 섭취량, 지표물질, 성분함량 및 저장방법 등에 대해서 기재한 다.

18. 대조식품

대조식품의 주성분명, 제형, 1일 섭취량, 성분함량 및 저장방법 등에 대해서 기재한다.

19. 시험식품 및 대조식품 섭취 방법

시험식품 및 대조식품 섭취방법을 기재한다.

20. 기능성 평가

기능성 평가변수를 기재한다.

21. 안전성 평가

안전성 평가변수를 기재한다.

22. 통계분석방법

통계분석방법을 기재한다.

23. 결과

시험 결과를 간략히 기재한다.

24. 결론

시험의 결론을 간략히 기재한다.

2) 결과 보고서 본문 작성

1. 목차

최종 보고서의 목차 및 페이지를 기재한다.

2. 윤리적 고려에 대한 기술

2.1 인체적용시험 관리기준

ICH-GCP에 따라 윤리위원회의 승인 및 기준을 따랐음을 기술한다.

2.2 인체적용시험계획서의 승인

인체적용시험 계획서 및 이의 변경은 심사위원회의 승인을 받았음을 기술하고, 승인일을 기록한다.

2.3 피험자 동의

피험자 등록과 관련하여 언제, 어떻게 피험자 동의를 받았는지 기술한다.

2.4 비밀보장

피험자 비밀 보장 방법에 대하여 기술한다.

3. 시험자 및 연구지원 조직

3.1 인체적용시험 실시기관

인체적용시험이 수행되는 병원 및 기관의 명칭 및 주소를 기재한다.

3.2 인체적용시험 책임자 및 담당자

3.2.1 인체적용시험 책임자

연구책임자의 성명, 직위, 소속을 기재한다.

3.2.2 공동연구자

공동연구자의 성명, 직위, 소속을 기재한다.

3.2.3 인체적용시험담당자

연구책임자의 지도 아래 인체적용시험을 진행하는 사람의 성명, 직위, 소속을 기재한다.

3.2.4 관리약사

관리약사의 성명, 직위, 소속을 기재한다.

3.3 인체적용시험 의뢰자

연구를 의뢰한 기관의 명칭과 주소를 기재한다.

3.4 인체적용시험 수탁기관(Contract Research Organization, CRO)

인체적용시험 수탁기관명과 주소를 기재한다.

4. 서론

시험제품의 개발 경위 및 기능성을 포함한 전반적인 개발 계획을 적절하게 기술한다.

시험제품과 관련된 선행 연구 결과를 요약하여 기술한다.

5. 인체적용시험의 목적

인체적용시험의 목적을 구체적이고 명확하게 기재한다.

6. 인체적용시험에 사용되는 건강기능식품.

6.1 인체적용시험용 건강기능식품의 개요

6.1.1 시험식품

시험식품의 성분명, 함량, 제형, 지표물질(기능물질), 보관방법 등을 기재한다.

6.1.2 대조식품

대조식품의 성분명, 함량, 제형, 보관방법 등을 기재한다.

6.2 배정방법

피험자를 시험군 및 대조군에 배정한 방법을 상세하게 기술한다.

6.3 눈가림

눈가림을 유지하기 위해 사용한 방법들에 대하여 기술한다.

구체적으로 라벨을 부착한 방법, 눈가림이 해제되었을 경우 그 내용에 대한 기록 여부, 봉합된 배정군 목록 등을 사용하였는지에 대해 상세히 기술한다.

7. 인체적용시험 계획

7.1 인체적용시험의 설계

7.1.1 시험기간

인체적용시험의 시작시점과 종료시점을 포함한 진행기간에 대하여 기재한다. 최종 변경된 인체적용시험계획서의 시험기간과 동일해야 한다.

7.1.2 시험 중지 및 중도탈락

인체적용시험이 진행 중인 피험자를 시험 중지 및 탈락시킬 수 있는 경우에 대하여 기술한다. 최종 변경된 인체적용시험계획서의 시험 중지 및 중도탈락 내용과 동일해야 한다.

7.2 관찰항목, 임상검사항목 및 방법

7.2.1 관찰항목

인체적용시험에서 진행되는 조사 및 검사 방법에 대해서 간략하게 설명한다.

최종 변경된 인체적용시험계획서의 관찰항목과 동일해야 한다.

7.2.2 관찰 검사 방법(방문별)

각 방문이 진행되는 시기를 명시하고, 방문별로 실시되는 검사 항목들을 진행되는 순서에 따라 간략하게 설명한다.

최종 변경된 인체적용시험계획서의 관찰 검사 방법과 동일해야 한다.

7.3 피험자의 선정

7.3.1 대상자

인체적용시험에 참여할 수 있는 피험자를 선별하기 위한 선정기준 및 제외기준을 기재한다.

최종 변경된 인체적용시험계획서의 대상자 선정 및 제외기준과 동일해야 한다.

7.3.2 목표한 피험자의 수 및 설정 근거

최종적으로 평가되는 피험자 수 및 Drop-out을 고려한 피험자 수를 기재한다.

피험자 수 산정을 위하여 사용한 가정, 가설 및 계산식 등을 기술한다.

최종 변경된 인체적용시험계획서 상의 내용과 동일해야 한다.

7.4 섭취방법

7.4.1 섭취량

시험식품 및 대조식품의 1일 섭취량을 기재한다.

7.4.2 섭취기간

시험식품 및 대조식품의 섭취기간을 기재한다.

7.5 기능성 및 안전성 관련 변수

7.5.1 기능성 평가

인체적용시험 계획서에 명시한 기능성 평가변수를 명시하고, 그 평가방법에 대하여 명시한다.

7.5.2 안전성 평가

인체적용시험 계획서에 명시한 안전성 평가변수를 명시하고, 그 평가방법에 대하여 명시한다.

7.6 자료의 질 보증

7.6.1 시험계획서의 승인

본 인체적용시험은 그 관련 내용을 기관생명윤리위원회의 승인을 받고 시작하였으며, 계획서에 변경이 있을 경우 주요 변경 사항을 요약하여 기술한다.

7.6.2 시험계획서의 변경

시험 계획서의 변경이 있는 경우, 의뢰자와 시험자의 동의하에 수정내용에 대한 기관생명윤리위원회의 승인을 받고 변경하였음을 명시한다.

7.6.3 계획서 준수에 대한 모니터링

인체적용시험 계획서의 준수에 대한 모니터링 주체 및 내용 등을 기술한다.

7.7 통계분석 방법 (* 반드시 인체적용시험 계획서에 기재된 분석방법과 동일해야 한다.)

7.7.1 결과분석의 일반적 원칙

결과에 대한 통계분석의 일반적 원칙을 기술한다. 이 내용은 인체적용시험 계획서에 명시된 원칙을 준수하여야 한다. 즉, 피험자로부터 얻어진 자료의 종류(기능성 또는 안전성)에 따라 그 분석법이 ITT 또는 PP 분석 중 어떠한 방법을 준수하는지를 명시한다. 또한 자료의 결측(Missing)이나 인체적용시험 종료 전 피험자가 탈락한 경우데 해나 자료의 처리 방법에 대하여도 명시한다.

7.7.2 인구통계학적 기초자료

등록된 피험자의 인구통계학적 기초자료(연령, 성별 등)에 대하여 자료 분석 방법을 명시한다.

7.7.3 기능성 평가변수에 대한 분석

기능성 평가변수의 종류와 통계 분석 방법을 명시한다.

7.7.4 안전성 평가변수에 대한 분석

안전성 평가변수의 종류와 통계 분석 방법을 명시한다.

8. 피험자

8.1 피험자의 인체적용시험 참여 상태

인체적용시험에 참여한 피험자의 수, 무작위배정에 따라 각 군에 배정된 피험자의 수, 인체적용시험을 종료한 피험자의 수를 명시한다.

무작위 배정 이후에 연구를 종료하지 못한 피험자가 있다면 그 이유에 대해 요약하여 기술한다.

8.2 인체적용시험계획서 위반

피험자의 선정기준과 제외기준, 인체적용시험의 수행 및 피험자 관리와 평가에 관련된 중대한 계획서의 위반사항에 대해 기술한다.

9. 기능성 평가결과

9.1 분석에 포함할 피험자군의 선정

인체적용시험 계획서에 명시된 대로 기능성 분석에 포함할 피험자군에 대한 ITT 또는 PP 분석 여부를 기술한다. ITT 분석의 경우 "피험자들이 실제 받은 처리, 인체적용 시험 계획서의 단순한 위반, 피험자의 순응 또는 중도탈락과는 상관없이" 처음 처리가 배정된 대로 모든 피험자들을 분석 대상군으로 선정한다. PP 분석의 경우, 인체적용시험 계획서에 충분히 순응한 피험자들만을 분석 대상군으로 선정한다. 즉, 심의위원회의 승인을 받은 최종 시험계획서에 명시된 순응도 이상을 준수한 피험자를 대상으로 한다.

시험 결과 ITT 분석 또는 PP 분석에 포함되는 피험자 명수를 기술한다.

9.2 피험자의 인구학적 정보 및 기타 섭취 전 특성에 대한 비교

피험자들의 인구학적 정보(성별, 연령 등)와 기타 섭취 전 특성에 대한 비교는 인체적용시험 계획에서에 명시된 통계방법을 이용하여 ITT, PP 분석에 맞게 분석한다. 각 분석 방법에 해당되는 명수 및 비율, 평균값 및 표준편차를 기술하고 표로서 제시하며, 군간 유의적인 차이성 여부를 표시 및 기술한다.

9.3 기능성 평가결과의 제시 및 분석

9.3.1 분석의 일반적인 원칙

기능성 평가변수를 명시한다.

9.3.2 기능성 평가변수에 대한 분석

기능성 평가변수 각각에 대한 ITT 및 PP 분석결과, 군간 평균값 및 표준편차, 군간 및 군내 전후 비교의 유의적인 차이성 여부 등을 표로서 제시하고 설명을 기술한다.

9.3.3 기능성 평가변수에 대한 추가분석

인체적용시험 계획서에 명시된 기능성 평가변수이외에 추가적으로 기술할 기능성 평가변수가 있는 경우, 각각의 변수에 대한 ITT 및 PP 분석결과, 군간 평균값 및 표준편차, 군간 및 군내 전후 비교의 유의적인 차이성 여부 등을 표로서 제

시하고 설명을 기술한다.

9.3.4 기타 분석

인체적용시험 계획서에 명시된 기능성 평가변수이외에 인체적용시험 계획서에 명시된 자료에 대한 통계 분석 자료를 ITT 및 PP 분석결과, 군간 평균값 및 표준편차, 군간 및 군내 전후 비교의 유의적인 차이성 여부 등을 표로서 제시하고 설명을 기술한다.

9.3.5 중도탈락자(Drop-out) 또는 결측치(Missing data)의 처리

인체적용시험 계획서에 명시된 중도탈락자(Drop-out) 또는 결측치(Missing data)의 처리방법을 기술하고 이에 따라 통계분석하였음을 기술한다.

9.3.6 피험자별 결과자료의 제시

각 피험자별 기능성 자료를 첨부자료로 제시한다.

9.3.7 시험식품 – 의약품간의 상호작용

시험기간 동안 인체적용시험용 시험제품과 함께 복용한 약물을 조사하여, 섭취한 약물의 종류, 섭취 빈도 등을 요약하여 정리하고 결과에 유의적인 영향을 미쳤는지 여부를 평가한다.

9.4 기능성에 대한 최종 결론

기능성 평가결과에 대한 최종 결론을 기술한다. 즉, 어떠한 평가변수에서 어떠한 유의적인 차이성을 보였는지 여부 등을 기술한다.

10. 안전성 평가결과

인체적용시험 계획서에 명시된 대로 안전성 분석에 포함할 피험자군에 대한 ITT 또는 PP 분석 여부를 기술한다. ITT 분석의 경우 "피험자들이 실제 받은 처리, 인체적용 시험 계획서의 단순한 위반, 피험자의 순응 또는 중도탈락과는 상관없이" 처음 처리가 배정된 대로 모든 피험자들을 분석 대상군으로 선정한다. PP 분석의 경우, 인체적용시험 계획서에 충분히 순응한 피험자들만을 분석 대상군으로 선정한다. 즉, 기관생명윤리위원회의 승인을 받은 최종 시험계획서에 명시된 순응도 이상을 준수한 피험자를 대상으로 한다. 시험 결과 ITT 분석 또는 PP 분석에 포함되는 피험자 명수를 기술한다.

10.1 순응도

인체적용시험에 참여한 피험자의 군별 섭취 순응도에 대한 정의를 명시하고(인체적용시험계획서에 명시된 방법), 그 결과를 표로 나타내고 설명을 기술한다.

10.2 이상반응

10.2.1 이상반응에 대한 요약

이상 반응 종류별 발생빈도를 표로서 명시하고 그 결과를 서술한다. 즉, 군당 이상반응의 발생 빈도 및 군 간의 유의적 차이성 유무를 명시한다.

10.2.2 이상반응의 제시

인체적용시험에서 보고된 이상반응을 기관별로 분류하여(예: 면역계 이상, 신경계 이상, 소화기관계 이상 등) 표로서 나타내고 그 내용을 기술한다.

10.2.3 이상반응의 분석

이상반응의 증상 정도와 인체적용시험용 식품과의 연관성을 분석하여 표로서 나타내고 그 내용을 기술한다.

10.3 중대한 이상반응 및 기타 중요한 이상반응

10.3.1 중대한 이상반응 요약

해당 시험에서 발생한 중대한 이상반응에 대하여 건수, 해당 내용, 인체적용시험 식품과의 상관성에 대하여 기술한다.

10.3.2 중대한 이상반응 상세

해당되는 중대한 이상반응에 대하여 정확한 발생 경위, 후속 경과 등에 대하여 기술한다.

10.4 실험실적 이상반응의 평가

10.4.1 개인별 실험실 검사치와 이상반응의 제시

각 피험자별 실험실 검사치를 별도 파일로 첨부한다.

10.4.2 각각의 실험실 검사치의 평가

실험실적 검사치 각각의 항목에 대하여 인체적용시험 계획서에 명시된 통계분석방법 (ITT 또는 PP)에 따라 그 분석 결과를 표로서 나타내고 내용을 기술한다.

10.5 안전성에 대한 최종 결론

위에서 분석한 안전성 평가 결과에 대한 최종 결론을 기술한다.

11. 고찰 및 전반적인 결론

본 시험의 전반적인 내용을 간단히 요약하고 그 결과에 대한 고찰을 기술한다.

12. References

최종보고서에 활용한 참고문헌을 기술한다.

13. Appendix

최종보고서 본문 중에 첨부된 내용 등을 *appendix*에 첨부한다(이상 건강기능식품 인체적용 시험 설계안내서 자료).

인체적용 시험 심사 대상 관련 법률

제3조(심사대상) ① 이 규정에 따른 기능성 원료 인정 심사대상은 다음 각 호의 어느 하나와 같다.

1. 「건강기능식품의 기준 및 규격」에 고시되지 않은 원료
2. 「건강기능식품의 기준 및 규격」에 고시된 기능성 원료에 대한 기능성 내용의 추가, 섭취량 또는 제조 기준의 변경
3. 제9조 제1항에 따른 기능성 원료 인정 사항의 변경 또는 추가

제12조(제출자료의 범위) ① 기능성 원료로 인정받기 위한 제출 자료는 다음 각 호와 같다.

1. 제출자료 전체의 총괄 요약본
2. 기원, 개발경위, 국내·외 인정 및 사용현황 등에 관한 자료
3. 제조방법에 관한 자료
4. 원료의 특성에 관한 자료
5. 기능성분(또는 지표성분)에 대한 규격 및 시험방법에 관한 자료 및 시험성적서
6. 유해물질에 대한 규격 및 시험방법에 관한 자료
7. 안전성에 관한 자료
8. 기능성 내용에 관한 자료
9. 섭취량, 섭취 시 주의사항 및 그 설정에 관한 자료
10. 의약품과 같거나 유사하지 않음을 확인하는 자료

② 제1항에도 불구하고 인정신청을 한 원료가 제3조 제1항 제2호 또는 제3호에 해당하는 경우에는 추가 또는 변경되는 자료만 제출할 수 있다.

인정 기준

식약처장이 별도로 인정하는 원료 또는 성분은 「건강기능식품 기능성 원료 및 기준·규격 인정에 관한 규정(식약처고시 제2013-217호, 2013.9.11)」제4조 제1호 및 제2호에 따라 인정기준이 다음과 같다.

1. 건강기능식품 법률에 적합하여야 한다.

건강기능식품 법률에 적합하여야 한다는 것은 「건강기능식품에 관한 법률」의 '목적'과 '기능성'의 정의에 적합하여야 한다는 의미한다.

【목적】이 법은 건강기능식품의 안전성 확보 및 품질향상과 건전한 유통·판매를 도모함으로써 국민의 건강증진과 소비자보호에 이바지함을 목적으로 한다. (「건강기능식품에 관한 법률」 제1조)

【정의】'기능성'이라 함은 인체의 구조 및 기능에 대하여 영양소를 조절하거나 생리학적 작용 등과 같은 보건 용도에 유용한 효과를 얻는 것을 말한다. (「건강기능식품에 관한 법률」 제3조)

2. 안전성과 기능성이 과학적으로 입증되어야 한다.

【안전성 입증】
○ 해당원료의 기원, 개발경위, 국내·외 인정 및 사용현황, 제조방법, 원료의 특성, 전통적 사용, 섭취량 평가결과, 영양평가결과, 인체적용시험결과, 독성시험결과 등 모든 자료를 종합적으로 사용하여 안전성이 확보되어 있는지를 입증해야 한다.

【기능성 입증】
○ 인체적용시험, 동물시험, 시험관 시험의 연구유형과 수준, 총체적 근거자료의 양, 일관성, 관련성 등을 종합적으로 고려하여 인체에서 기능성이 확보되었음을 입증하여야 한다.
▶ (연구유형과 수준) 각 자료별로 연구디자인, 연구목적, 시험물질, 피험자 선정·제외, 바이오마커, 식이조절, 통계처리 등이 적절하여야 한다.
▶ (총체적 근거자료의 양, 일관성, 관련성) 인체적용시험, 동물시험, 시험관 시험의 전체자료들이 결과에 일관성이 있고, 바이오마커가 관련성이 있고, 소수 또는 다수에 의해 연구되어져야 한다.
○ 인체적용시험(중재시험 또는 관찰시험 등)은 인체에서 기능성을 확인하기 위해서 필요하다.

○ 동물시험, 시험관 시험 등은 인체적용시험 결과를 과학적으로 뒷받침하기 위해서 필요하다.
(이상 식품의약품안전처)

1. 제출자료의 총괄 요약본

(이하 식품의약품안전처 "2014년 기능성 원료 인정 신청을 위한 제출자료" 자료)

□ 신청원료 개요

(□최초, □변경[1])

회사명		(대표이사:)		
영업허가(신고번호)	제조업 □		수입업 □	
주소 및 연락처	* * (연락처)	(팩스)		
	담당자	(이름)	(연락처)	
신청 원료명				
심사대상분류	개별인정원료	·새로운 원료 □	신청 기능성	
			신청 섭취량	
		·기능성 추가 □ ·섭취량 변경 □ ·제조방법 변경 □ ·기준규격 변경 □ ·시험방법 변경 □	(변경 전) (변경 후)	
	고시된원료	·기능성 추가 □ ·섭취량 변경 □ ·제조방법 변경 □ ·기준규격 변경 □ ·시험방법 변경 □	(변경 전) (변경 후)	
국내제조 □ 수입 □	수입인경우	수리번호		수출국
		제조회사		
		소재지		
모둠토의 □	실시 날짜 :			
품목설명회 □	희망 날짜 :			

---

1) **(최초)** 고시되지 않고 새롭게 개별인정 신청하는 원료 (변경) 고시된 원료 또는 개별인정원료의 기능성 추가 또는 변경(섭취량, 제조 기준, 기준규격, 배합비율 또는 시험방법)

□ 제출자료 체크리스트

연번	제출자료	제출여부	첨부번호	비고
1. 제출자료 전체의 총괄 요약본		□ 예 □ 아니오		
2. 기원, 개발경위, 국내·외 인정 및 사용현황 등에 관한 자료				
2.1	기원	□ 국내 □ 국외		
2.2	개발경위	□ 국내 □ 국외		
2.3	국내·외 인정·허가 현황	□ 국내 □ 국외		
2.4	국내·외 사용 현황	□ 국내 □ 국외		
3. 제조방법 및 그에 관한 자료				
3.1	제조공정표 ※ 수입건강기능식품인 경우 제조회사가 발행한 자료	□ 예 □ 아니오		
3.2	원재료부터 단위공정별 제조방법 설명	□ 예 □ 아니오		
3.3	사용된 원료·첨가물이 식품 및 첨가물공전에 적합한지 여부	□ 예 (모두,일부) □ 아니오		
3.4	주요공정별 기능성분(또는 지표성분) 함량변화	□ 예 □ 아니오		
3.5	주요공정별 수율 변화	□ 예 □ 아니오		
4. 원료의 특성에 관한 자료				
4.1	원료를 특징지을 수 있는 성상, 물성 등	□ 예 □ 아니오		
4.2	기능성분(또는 지표성분) 및 근거	□ 예 □ 아니오 □ 기능성분 □ 지표성분		
4.3	영양성분정보자료	□ 예 □ 아니오		
5. 기능성분(또는 지표성분) 규격 및 시험방법에 관한 자료				
5.1	기능성분(또는 지표성분)의 규격 및 근거	□ 예 □ 아니오		
	※ 기능성분(또는 지표성분)의 시험성적서 및 분석자료 포함 * 여러 번(3 LOT)의 시험성적서	□ 예 □ 아니오		
5.2	표준품 정보 (자사표준품의 경우 순도, 구조동정, 유효기간 등 정보 추가)	□ 예 □ 아니오 □ 시판 표준품 □ 자사 표준품		
5.3	기능성분(또는 지표성분)의 시험방법	□ 예 □ 아니오 □ 공인 시험방법 □ 자사 시험방법		
	자사방법인 경우 밸리데이션 자료 추가)			

연번		제출자료	제출여부	첨부번호
6. 유해물질에 대한 규격 및 시험방법에 관한 자료				
6.1	유해물질 규격 항목(납, 카드뮴, 총 비소, 총 수은)의 규격 및 근거		□ 예 □ 아니오	
	※ 유해물질 규격 항목의 시험성적서 및 분석자료 포함		□ 예 □ 아니오	
6.2	유해물질 규격 미설정 항목(잔류 농약)의 시험성적서 및 분석자료		□ 예 □ 아니오	
6.3	필요시 추가 항목의 규격 및 근거 (예: 곰팡이독소, 미생물 등)		□ 예 □ 아니오	
	※ 추가 항목의 시험성적서 및 분석자료 포함		□ 예 □ 아니오	
6.4	유해물질(중금속, 잔류 농약, 미생물 등)의 시험방법		□ 예 □ 아니오	
7. 안전성에 관한 자료(의사결정도)				
7.1	섭취근거 정보		□ 예 □ 아니오	
7.2	기능성분 또는 관련 물질에 대한 안전성 검색 정보		□ 예 □ 아니오	
7.3	섭취량 평가 정보		□ 예 □ 아니오	
7.4	영양평가, 생물학적유용성, 인체적용시험 정보		□ 예 □ 아니오	
7.5	독성시험 * GLP기관 확인 여부	단회투여독성시험	□ 예 □ 아니오	
		3개월 반복투여독성시험	□ 예 □ 아니오	
		유전독성시험	□ 예 □ 아니오	
		특수독성(생식, 항원성, 면역, 발암성)	□ 예 □ 아니오	
8. 기능성 내용 및 그에 관한 자료				
8.1	시험관 시험	□ 신청원료(논문 편) * 시험기관:		
		□ 유사원료(논문 편)		
8.2	동물시험	□ 신청원료(논문 편) * 시험기관:		
		□ 유사원료(논문 편)		
8.3	인체적용시험	□ 신청원료(IRB 승인 보고서 편, 논문 편) * 인체적용시험기관:		
		□ 유사원료(IRB 승인 보고서 편, 논문 편)		
9. 섭취량, 섭취방법, 섭취 시 주의사항 및 그 설정에 관한 자료				
9.1	섭취량 및 근거		□ 예 □ 아니오	
9.2	섭취방법 및 근거		□ 예 □ 아니오	
9.3	섭취 시 주의사항 및 근거		□ 예 □ 아니오	
10. 의약품과 같거나 유사하지 않음을 확인하는 자료				
10.1	건강기능식품에 사용할 수 없는 원료 여부		□ 예 □ 아니오	
10.2	의약품과 같거나 유사한 건강기능식품 여부		□ 예 □ 아니오	

□ 전체 내용 요약

항목	주요 내용
1. 원료명	OO추출물
2. 원재료	OO(학명: , 사용부위:) OO(학명: , 사용부위:)
3. 기능 (지표) 성분	OO 성분 : OO
4. 제조공정	→ → → → → → → → 신청 원료
5. 규격 및 시험방법	1) 성상: 2) OO(기능 또는 지표성분): *(단위를 정확하게 기재)* 3) 납(mg/kg): 이하 4) 총 비소(mg/kg): 이하 5) 카드뮴(mg/kg): 이하 6) 총 수은(mg/kg): 이하 7) 대장균군: 8) 9)

	기능(지표)성 분 시험법	*공인여부 기재* *주요 기기분석 조건 기재(예: HPLC UV 260nm C18 column)*
5. 규격 및 시험방법	규격외 (잔류농약)	*수입식품검사지침 항목 또는 5가지 항목에 대한 결과 기재* (예)「식품의 기준 및 규격」에 신청원료에 대한 농약의 잔류허용기준은 없으며, 이에 따라 5가지 잔류농약(엔드린, 디엘드린, 알드린, BHC, DDT)에 대하여 국내 식품위생검사기관 시험결과 '불검출' 임을 확인함.
6. 안전성	의사결정도	(예) 섭취경험이 없는 OO(학명, 식품 원료 사용불가)의 OO를 배양·추출한 것으로 의사결정도 '라'에 해당
	섭취 근거	(예) <인정현황> ◦국내: 인정 현황 없음. ◦미국: FDA New Dietary Ingredient(NDI)로 유사원료가 등재('00) ◦중국: 보건식품(면역 증진)으로 유사원료 인정('00) <사용현황> ◦국내: 사용 현황 없음. ◦미국, 일본, 중국 등: 신청원료 함유 제품(OEM 생산)이 대량유통
	안전성 정보	(예) ◦안전성 정보 DB: OO, OO 등 위장 불편, 두통 등 보고 2건 ◦섭취 시 주의사항으로 'OO 복용 시 병용사용을 피할 것'(PDR)

6. 안전성	섭취량 평가	(예) ◦신청원료의 섭취량: 신청원료로서 00~00/일: 미국, 일본 등 신청원료 사용제품에서 신청원료의 일일섭취량: 00~00g/일 최대안전섭취량 00mg/일(, '00) 일일허용섭취량: 00mg/일(EU: 종/개체 간 전환계수 10을 적용) ・ 유사원료(기능성 원료, 제OO-OO호) 1일섭취량: 0~0g/일 ・ 유사원료의 사용량(혼합음료, 기타 가공품): 0g/일 ・ OO 원물로 환산 시, OOOO~OOg/일에 해당 ・ OO 1인 1회 분량: OOg(한국인영양섭취기준, '10) ・ OO 성인 1일평균섭취량: OOg(국민건강영양조사, '10) ・ 문헌에 의한 통상섭취량: OO/일(PDR) ⇒ 제안된 최대 섭취량은 통상섭취량(유통제품 등)과 유사하고(또는 3배 이내이고), 최대안전섭취량, 일일허용섭취량 이내임.
	인체적용시험	심각한 이상반응은 확인되지 않음(2g/일 섭취기준)
	독성 시험	◦단회 및 13주 반복투여시험에서 이상반응 및 독성 나타나지 않음. 최소치사량 00mg/kg・bw 이상, 무독성량 2,000mg/kg・bw ◦유전독성시험 결과, 독성이 관찰되지 않았음.
	기타 사항	*특이사항, 참작사항 등을 기재*
	섭취 시 주의사항	*◦[근거] 설정 근거를 기재*
7. 기능성	**신청 기능성**	
	신청 일일섭취량	로서 g/일
	시험관 시험	
	동물시험	[신청원료] ◦C57-BL/6 mice, 100~200mg/kg, 5일, 경구투여 - O조직의 oo 유의적 상승(대조군 대비, p<0.05) ◦빈혈유도 ICR mice, 100mg/kg, 주, 경구투여 - OO의 유의적 증가(대조군 대비, p<0.01) ※시험물질:
	인체적용시험	[신청원료] ◦건강한 성인(n=), g/일, 주(RCT, DB) - OO 및 OO 유의적 증가(대조군대비, p<0.05) ※인체적용시험기관: ('00), 시험 책임자: [유사원료] ◦건강한 성인(n=), g/일, 주(RCT, DB) - OO 및 OO 유의적 증가(대조군대비, p<0.05) ※시험물질: ---
	기타 사항	*특이사항, 참작사항 등을 기재*

(이상 식품의약품안전처 "2014년 기능성 원료 인정 신청을 위한 제출자료" 자료)

2. 기원, 개발경위, 국내·외 인정 및 사용현황 등에 관한 자료

(이하 식품의약품안전처 "2014년 기능성 원료 인정 신청을 위한 제출자료" 자료)

2.1. 기원

○ 신청원료(원재료 포함)를 언제, 어디서, 어떻게 사용해 왔는지 기술

○ 원재료가 천연물인 경우 기원, 학명, 원산지, 사용부위 등을 요약

〈원재료의 기원에 관한 정보〉

원재료명	○○○	△△△	비고(참고)
학명			
원산지			
사용부위			

※ 제조사(생산지) 등을 표시할 수 있음.
   (수입 원재료인 경우 수출국 제조사 확인 등)
※ 참고할 수 있는 출처 등을 명시

2.2. 개발경위

○ 신청원료를 언제, 어떤 경위로 개발하였고, 기반연구·인체적용시험 등을 언제부터 어떻게 실시하게 되었는지 등을 간략하게 기술

※ 신청원료의 '신청 기능성'과 관계된 부분을 중심으로 기술

2.3. 국내·외 인정·허가 현황

2.3.1. 국내

○ 국내 인정·허가 현황을 요약하여 기술(아래의 작성 예 참조)

○ 원재료 'OO'은 식품의 원료로 사용 가능(식약청 OO과-00호, '09.1.10)
○ 신청원료
　　-「식품공전」: 등재되어 있지 않으나, 식품원재료 DB검색결과 'ooo'로 등재
　　-「식품첨가물공전」 제4. 품목별 규격 및 기준 나. 천연첨가물 No. OOO (영문명)

(식품첨가물공전 규정)

　· *함량규격*:

　- 건강기능식품 기능성 원료 개별 인정(OOO 90% 이상 함유 원료): O건

(가능성원료 인정 내용)
· 원료명(인정번호　　　)
· 기능성:　　　　　　　　　　　　　　　　　　　(일일섭취량:　　　　)

　※ 참고
　· 식품공전, 식품첨가물공전, 건강기능식품공전: 우리 처 홈페이지> 법령자료>
　　법령정보> 고시·훈령·예규> 고시전문
　· 식품원재료 DB(http://fse.foodnara.go.kr/origin/dbindex.jsp) 참조

　-「대한약전외한약(생약)규격집」: 'oo'로 등재
　　△△: xx 나무(학명) 등의 미숙과일
　　OO : ∞ 나무(학명)의 잎

○ 유사원료 (OO)가 건강기능식품 기능성 원료로 인정:

　　- 제OO-OO호, OO, ㈜OO

인정번호	원료명	제조방법	지표성분	기능성내용	일일섭취량
			p	"	

※ 기 인정된 원료와 신청원료가 동일하지 않은 경우 차이점을 비교하여 기술

2.3.2. 국외

○ 국외 정부기관의 인정근거를 기재(예: GRAS, Novel food, FOSHU 등)

- 외국에서 신청원료와 동일한 것

- 중국약전(Pharmacopoeia of the People's Republic of china)에 등재

　(품목명:　　　　, 기능:　　　　　　　, 일일섭취량:　　　　　　)

- 중국 보건식품으로 "체력피로 완화" 카테고리로 인정(국식건자 GSJZ

20060189: 2006.02.13, 만료: 2010.07.22)

- *Mycelium of Paecilomyces hepali* powder

- 유사원료 함유제품(제품명: Nuskin Pharmanex brand JUN-Pei capsule)

- 일일섭취량: 3.18g/일

- 승인 기능성: 육체적 피로 완화(Alleviating physical fatigue)

- 제조사: Najing Potomak Beauty and Health product Co., Ltd

- 미국 FDA New Dietary Ingredient(NDI) list Code No. Rpt oo(2000)로 등재

  (제품명: ooo, 일일섭취량: oog/일, 제조사:)

◈ 작성 예
 - 인도: 전통적인 약용식물로 'Ayurvedic Pharmacopoeia'에 등재(첨부 xx)
 - 캐나다: △△추출물이 함유된 복합 제품이 NHP(Natural Health Product) 등재
    * 기능성: ----------   (일일섭취량:) (첨부 xx)

2.4. 국내·외 사용 현황

2.4.1. 국내

〈유통 판매 현황 표〉

제품사진	제품명	제조사	일일섭취량	표시내용	섭취 시 주의사항	섭취용도	유통량	기타

* 제품과 신청원료와의 동일성 또는 유사성 여부를 확인할 수 있도록 동일한 부분이 있는 경우 구분하여 표시할 것

2.4.2. 국외

<유통 판매 현황 표>

유통국	제품사진	제품명	제조사	일일섭취량	표시내용	섭취 시 주의사항	섭취용도	유통량	기타

* 제품과 신청원료와의 동일성 또는 유사성 여부를 확인할 수 있도록 동일한 부분이 있는 경우 구분하여 표시할 것

◈ 작성 예
- 인도에서 연간 oo톤 생산, 자국에서 oo톤 소비(첨부: 증명자료)
- 신청원료(상품명: oo, 제조사 동일)를 사용한 제품(식이보조제로서)이 미국, 캐나다, 유통 등으로 3년간 수출
  (첨부: 연도별 수출량 등, 식이보조제 목록, 표시사항 등)

* 국외 유통제품에 신청원료가 사용되었음을 확인할 수 있는 자료가 필요할 수도 있음.

(이상 식품의약품안전처 "2014년 기능성 원료 인정 신청을 위한 제출자료" 자료)

3. 제조방법 및 그에 관한 자료

(이하 식품의약품안전처 "2014년 기능성 원료 인정 신청을 위한 제출자료" 자료)

3.1. 원재료

○ 제조공정 상의 출발물질을 기재(가공과정이 들어간 경우, 제조과정을 설명)
※ 천연물이 아닌 경우 원재료의 특성을 알 수 있게 설명
3.1.1. 원재료 조성비

3.2. 개요

○ 제조과정을 기술한 제조공정으로 원재료에서 최종신청원료까지 제조공정을 요약(3줄 이내)

3.3. 제조공정표

(1) 제조공정	(2) 공정, 식품, 식품첨가물	(3) 기능/지표성분 함량변화(mg/g)	(4) 수율(kg)

```
┌─────────────┐
│    원재료    │        원재료 기재
└─────────────┘
       ↓
┌─────────────┐
│     추출     │    사용한 용매, 추출 조건 등 기재
└─────────────┘
       ↓
┌─────────────┐
│     여과     │    사용한 여과장치, 여과 조건 등
└─────────────┘
       ↓
┌─────────────┐
│     농축     │    사용한 농축장치, 농축 조건 등
└─────────────┘
       ↓
┌─────────────┐
│     건조     │    사용한 건조방법, 건조 조건 등
└─────────────┘
       ↓
┌─────────────┐
│     원료     │
└─────────────┘
```

(1)에는 제조공정의 단계별 과정을 대표할 수 있는 용어로 명시
(2)에는 제조공정에 사용된 모든 식품 또는 식품첨가물 및 조건 명시
  사용된 식품 또는 식품첨가물의 경우 기준 및 규격에 적합한지 확인
  사용한 기기는 식품을 제조하는 공정에 적합한지 확인
(3)에는 각 제조공정에 따른 기능(지표)성분의 함량 변화 명시
(4)에는 각 제조공정에 따른 수율 변화 명시

※ 사용한 식품. 식품첨가물. 기기 등은 사용하고자 하는 의도가 분명하고 명확하도록 설명

제조공정	식품/식품첨가물	조건	기능/지표성분 함량변화(%)	수율(kg)
(레몬밤 추출물)				
원재료(레몬밤)				505
↓				
추출 및 여과	열수	60℃, 7시간 0.2㎛		
↓				
농축				179
↓				
말토덱스트린 이산화 규소	10kg 0.5kg			
↓				
건조		170℃, SD		
↓				
레몬밤 추출분말			4.5~6.7	100
(뽕나무 잎)				
원재료(뽕나무잎)				125
↓				
추출 및 여과	열수	100℃, 4시간 270mesh		
↓				
농축/건조		170℃, SD		
↓				
덱스트린(60%)	60 kg			
↓				
뽕나무잎 추출분말			0.12~0.18	100
(인진쑥 추출분말)				
원재료(인진쑥)				300
↓				
추출	열수	85℃, 4시간 100mesh		
↓				
농축		80℃, SD		85
↓				
분말 첨가 및 건조	옥수수전분(20%)			
↓				
인진쑥 추출분말			0.07~0.11	30
(제품)				

레몬밤 : 뽕나무 :
인진쑥
44.5 : 44.4 : 11.1

<작성 요령>

○ 각 제조공정에 따른 기능(지표)성분의 함량 변화 기재

○ 신청원료의 제조공정별 수율 변화 기재

○ 사용된 식품 또는 식품첨가물의 경우 기준 및 규격에 적합한지 여부 기재

○ (예) 해당품목규격서, 시험성적서, 해당품목영업신고(허가)증

    수입되는 식품 또는 식품첨가물인 경우 '식품등의 수입신고필증'

    [수입원료인 경우 수출국 제조사에서 사용한 식품 또는 식품첨가물의 COA(Certification

    of Analysis) 또는 Product Specification과 우리나라의 기준 및 규격과 비교]

○ 제조사에서 실제 제조하는지에 대한 확인 자료

- 국내 제조인 경우: (예) 제조지시 기록서

- 수입인 경우: (예) 식품의약품안전처 수입신고필증

○ 필요시 제조과정 중 유해한 요소의 혼입 가능성 여부 설명

- 고순도의 기능성분의 경우 degradation 되는 물질에 의한 안전성 문제가 없는
지 고려

- 발효과정(혐기성 발효, 호기성 발효 등)이 있는 경우 발효 대사산물(mycotoxin) 안
전성 및 효모류의 발효에 의한 주정생산 가능여부 등 고려

- 해양수산물(조류, 조류를 먹이로 하는 수산물)의 phycotoxin 고려

○ 필요시 BSE(bovine spongiform encephalopathy) 관련 자료

(이상 식품의약품안전처 "2014년 기능성 원료 인정 신청을 위한 제출자료" 자료)

4. 원료의 특성에 관한 자료

(이하 식품의약품안전처 "2014년 기능성 원료 인정 신청을 위한 제출자료" 자료)

4.1. 원료를 특징지을 수 있는 성상, 물성 등

○ 성상:

○ 물성

일반명	
구조	
분자식	
분자량	
CAS No.	
녹는점	

4.2. 기능성분(또는 지표성분) 및 근거

○ 기능성분(또는 지표성분)

- 기능성분(또는 지표성분)을 정하고 설정 근거를 서술

○ 기능성분인지, 지표성분인지를 표시 [기능성분이라면 그 근거자료(기능성 자료)를 명시]

- 정의, 화학구조, 물리화학적 성질, 구조식, 분자식, CAS No. 등을 기재

※ 원재료(identity)와 제조과정의 표준화(integrity)를 적절히 할 수 있는 기능성 분(또는 지표성분)으로 설정. 다만, 어려운 경우 역가시험(생화학적시험방법) 또는 확인시험 등을 사용할 수 있음.

◈ 작성 예
  ○ 기능성분: 히알루론산(Hyaluronic acid) 480~730mg/g

구조	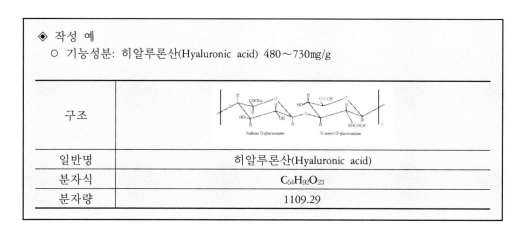
일반명	히알루론산(Hyaluronic acid)
분자식	$C_{54}H_{92}O_{23}$
분자량	1109.29

4.3. 영양성분정보자료

○ 기능성 원료의 기본 영양성분에 관한 사항을 기재

○ 열량, 탄수화물, 단백질, 지방은 정수단위로, 비타민 및 무기질 등 미량 영양소는 소수 첫째자리단위로 기입

○ 기본적으로 탄수화물, 단백질, 조지방 등의 자료가 필요하며 원료의 특성에 따라 차별화되어 분석자료 필요. 지방산의 경우 지방산 조성, 다당체의 경우 분자량 프로파일 등의 finger print 자료 필요

.[검사기관명: *검사기관명을 기재*]

성분	함량	성분	함량
열량(kcal/100g)		수분(%)	
탄수화물(%)		회분(%)	
조지방(%)		나트륨(mg/100g)	
조단백질(%)			

(이상 식품의약품안전처 "2014년 기능성 원료 인정 신청을 위한 제출자료" 자료)

5. 기능성분(또는 지표성분) 규격 및 시험방법에 관한 자료

(이하 식품의약품안전처 "2014년 기능성 원료 인정 신청을 위한 제출자료" 자료)

5.1. 기능성분(또는 지표성분)의 규격 및 근거

○ 기능성분(또는 지표성분)의 규격 및 설정 근거에 대하여 요약하여 기재

5.1.1. 기능성분(또는 지표성분)의 규격

5.1.2. 설정근거

1) ooo: oo 시험기관 성적서[첨부   ]

반복 수 ＼ Lot No.	1 (Lot)	2 (Lot)	3 (Lot)	평균
1반복				
2반복				
3반복				
평균				

[검사기관명 : ○○○○식품연구원]

5.2. 기능성분(또는 지표성분) 표준품 정보

○ oooooo

☐ 시판되는 표준품	표준품명	
	제조·판매회사명	
	구조식	
	CAS No.	
☐ 자사 표준품	표준품명	
	구조식	
	CAS No.	
	순도	
	유통기한	
	제공여부 확인서 제출여부	☐ 예 ☐ 아니오

○ 자사표준품의 경우 구조, 순도 등을 확인하기 위해서 NMR, HPLC/RI 등 분석자료가 필요하며 유통기한 확인을 위한 시험분석자료 필요

5.3. 기능성분(또는 지표성분) 시험방법

▫ 공인시험방법	출처:
▫ 자사시험방법	▫ 시험방법 타당성(밸리데이션) 자료 제출 여부

<시험방법>
○ 시험방법은 아래의 작성예의 양식을 참고하여 작성

◆ 작성 예
1. 장비와 재료
 1.1 실험실 장비 및 소모품
  1.1.1 부피플라스크(100㎖)
  1.1.2 HPLC용 유리병
  1.1.3 용매용 일회용 실린지
  1.1.4 여과용 멤브레인필터(PTFE, 0.2㎛)
  1.1.5 초음파진탕기
  1.1.6 진탕기(Vortex)
 1.2 분석장비
  1.2.1 고속액체크로마토그래프
  1.2.2 자외부흡광광도검출기(UV Detector) 또는 다이오드어레이 검출기(Diode Array Detector)
  1.2.3 YMC-pack ODS(4.6㎜ I.D.×150㎜, 5㎛) 또는 이와 동등한 것

2. 표준물질 및 일반시약
 2.1 표준물질
  2.1.1 엘라그산(Ellagic acid)
    분자식: C14H6O8, 분자량: 302.197, CAS No.: 476-66-4
 2.2 일반시약
  2.2.1 0.1N 수산화나트륨용액(Sodium hydroxide soln., Extra grade)
  2.2.2 아세토니트릴(Acetonitrile, HPLC grade)
  2.2.3 포름산(Formic acid, Extra grade)
  2.2.4 증류수(Distilled water)

3. 시험과정
 3.1 표준용액 제조
  3.1.1 표준물질 적정량을 0.1N 수산화나트륨용액으로 용해하여 1.0mg/㎖가 되게

녹여 표준원액으로 한다.
　　3.1.2 상기 용액을 진탕하여 녹인 후 증류수로 희석하여 표준용액으로 한다
　　(예: 0.1, 0.07, 0.04, 0.01mg/ml).
　3.2 시험용액 제조
　　3.1.1 검체 약 2g(ellagic acid로서 40mg)을 취한 후 100ml 부피플라스크에 넣는다
　　(1.0mg/ml).
　　3.1.2 0.1N 수산화나트륨 용액으로 표선까지 맞춘다.
　　3.1.3 초음파진탕기에서 충분 히 녹인 후 상온에서 식힌다.
　　3.1.4 상기용액 1ml을 10ml 부피플라스크에 넣고 증류수로 표선가지 맞춘 후 멤브
　　레인 필터로 여과하여 시험용액으로 한다.

4. 분석 및 계산
　4.1 기기분석
　　　다음 표 1의 조건으로 사용하되 적용되는 기기에 따라 조정이 필요할 수 있다.

표 1. 고속액체크로마토그래프 조건

항목	조건
주입량	10μl
칼럼온도	40℃
이동상	A 용매-0.1% 포름산 B 용매-아세토니트릴
유속	0.5ml/분
검출기 파장	250nm

표 2. 이동상 조건

시간(분)	용매	
	A(%)	B(%)
0	90	10
10	90	10
25	55	45
30	30	70
33	90	10
40	90	10

　4.2 계산
　　엘라그산(Ellagic acid) 함량(mg/g)=C×V/W
　　C: 시험용액 중의 Ellagic acid 농도(mg/ml)
　　V: 시험용액의 전량(ml)
　　W: 시료채취량 (g)

○ 시험방법 밸리데이션(고려사항)

(특이성, 정확성, 정량한계, 직선성, 정밀성 검토)

- 특이성: 분석하고자 하는 성분에 대해 특이적으로 반응하는 시험법이고, 주변 간섭물질로부터 선택적으로 분석이 가능한지 확인

- 정확성: 분석하고자 하는 성분이 원료(매트릭스)에서 분리할 수 있는가를 확인하는 항목으로(traceability), 알고 있는 참값을 원료에 가하여 참값을 정확히 회수할 수 있는가를 회수율(Recovery)로서 실험한 것인지 확인

※ 정확성 평가 방법: CRM, RM, Spiking & Recovery

- 정량한계: 정확성, 정밀성이 확보된 기기분석방법을 통하여 정량값으로 표현할 수 있는 시료 중 분석대상물질의 최소량인지 확인(Signal/Noise 비율로 결정)

- 직선성: 분석하고자 하는 물질 양에 대한 기기적인 신호값이 직선적으로 관찰되었는지 확인[이때의 직선성은 분석하고자 하는 물질의 양과 그에 대한 반응값의 범위는 중심값(측정값)으로부터 상하로 3점 이상에서 확인되었는지]

※ 통상적으로 상관계수(Correlation coefficients)는 0.995 이상인 경우 인정

- 정밀성: 시료속의 분석대상물질이 여러 회의 반복시험을 통하여 통계적으로 유의한 차이가 없는 범위에 속하는지[단순반복성(repeatability)], 측정 날짜 간, 사람 간, 기기 간, 실험실 간)

※ 통상적으로 RSD가 5% 이하인 경우 인정

※ 단순반복성의 RSD가 5% 이상인 경우 측정날짜, 사람 간, 기기 간 등을 추가적으로 확인해야 함.

- 범위: 정밀성, 정확성 및 직선성을 포함할 수 있는 범위(상한값, 하한값)로 설정

(이상 식품의약품안전처 "2014년 기능성 원료 인정 신청을 위한 제출자료" 자료)

6. 유해물질에 대한 규격 및 시험방법에 관한 자료

(이하 식품의약품안전처 "2014년 기능성 원료 인정 신청을 위한 제출자료" 자료)

6.1. 유해물질 규격항목(납, 카드뮴, 총 비소, 총 수은)의 규격 및 근거

※ 시험성적서 및 분석 자료 포함

○ 실측치를 고려하여 가능한 낮은 규격으로 설정하고, 일일 최대섭취량을 제안한 기준규격에 대비했을 때 그에 따른 일일노출량이 규정에서 정해진 일일 최대노출허용량 이내로 설정되었는지 확인

※ 시험성적서 및 분석 자료 첨부

6.2. 유해물질 규격 미설정항목(잔류 농약)의 시험성적서 및 분석자료

○ 「식품의 기준 및 규격」에 농약의 잔류허용기준이 없는 경우: 5가지 농약(엔드린, 디엘드린, 알드린, BHC, DDT)에 대하여 시험결과와 분석자

○ 「식품의 기준 및 규격」에 농약의 잔류허용기준이 있는 경우: **「수입식품등 검사에 관한 규정」**(식품의약품안전처 고시 제2014-23호, 2014. 2. 12, 개정) 별표 3. 정밀검사대상 잔류농약 검사항목에 대하여 시험결과와 분석자료

[별표 3]정밀검사 대상 잔류농약 검사항목

1. 동시다분석 검사대상: <u>59종</u>
다이아지논(Diazinon), 디디티(DDT), 디코폴(Dicofol), 디크로보스(Dichlorvos), 말라치온(Malathion), 메소밀(Methomyl), 메톡시페노자이드(Methoxyfenozide), 메티다치온(Methidathion), 보스칼리드(Boscalid), 비에치씨(BHC), 비펜스린(Bifenthrin), 싸이퍼메쓰린(Cypermethrin), 싸이프로디닐(Cyprodinil), 싸이할로쓰린(Cyhalothrin), 아세타미프리드(Acetamiprid), 아족시스트로빈(Azoxystrobin), 아트라진(Atrazine), 에치온(Ethion), 엔도설판(Endosulfan), 이마자릴(Imazalil), 이소프로치오란(Isoprothiolane), 이프로디온(Iprodione), 이프로발리카브(Iprovalicarb), 카바릴(Carbaryl), 카보후란(Carbofuran), 캡탄(Captan), 퀸토젠(Quintozene), 클로로타로닐(Chlorothalonil), 클로르피리포스(Chlorpyrifos), 클로르피리포스-메틸(Chlorpyrifos-methyl), 클로르훼나피르(Chlorfenapyr), 톨크로포스-메칠(Tolclofos-methyl), 트리아디메폰(Triadimefon), 트리아조포스(Triazophos), 트리플루미졸(Triflumizole), 트리플루무론(Triflumuron), 티아메톡삼(Thiamethoxam), 파라치온(Parathion), 파라티온-메틸(Parathion-Methyl), 파클로부트라졸(Paclobutrazol), 퍼메쓰린(Permethrin), 페나리몰(Fenarimol), 페니트로치온(Fenitrothion), 펜발러레이트(Fenvalerate), 펜토에이트(Phenthoate), 펜프로파스린(Fenpropathrin), 펜헥사미드(Fenhexamid), 포스메트(Phosmet), 프로시미돈(Procymidone), 프로클로라즈(Prochloraz), 프로페노포스(Profenofos), 플루벤디아마이드(Flubendiamide), 플루페녹수론(Flufenoxuron), 피라크로스트로빈(Pyraclostrobin), 피리메타닐(Pyrimethanil), 피리미카브(Pirimicarb), 피리미포스-메틸(Pirimiphos-methyl), 헥사프루무론(Hexaflumuron), 후루디옥소닐(Fludioxonil)

6.3. 필요시 추가항목의 규격 및 근거

※ 시험성적서 및 분석 자료 포함.

○ 제조과정 중 유해한 요소의 혼입 가능성이 있는 경우 필요한 규격을 설정

○ 미생물: 신청원료가 분말이라면 대장균군에 대한 규격을 설정하고 액상의 경우

○ 용매: 물, 주정 이외의 용매를 사용하여 제품을 제조하였다면 그 용매에 대한 잔류규격이 식품첨가물의 기준 및 규격에 적합하게 설정

○ 곰팡이독소, 동물용의약품: 원재료가 곰팡이독소나 항생제 등에 잔류·오염 될 가능성이 있다면 설정

○ 방사능 오염: 방사능에 노출될 우려가 있다면 그에 대한 규격을 설정

※ 시험성적서 및 분석 자료 첨부

■ 시험성적서 요약표

[시험기관명 : ○○○○식품연구원]

제안 기준 및 규격	시험항목		제안 기준 및 규격	실측치(시험성적서)		
	성상			특이한 냄새가 있는 백색의 결정성 분말		
	기능성분(지표성분)(mg/g)		L-carnitine 620-760			
			L-주석산 280~350			
규격항목	중금속 (mg/kg)	납	1 이하	0.0662		
		총 비소	1 이하	0.0131		
		카드뮴	0.9 이하	0.0009		
		총 수은	0.6 이하	불검출		
	미생물	대장균군	음성	음성		
		세균 수(cfu/g)	-			
	곰팡이 독소	독소명 기재	-			
	잔류용매	용매명	-			
규격 미설정 항목	동물용의약품	검사 수	-			
	잔류농약	49종		-		
		5종		불검출		

○ 신청원료의 특성에 따라 해당항목만 표시하고 해당사항이 없는 항목은 '-' 표시

○ 시험항목이 더 있는 경우 칸을 더 만들어서 기재

○ 분석결과가 3회 이상일 경우에는 칸을 더 만들어서 기록

■ 중금속의 1일 노출량

중금속명	실측치[a] (mg/kg)	최대 섭취량[b] (g)	제안규격[c] (μg/g)	제안규격에 의한 일일 노출량[d](μg)				1일 최대 노출허용량 (μg)
납								10.8
총 비소								150
카드뮴								3.0
총 수은								2.1

a) 실험치: 한국기능식품연구원 3LOT 실측치의 평균값

b) 최대섭취량: 신청원료 1일 최대섭취량 2g/일으로 설정(신청사, 최대섭취량 5g으로 신청함.)

c) 제안규격: 신청인이 제안한 규격

d) 제안규격에 의한 일일노출량: b×c

(이상 식품의약품안전처 "2014년 기능성 원료 인정 신청을 위한 제출자료" 자료)

7. 안전성에 관한 자료

(이하 식품의약품안전처 "2014년 기능성 원료 인정 신청을 위한 제출자료" 자료)

〈건강기능식품 기능성 원료의 안전성평가를 위한 의사결정도[별표3]〉

○ 원료의 제조공정 및 인정 현황 등을 감안하여 의사결정도의 무엇에 해당하는지 기재
<안전성에 관한 제출자료>
:「건강기능식품 기능성 원료 인정에 관한 규정」별표 3. 의사결정도 1. 제출되어야 하는
안전성 자료의 범위에 따라 제출하여야 하는 안전성 자료를 기재

7.1. 섭취근거 정보

2.3. 국내·외 인정·허가 현황 및 2.4. 국내·외 사용 현황으로 갈음

7.2. 기능성분 및 관련물질의 안전성(부작용·독성 등) DB 검색 정보

○ 기능성분, 원재료 또는 기타 관련물질에 대하여 알려져 있는 안전성 또는 독
   성 정보, 국내·외에서 학술지에 게재된 자료와, 국내·외 정부보고서 또는
   국제기구 보고서 그리고 관련 데이터베이스의 검색결과 기술(Ref 기재)

검색데이터베이스	검색어	검색결과	안전성 관련 정보 여부	첨부번호

◆ 작성 예

□ Toxline, Natural Medicines DB, PDR health, Pubmed 등의 DB 검색 결과

검색데이터베이스	검색어	검색결과	안전성 관련 정보 여부	첨부번호
Toxline	(coenzyme Q10) And (safety or adverse or toxic)	x	x	
Pubmed	(tomato or lycopene) And (safety or adverse or toxic)			
PDRhealth	'coenzyme Q10'			
Natural Medicines	'coenzyme Q10			

○ Natural medicines Comprehensive Database
  - 1알 60g을 7일 동안 섭취하는 경우 혈중 암모니아 수치가 상승하였으나 독성이
    나타나지 않았음.
  - 만성 알코올중독자에게서 뇌 이상 초래하였으나 ○○ 섭취 중단 시 정상화(J xxx
    Nutr Diet 5:xx-56, 19**)
○ 혈당 감소, 입 마름, 복부 불편 등이 보고됨(PDR, J Alt Complement Med 4(4):429-457, 1998).

○ 기능성분, 원재료 또는 기타 관련물질에 대하여 알려져 있는 안전성 또는 독성 정보, 국내·외에서 학술지에 게재된 자료와, 국내·외 정부보고서 또는 국제기구 보고서 그리고 관련 데이터베이스의 검색결과를 기술

(작성 예)

3.WHO monograph	- 임산부, 수유부, 어린이 섭취에 대한 자료 없음.
PDR of Herbal Medicin	- 부작용 없음.
The Longwood herbal Task Force	- 접촉 시 피부염 보고 - GRAS로 인정되고 급성독성은 없음. - 갑상선 호르몬을 억제할 수 있으므로 Graves' 병을 가진 사람은 섭취에 주의
DrugDigest	- 갑상선 호르몬을 변화시킬 수 있으므로 주의 필요 - 어린이 임산부 섭취에 대한 자료 없으므로 섭취에 주의 - 수면을 유도하고 진정시키는 효과가 있으므로 수면을 유발하는 약물과 병용 금지 - 알코올과 □□과의 섭취는 졸리고 나른함을 증폭할 수 있음.
Herbs & Supplements, EBSCO	- 중대한 부작용 없음. - 활력 및 정신활동을 감소시키므로 운전과 같은 활동 시 주의
Health Canada	- 알코올과 동시 섭취는 권장하지 않음.
Natural Medicines Comprehensive DB	- 진정작용 있으므로 알코올과 병용 섭취 시 진정작용이 증폭되므로 사용 금함.

7.3. 섭취량 평가 정보

○ 원재료를 식품으로 사용하던 경우에는 제안된 원료의 섭취량이 일상적으로 섭취하는 원재료 평균섭취량의 3배 또는 극단량(95 백분위수)보다 많은지를 확인한다. 또한, 원재료를 약용으로 섭취하던 경우에는 제안된 원료의 섭취량이 원재료의 평균섭취량보다 많은지를 확인(Ref 기재)

○ 과학적이고 객관적인 문헌이 있을 경우 이를 인용 식품에서 특정성분을 분석한 다양한 논문들을 검색하고 국민영양조사 등의 식품섭취량에 관한 정보를 줄 수 있는 자료들을 조합하여 직접 계산

○ 국내외에서 식품 및 건강기능식품으로 판매되고 있는 제품과 섭취량을 비교

○ 전통적 사용량에 대한 자료가 있는 경우 이를 기재하고 섭취량과 비교

○ 국내외에서 식품 및 건강기능식품으로 판매되고 있는 제품

◈ 작성 예 1

┌───┐
│ ※ 제시한 일일섭취량: 'oo(신청원료)'으로서 100mg/일 │
└───┘

○ 건강기능식품 기능성 원료 개별 인정: oo로서, 100～120mg/일
○ 국민영양조사 등 식품섭취량 정보와 비교
　생△△(600kg)→건조△△(109kg)→△△농축액(42kg) → △△추출물분말(53kg)
　30g/일　　　　　　　　　　　　　　　　　　　　　　　　　　　　　　3g/일
　- '△△'의 평균 섭취량 xx ± xx g/일, 극단 섭취량 xx g/일('05년 국민건강영양조사)
　- '△△'의 국민 1인 1회 섭취분량 xx g('09년 농촌진흥청 「식품영양가표」; 농촌생활
　　과학연구 2002)
　- '△△'섭취자의 평균 섭취량 xx g/일, 극단 섭취량 xx g/일('01년 식이노출량 평가
　　를 위한 식품별 섭취량 분포, 한국보건산업진흥원)
　- xx 복용량: ** ～ xx g/일(중약대사전)
　- xx 복용량: ** ～ xx g/일(동의보감)
　⇒ 원재료(△△)로서 1일 30g을 섭취하는 것에 해당하며, 국민 일상섭취량 또는 유
　　통판매 섭취량보다 3배 이상 증가하지 않음.
○ 전통적 사용량과의 비교

문헌 및 자료	복용방법	복용량
중약대사전	열매 가루 및 알약	～ g/일
본초강목	열매 가루	～ g/일
동의보감	열매 가루	～ g/일

◈ 작성 예 2

○ ** 추출물 적용 예

┌───┐
│ ※ 신청원료 제안 섭취량: 6g～10g/일(○○추출분말) │
│ 　○○추출물로서: 1.5g～2.5g/일 │
│ 　주스로 환산 시(12brix): 259～432㎖/일 │
│ 　농축액으로 환산 시(65brix): 72～120㎖/일 │
└───┘

- ・ ○○추출물로서 시중 판매 음료
  - ○○ 쥬스(12brix, 100%) 1회 제공량 100㎖~120㎖
  - ○○ 농축액(60brix 이상, 20~100%) 제공량 500㎖ 병
- ・ 국민건강영양조사결과(2010년) ○○의 일일섭취량은 95g임.
- ⇒ 원재료(△△)로서 1일 30g을 섭취하는 것에 해당하며, 국민 일상섭취량 또는 유통 판매 섭취량보다 3배 이상 증가하지 않음.
  - ○ ** 혼합 농축액의 예
    - 신청원료가 ☆☆농축액 g+▽▽/oo/xx/△△ 혼합농축액 g이라고 한다면,
    - 세 가지 혼합농축액의 수율이 % 이므로 혼합농축액 g은 g(세 원재료의 합)에 해당
    - 세 가지 성분 배합비가 : : 임을 감안하면 각각은 Ag, Bg, Cg에 해당

	▽▽	oo	△△	☆☆ 농축액
기존 섭취량	・기성한약서: 건중량 기준으로 ~ g 권장 (한약본초학) ・미국 PDR: 서양 기준으로 ~ g 권장	・한약서: ~ g 권장(한약리학) ・미국 PDR: 뿌리 껍질~ g), 뿌리(~ g)	・미국 PDR: 추출물분말 ~ mg 권장	・건강기능식품공전: 1의 합으로서 ~ mg
제안 섭취량	・Ag	・Bg	・Cg	・기능성분으로서 mg

⇒ 원재료로 환산 시, 제안한 섭취량이 기존 섭취량 범위 내에 모두 포함.

○ 다음 표를 참고하여 자유롭게 비교 기술하면 됨.

	신청 원료	국민 섭취량자료						전통적 사용량[2]		국내・외 유통제품[3]		
		국민평균 섭취량 (국민건강 영양조사)		국민1인 1회 섭취량 (식품영양 평가표)		섭취자 평균 섭취량 (식품 섭취량 자료 DB)				식품 판매 제품	의약품 판매 제품	건강기 능식품 판매 제품
신청 원료 섭취량		평균	극단 섭취량	평균	극단 섭취량	평균	극단 섭취량					
원재료 섭취량[1]												
지표물질 섭취량												

1) 원재료 섭취량: 최종제품에서 제조수율 및 배합비를 고려하여 원재료로 섭취 시 섭취량 계산(수율: %)
2) 전통적 사용량: 전통적 사용이 기록되어 있는 과학적 자료 또는 역사적 사용 기록(예: "기성한약서에 대한 잠정규정"에서 정한 기성한약서인 방약합편, 동의보감, 향약집성방, 광제비급, 제중신편, 약성가, 사상의학, 의학입문, 경악전서, 수세보원, 본초강목 또는 국외자료 GRAS, PDR, Commission E 등)
3) 국내·외 유통제품: 식품, 의약품, 건강기능식품으로 판매되고 있는 제품의 일일섭취량(/일)과 지표물질을 함량을 계산하여 수록

※ 신청원료의 제안 섭취량
- 일일섭취량: mg/일
- xx 원물로 환산 시: mg ~ mg/일(수율   %)

7.4. 영양평가, 생물학적 유용성, 인체적용시험 정보

○ 영양평가 정보

건강기능식품 기능성 원료가 기타 영양성분의 흡수·분포·대사·배설 등에 미치는 영향을 연구한 자료를 요약

영양소, 식품, 의약품과의 상호작용 등에 관한 자료를 요약

◈ 작성 예(코엔자임Q10)
· Vitamin K3 유사작용을 나타내므로 Wafarin의 항응고 작용에 영향을 미칠 수 있어 주의 필요
◈ 작성 예(식이섬유)
· 장관 내에서의 다른 영양소의 흡수저해를 유발할 수 있음.

○ 생물학적 유용성 정보

건강기능식품 기능성 원료 또는 성분이 체내 흡수 후 생체작용에 반영되는 정도를 연구한 자료를 요약

○ 시간대별로 측정한 기능성분의 AUC(Area under the Curve), 혈중최고농도도달시간(T_{max}), 혈중최고농도(C_{max}) 등

○ 인체적용시험 정보

기능성 시험을 위해 인체적용시험을 수행할 때, 안전성지표와 이상반응의 확인
항목이 있으면 이를 기술

이상반응사례, 기초 건강지표(체중, 혈압, 심전도 등), 혈액학적·혈액생화학적
검사(헤마토크리트, 혈색소, 백혈구 수, 적혈구수, 혈소판 수, 혈당, AST, ALT,
ALP, 총 단백질, 알부민, 총 빌리루빈, γ-GTP, 콜레스테롤(total, LDL, HDL), 중성
지방, 요소질소, 크레아티닌, 요산, calcium, potassium 등) 및 뇨검사(산도, 아질산
염, 케톤체 등)

참고

상호작용	근거자료
· 영양소 간 상호작용 · 식품 간 상호작용 · Drugs · Herbs & Supplements 등	· Natural Medicines Comprehensive DB · Metabolism and Transport Drug Interaction Database · 그 외 앞에서 제시된 DB를 통해 검색된 일, 이차 문헌 등

안전성 지표의 변화가 관찰되어 안전성 우려가 제기된 경우 이를 구체적으로
기재(섭취 전후 지표 변화, 이상반응 발현빈도 등 raw data 기술), ref 기재

[안전성 평가를 위한 인체적용시험 요약]

디자인	대상자(탈락률)	시험물질 섭취량/섭취기간	안전성지표	결과	비고
DB RCT 등	대상자 특성 나이 등 기재, 모집n수 대비 탈락률 기재	· 시험물질 (신청원료 여부 기재) · 섭취량, 섭취기간 기재	안전성 지표 기재 (예: 기초건강지표, 혈액학적검사, 혈액생화학적검사, 뇨검사, 이상반응 등)	시험결과 기재	▶ 저널명, 호수, 페이지 (연도) ▶ 첨부번호

7.5. 독성시험

○ 독성지표의 변화가 관찰되어 독성 우려가 제기되는 경우 이를 구체적으로 기재
○ 독성시험종류별로 별첨(마지막 장)을 작성
○ 시험물질이 신청원료와 동일한지를 반드시 표시하고, 다른 경우(신청원료 중 기능성분 또는 지표성분 등) 별도의 표로 작성

[안전성 평가를 위한 독성시험자료 요약표]

시험종류	종 및 계통	투여 방법	투여 기간	시험물질, 용량	시험결과	비고
단회 투여	SD Rat (M 10, F 10) 설치류	경구	1회	· 시험물질 · 투여량(예: 0, 2,000mg/kg/bw)	· 시험결과 기재(예: 특이한 일반증상, 사망례, 유의한 체중변화 및 육안적 병변 소견 없음) · $LD_{50}>2,000mg/kg$	▶ GLP 여부, 논문/보고서 여부 기재 ▶ 첨부번호 (예) ▶ 논문 ▶ 첨부1
13주 반복 투여	SD Rat (M 40, F 40) 설치류	경구	13주	· 시험물질 · 투여량(예: 0, 500, 1,000, 2,000mg/kg/bw)	· 시험결과 기재 (예: 시험물질과 관련된 임상증상, 행동이상, 체중변화, 폐사개체가 관찰되지 않음) · NOAEL>2,000mg/kg/bw	▶ GLP 여부, 논문/보고서 여부 기재 ▶ 첨부번호
유전 독성	복귀돌연변이 (Ames test) · S. typhimurium TA98, TA100, TA1535, TA1537 · E.coli WP2 uvrA		1회	· 시험물질 · 투여량(예: 0~5mg/plate)	· 양성/음성 기재 (예: 복귀돌연변이를 유발하지 않음)	▶ GLP 여부, 논문/보고서 여부 기재 ▶ 첨부번호
	염색체 이상시험 CHL cells		1회	· 시험물질 · 투여량(예: 0~5mg/ml)	· 양성/음성 기재(예: 염색체 이상을 나타내지 않음)	▶ GLP 여부, 논문/보고서 여부 기재 ▶ 첨부번호

| | 소핵시험 | ICR 마우스 골수세포 | | 1회 | ・시험물질
・투여량(예: 125, 250, 500, 1,000, 2,000mg/plate) | ・양성/음성 기재(예: 소핵을 유발하지 않음) | ▸ GLP 여부, 논문/보고서 여부 기재
▸ 첨부번호 |
| 기타 독성 | 발암성시험 생식발생독성 | | | | | 모체 및 F1에서의 NOAEL를 기재하고 용량의존적으로 독성이 증가하거나, 다른 군에 비해 독성이 심각한 경우 이를 포함. | ▸ GLP 여부, 논문/보고서 여부 기재
▸ 첨부번호 |

(이상 식품의약품안전처 "2014년 기능성 원료 인정 신청을 위한 제출자료" 자료)

8. 기능성에 관한 자료

(이하 식품의약품안전처 "2014년 기능성 원료 인정 신청을 위한 제출자료" 자료)

■ 제안된 기능성내용 및 섭취량

○ 기능성 내용: 제안한 기능성 내용을 기재

○ 일일섭취량: 제안한 일일섭취량을 기재

■ 기능성 제출자료

시험물질	총 제출자료(건)	시험관 시험(건)	동물시험(건)	인체적용시험(건)
신청원료				
참고자료				

○ 자료의 요건에 적합하지 않은 경우

○ 포스터 발표자료

○ 학위논문, 홍보책자, 잡지, 특허, 초록, 총설 등 학술지 미게재 보고서 등

○ 시험물질이 다른 경우

○ 기능성내용이 신청한 내용과 다른 경우

○ 투여경로가 다른 경우(위장관투여, 정맥투여, 복강투여) 등

○ 시험물질이 신청원료는 아니나 원료의 유사성 등이 인정되는 경우 supportive data로서 검토 가능함.

○ 환자 대상의 연구 등

<제출자료 요약> (예)

No	시험물질 섭취량/섭취기간	문헌 명	자료 요건	연구유형	대상	섭취 경로	바이오마커
1	신청원료		○	human	비만(BMA 110% 이상)	경구	체중, 체지방, 혈중 지질 농도
2	신청원료		○	human	비만(BMI 25～30)	경구	체지방, 허리둘레, 혈중 지질 농도
3	유사원료 (□ 추출물)		○	in vivo	Zucker rat	경구	체중, 혈중 지질 농도
4	유사원료 (□메탄올추출물)		○	in vivo	고지혈증 쥐	경구	체중, Lipid profile, Hmg-Co A reductase
5	유사원료 (□ 열수추출물,분말)		×	in vivo	C57BL/6 mice	경구	혈중 지질 농도

※ IRB 승인보고서를 제출하는 경우에는 인체시험계획서, 윤리위원회 승인을 받은 최종보고서, 변경이 있는 경우 변경요청서와 IRB 변경승인서

■ 추측 가능한 작용기전
○ 신청원료가 제안한 기능성을 나타내기 위한 작용기전을 요약하여 기재(10줄 이내)
○ 제출한 논문이 제안한 작용기전을 어떻게 뒷받침하는지에 대하여 설명(출처를 인용)

8.1. 시험관 시험
○ 개별적인 기능성자료의 실험계(세포주), 시험물질, 바이오마커, 연구결과 등에 대하여 바이오마커의 유의적 변화 위주로 개조식 서술(시놉시스 번호, 참고문헌 서지사항 기재)
[신청원료]
[시험관 시험자료 요약]

실험물질	실험계	실험방법	결과	비고
(신청원료) 원료정보	사용한 세포주 나 특성 기재	방법 간단히 기재	· 결과를 기재 (예시) · 전지방세포주 3T3-L1에 "OOOO"를 농도별로 처리 시 지방세포 분화율이 농도 의존적으로 억제되었으며, 지방축적에 관련되는 PPARr, aP2, GPDH의 mRNA 유전자 발현이 유의적으로 억제되었음.	▶ 저널명, 호수, 페이지(연도) ▶ SCI 여부 ▶ 첨부번호 ▶ 시놉시스 번호

[참고자료]

▶ 제출자료 중 시험물질이 신청원료는 아니나 원료의 유사성 또는 기능성을 나타내는 기능성분으로 추정 가능한 경우 참고자료로 작성

▶ 개별적인 기능성자료의 실험계(세포주), 시험물질, 바이오마커, 연구결과 등에 대하여 바이오마커의 유의적 변화 위주로 개조식 서술(시놉시스 번호, 참고문헌 서지사항 기재)

◈ 작성 예
"OOOO"의 인공타액, 인공위액, 인공췌액, 소장 효소에 의한 소화성을 확인한 결과,
"OOOO"의 분해가 확인되지 않았음.

8.2. 동물시험

○ 개별적인 기능성자료의 시험동물, 시험물질, 바이오마커, 시험결과 등에 대하여 바이오마커의 유의적 변화 위주로 개조식 서술

[신청원료]

[동물시험자료 요약]

시험 물질	실험동물	섭취량/ 섭취기간	바이오마커	결과	비고
(신청원료) 원료정보	동물의 종, 연령 대조군, 시험군 구분	일일섭취량 섭취기간	제안된 기능성내 용과 관련된 바 이오마커 기재	· 제안된 기능성내용과 관 련된 바이오마커의 시 험결과, 통계적 유의차 등 기재	‣ 저널명, 호수, 페 이지(연도) ‣ SCI 여부 ‣ 첨부번호 ‣ 시놉시스 번호

◆ 작성 예

시험물질	실험동물	섭취량/ 섭취기간	바이오마커	결과	비고
(신청원료) ㅇㅇㅇ주정 추출물	고콜레스테 롤 식이 투 여로 고지혈 증을 유발한 SD Rats (100~120g)	0.556 g/kg· bw/일 10일 *양성대조군: Lovastatin	혈중 T-C, HDL-C LDL-C, TG,	· 혈중 T-C, LDL-C, TG 유의하게 감소 · 혈중 HDL-C 유의하게 증가 (대조군대비, p<0.05)	‣ ㅇㅇㅇ학회지 XX(X), 2009 ‣ non-SCI ‣ 첨부번호 4 ‣ 시 놉 시 스 기능성 5

[참고자료]

ㅇ 제출자료 중 시험물질이 신청원료는 아니나 원료의 유사성 또는 기능성을
   나타내는 기능성분으로 추정 가능한 경우 참고자료로 작성

ㅇ 개별적인 기능성자료의 시험동물, 시험물질, 바이오마커, 시험결과 등에 대
   하여 바이오마커의 유의적 변화 위주로 개조식 서술(시놉시스 번호 기재)

[동물시험자료 참고자료 요약]

시험 물질	실험동물	섭취량/ 섭취기간	바이오마커	결과	비고
(신청원료) 원료정보	동물의 종, 연령 대조군, 시험군 구분	일일섭취량 섭취기간	제안된 기능성내 용과 관련된 바 이오마커 기재	· 제안된 기능성내용과 관련된 바이오마커의 시험결과, 통 계적 유의차 등 기재	‣ 저널명, 호 수, 페이지 (연도) ‣ SCI 여부 ‣ 첨부번호 ‣ 시놉시스 번호

8.3. 인체적용시험

○ 개별적인 기능성자료의 시험대상자, 시험물질, 바이오마커, 시험결과 등에 대하여 바이오마커의 유의적 변화 위주로 개조식으로 서술

○ 시험물질이 신청원료인 경우와 그렇지 않은 경우를 구분하여 요약문 작성

○ 시험연구별로 개요 요약(초록 등)

○ IRB(윤리위원회)보고서인 경우 IRB기관명을 표에 기재

[신청원료]

[인체적용시험자료 요약]

시험물질	디자인	대상자	섭취량/섭취기간	바이오마커	결과	비고
(신청원료)원료정보1)	RCT DB	특성(포함기준)나이, n수	일일섭취량/섭취기간	제안 기능성 내용과 관련 바이오마커	· ** 바이오마커의 시험결과, 통계적 유의차 등 기재 ** : ----------- 유의적 감소(대조군 대비, p<0.05)	▸저널명, 호수, 페이지(연도) ▸SCI/SCIE 여부 ▸첨부번호 ▸시놉시스 번호

1) 신청원료와 동일한 물질(동일사, 동일제품)인 경우 (신청원료)로 표시하고, 그렇지 않은 경우 구분이 되게 표시

◈ 작성 예

시험물질	디자인	대상자	섭취량/섭취기간	바이오마커	결과	비고
(신청원료)OOO열수추출물	DB RCT Parallel	건강한 성인(n=62→60)20~65yrs* 공복혈당 100~140mg/dl	3g/일 8주	공복혈당 식후2시간혈당 당화혈색소 인슐린 C-peptide	· 공복혈당, 식후 2시간 혈당의 군간 유의차 없음(p=0.254, p=0.854). · 당화혈색소의 군간 유의차 없음(p=0.334). · 인슐린 및 C-peptide의 섭취전후, 군간 대비 유의차 없음.	▸OOO병원 결과보고서 ▸시놉시스 기능성6 ▸첨부번호B1

[참고자료]

○ 제출자료 중 시험물질이 신청원료는 아니나 원료의 유사성 또는 기능성을 나타내는 기능성분으로 추정 가능한 경우 참고자료로 작성

○ 작성은 개별적인 기능성자료의 시험대상자, 시험물질, 바이오마커, 시험결과 등에 대하여 바이오마커의 유의적 변화 위주로 개조식 서술(시놉시스 번호 기재)

[인체적용시험 참고자료 요약]

시험 물질	디자인	대상자	섭취량/ 섭취기간	바이오마커	결과	비고
원료정보	시험디자인	특성 (포함기준) 나이, n수	일일섭취량 /섭취기간	제안 기능성내용과 관련 바이오마커	· ** 바이오마커의 시험결과, 통계적 유의차 등 기재 ** : ----------- 유의적 감소 (대조군 대비, p<0.05)	▸ 저널명, 호수, 페이지(연도) ▸ SCI/SCIE 여부 ▸ 첨부번호 ▸ 시놉시스 번호

◈ 작성 예

시험 물질	디자인	대상자	섭취량/ 섭취기간	바이오마커	결과	비고
원료정보	DB RCT Parallel	건강한 노인 (n=56) 55~80yrs	50mg/일 12주	총 hydroxyperoxides (TOHP) TBARS TAS	· TBARS 및 TOHP: 유의적으로 저하(대조군대비, p<0.05) · TAS: 유의적으로 증가 (대조군대비, p<0.05)	▸ OOO학회지 X X (X), 2009 ▸ SCI ▸ 첨부번호 3 ▸ 시놉시스 기능성3

■ 주요 외국의 기능성 인정 현황

○ 신청한 기능성 원료가 주요 외국에서 어떤 기능성 내용(health claim)으로 인정되었는지 그 근거를 기술

◈ 작성 예
※ 일본 특정보건용제품
  - 관여성분: 자일로올리고당
  - 보건용도: 정장작용(장내균총개선, 변성개선, 장내유해산물의 억제)
  - 일일섭취량: 0.7~7.5g/일
  - 표시내용: 비피더스균의 증가, 부패균의 감소 등을 통해 대장내 환경을 개선하고 변비를 해소하고 변성을 개선하고 유해물질의 생성을 억제하는 등 정장작용을 발현한다.

■ 연구의 수준 평가

시놉시스 번호		첨부번호		점수	

구분	평가항목	점수부여
시험 설계	1. 시험설계에 대한 설명이 충분한가?	Y/N
	2. 시험 목적에 맞는 설계를 하였는가?	Y/N
	3. 시험기간이 결과를 관찰하기에 충분한 기간인가?	Y/N
	4. 이중맹검법으로 실시되었는가?	Y/NA
	5. 무작위배정의 방법으로 실시되었는가?	Y/NA/N
시험 대상자	6. 대상자의 선정/제외기준이 잘 설명되었는가?	Y/N
	7. 선정 대상이 기능성을 표방하기에 적합하였는가?	Y/N
	8. 대상자의 모집 방법이 편견을 배제할 수 있는 방법인가?	Y/N
	9. 대상자의 수가 적합하였는가?	Y/N
	10. 시험에 참여한 대상자가 일반적 한국인을 대표하는가?	Y/NA
	11. 지원자의 80% 이상이 시험에 끝까지 참여하였는가?	Y/NA/N
시험 물질	12. 시험물질에 대한 정보가 충분한가?	Y/N
	13. 시험물질의 분석방법, QC방법이 잘 설명되었는가?	Y/NA
식이 조절	14. 시험기간 중 식이조절이 잘 되었는가?	Y/NA/N
	15. 기초 식이가 잘 설명되고 측정되었는가?	Y/NA/N
	16. 의약품 복용, Crossover 설계의 경우 Wash out 기간이 적절한가?	Y/NA/N
	17. 식이와 관련된 변화(체중, 운동, 음주 등)가 잘 서술되고 설계되었는가?	Y/NA/N
목적	18. 시험목적이 잘 서술되었는가?	Y/N
바이오마커	19. 관찰된 바이오마커의 선정이 적합한가?	Y/N
	20. 두 가지 이상의 바이오마커가 사용되었는가?	Y/N
	21. 사용된 바이오마커에서 일관성 있는 결론에 도달하였는가?	Y/N
	22. 관찰된 바이오마커에 대한 결과가 농도 의존적인가?	Y/NA

통계	23. 결과가 통계 분석되었는가?	Y/N
	24. 통계 분석 방법이 적합한가?	Y/N
	25. 통계 분석된 결과에 대하여 해석이 잘 되어 있는가?	Y/N
	26. 상대적 효과와 절대적 효과가 잘 구분되었는가?	Y/NA
혼동요인	27. 결과의 해석에 혼란을 줄 수 있는 요인이 잘 분석되었는가?	Y/NA

※ 평가항목당 점수 부여: Y(+1), N(−1), NA(0)

※ 27개 평가항목 점수를 합산하여 기능성 자료의 등급을 적용하며, 동물시험, 시험관 시험의 경우 시험설계, 시험대상자, 식이조절 항목은 평가하지 않음.
 – 인체적용시험: 수준 1(20 이상), 수준 2(19~15), 수준 3(14 이하)
 – 동물시험, 시험관 시험: 수준 2(12~8), 수준 3(7 이하)

■ 기능성 평가 Table(첨부 시놉시스)

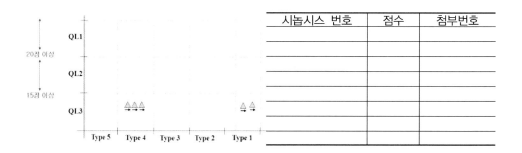

(이상 식품의약품안전처 "2014년 기능성 원료 인정 신청을 위한 제출자료" 자료)

9. 섭취량, 섭취방법, 섭취 시 주의사항 및 그 설정에 관한 자료

9.1. 섭취량 및 근거
 ○ 섭취량: 제안한 섭취량 기재
 ○ 근거내용: 섭취량 설정의 근거 내용 기재

9.2. 섭취방법 및 근거
 ○ 섭취방법: 신청원료의 섭취방법 기재
 ○ 근거내용: 섭취방법 설정의 근거 내용 기재

9.3. 섭취 시 주의사항 및 근거

○ 섭취 시 주의사항: 신청원료의 섭취 시 주의사항 기재

○ 근거내용: 섭취 시 주의사항 설정의 근거 내용 기재

(이상 식품의약품안전처 "2014년 기능성 원료 인정 신청을 위한 제출자료" 자료)

10. 의약품과 같거나 유사하지 않음을 확인하는 자료

10.1. 의약품과 같거나 유사한 건강기능식품 여부

○ 「건강기능식품의 기준 및 규격(식약처 고시 제2013-207호, '13.08.16)」제 2. 1-1 '건강기능식품 제조에 사용할 수 없는 원료'에 해당하지 않음.

10.2. 의약품과 같거나 유사한 건강기능식품 여부

○ 「건강기능식품의 기준 및 규격(식약처 고시 제2013-207호, '13.08.16)」제 2. 1-1 '건강기능식품 제조에 사용할 수 없는 원료' 2)의약품의 용도로만 사용되는 원료 등 섭취방법 또는 섭취량에 대해 의·약학적 전문 지식을 필요로 하는 것에 해당하지 않음.

(이하 식품의약품안전처 "2014년 기능성 원료 인정 신청을 위한 제출자료" 자료)

단회투여독성시험자료요약서(설치류)

	민원번호:	□ 필수 □ 선택

1. 원료명	
2. 시험기관	
3. 자료의 요건	□ GLP 기관보고서　　□ 논문　　□ 기타
4. 시험물질 (배합비 포함)	

5. 시험동물	종	□ 마우스　　□ 랫드　　□ 기니픽　　□ 기타(　　　)						
	계통				주령			
	동물 수	수컷			암컷			

6. 투여경로	□ 경구　　□ 식이　　□ 기타(　)
7. 관찰 기간	□ 14일　　□ 기타(　　)일

8. 실험내용	실험군	(1)		(2)		(3)		(4)	
	투여용량(mg/kg)								
	실험동물	암	수	암	수	암	수	암	수
	군당 동물 수								
	사망동물 수								

9. 평가항목	□ 사망 개체 수　　□ 임상증상　　　　□ 체중측정 □ 육안적 소견　　□ 병리조직학적검사　□ 기타(　　　)
10. 시험결과 (치사량 포함)	
11. 시험자결론	
12. 검토의견	**작성하지 않음.**

[별첨2]

90일반복투여독성시험자료요약서(설치류)

민원번호: ☐ 필수 ☐ 선택

1. 원료명	
2. 시험기관	
3. 자료의 요건	☐ GLP 기관보고서 ☐ 논문 ☐ 기타
4. 투여기간/ 횟수	☐ 7회/주 ☐ 기타(회/주)
5. 시험물질 (배합비 포함)	

6. 시험동물

종	☐ 마우스 ☐ 랫드 ☐ 기니픽 ☐ 기타 ( )
계통		주령	
동물 수	수컷		암컷	

7. 투여경로: ☐ 경구 ☐ 식이 ☐ 기타 ( )

8. 실험내용

실험군	(1)		(2)		(3)		(4)		(5)	
투여용량(mg/kg)										
실험동물	암	수	암	수	암	수	암	수	암	수
군당 동물 수										
사망 동물 수										

9. 평가항목

☐ 사망 개체 수 ☐ 체중 ☐ 사료 섭취량 ☐ 물 섭취량 ☐ 혈액학적 검사
☐ 혈액생화학 검사 ☐ 뇨검사 ☐ 안과학 검사
<장기무게> ☐ 심장, ☐ 간장, ☐폐, ☐ 비장, ☐ 신장, ☐ 부신, ☐전립선, ☐ 고환, ☐부고환 ☐난소, ☐뇌, ☐ 하수체, ☐ 흉선
☐ 조직병리검사 ☐ 회복성 및 지연성 독성 검토(회복군 여부)

10. 시험결과 (무독성량 포함)	
11. 시험자결론	
12. 검토의견	**작성하지 않음.**

부록 411

유전독성시험자료요약서
−복귀돌연변이시험

	민원번호:	□ 필수 □ 선택

1. 원료명					
2. 시험기관					
3. 자료의 요건	□ GLP 기관보고서　　□ 논문　　□ 기타				
4. 시험물질 (배합비 포함)					

5. 시험계	균주		종류		

6. 실험내용	처리 농도				
	시험법				
	처리 시간				

	S9mix	균주	양성 대조군	용량 (μg/plate)	음성 대조군	용량 (μg/plate)
7. 대조군	(+)					
	(-)					

8. 시험결과	
9. 시험자결론	
10. 검토의견	**작성하지 않음.**

유전독성시험자료요약서
-소핵시험

		민원번호:	□ 필수 □ 선택

1. 원료명	
2. 시험기관	
3. 자료의 요건	□ GLP 기관보고서　　□ 논문　　□ 기타
4. 시험물질 (배합비 포함)	

5. 시험동물	종	□ 마우스　□ 랫드　□ 기타(　　)		
	계통		주령	
	동물 수	수컷	암컷	

6. 처리농도	
7. 투여경로	□ 경구　□ 피하　□ 정맥　□ 복강　□ 근육　기타(　　)

8. 실험내용	대조군	음성 대조군		용량	
		양성 대조군		용량	
	처리시간				
	판정기준				

9. 시험결과	
10. 시험자결론	
11. 검토의견	**작성하지 않음.**

유전독성시험자료요약서
–염색체이상시험

	민원번호:	□ 필수 □ 선택

1. 원료명	
2. 시험기관	
3. 자료의 요건	□ GLP 기관보고서 □ 논문 □ 기타
4. 시험물질 (배합비 포함)	
5. 시험계	세포주 □ CHO □ CHL □ V79

6. 실험내용	처리 농도	
	시험법	
	처리 시간	
	세포수거시간	

7. 대조군	S9mix	세포주	양성 대조군	용량 ($\mu g/m\ell$)	음성 대조군	용량 ($\mu g/m\ell$)
	(+)					
	(-)					

8. 시험결과	
9. 시험자결론	
10. 검토의견	**작성하지 않음.**

기능성 시놉시스

※ 기능성 시놉시스는 시스템 등록과 동시에 생성되므로 시스템으로 작성

a. 시험관 시험 요약본 예시

연구유형: T5
연구의 질: QL3 7

논문코드: F0177962

학술지정보	Food Science and Technology Research					
	Vol	9	**게재연도**	2003	**시작페이지**	62
논문제목	In vitro digestibility and fermentation of mannooligosaccharides from coffee mannan					
연구목적	만노올리고당이 프리바이오틱스의 역할을 하기 위해서는 대장에 도달하기 전까지 효소에 의해 소화가 되지 않아야 함. 만노올리고당이 인체 내에서 어떻게 소화되는지 예측하기 위하여 시험관 내에서 만노올리고당의 소화성과 발효 산물을 확인함.					
연구유형	in vitro					
시험계	커피박을 가수분해하여 얻은 만노올리고당 중 β-1,4-mannobiose와 β-1,4-mannotetraose를 분리하여 in vitro에서 4가지 소화효소에 대한 소화성을 maltose를 대조구로 하여 확인, 인간 분변 미생물 배양액에 대한 만노올리고당 혼합물을 첨가하여 발효산물인 단쇄지방산 분석					
시험물질	커피박을 분쇄하고 물을 첨가하여 슬러리를 제조한 후 220℃ 반응기에서 가수분해물을 얻었다. 활성탄과 이온교환수지를 이용하여 여과, 탈색, 탈염을 수행하여 단당 및 올리고당 혼합물을 얻었다. 이후 활성탄 크로마토그래피를 이용하여 올리고당을 분리하였다.					
대조군	■ control　　　■ positive control　　　□ negative control					
시험군	① 소화성 테스트: 인간타액 α-아밀라아제, 인공위액, 돼지췌장효소, 쥐장관점액효소에 4 시간 동안 소화시킨 후 각 탄수화물의 함량 측정 ② 단쇄지방산 분석: 분변 배양액을 mannobiose, 만노올리고당과 양성 대조구인 프락토 올리고당 용액에 첨가한 후 단쇄지방산 분석					
바이오마커	① 소화성 테스트: 4시간 동안 시간별로 측정한 β-1, 4-mannobiose, β-1, 4-mannotetraose와 갈락토 오스 함량 ② 단쇄지방산 분석: 단쇄지방산인 acetate, propionate, n-butyrate, iso-butyrate, valerate, iso-valerate 함량					
통계처리	① 소화성 테스트: 3반복 실험 평균 및 표준편차 ② 단쇄지방산 분석: 7명 지원자의 분변샘플에 대한 평균 및 표준편차					
시험결과	- 타액 α-amylase, 인공위액, 돼지췌장효소, 쥐장관점액효소에 의하여 소화되지 않음. - 커피박추출만노올리고당, β-1, 4-mannobiose, acetate 모두 propionate, butyrate, 총 단쇄 지방산 생성 (fructooligosaccharide 유사함량)					
비고						

b. 동물시험 요약본 예시

논문코드: F017710273(시스템 등록과 동시에 생성됨)

연구유형: T4

연구의 질: QL3 9

<table>
<tr><td rowspan="2">학술지정보</td><td colspan="7">Food Science and Technology Research</td></tr>
<tr><td>Vol</td><td>10</td><td>게재연도</td><td>2004</td><td>시작페이지</td><td colspan="2">273</td></tr>
<tr><td>논문제목</td><td colspan="7">Effects of mannoligosacchareids from coffee on microbiota and short chain fatty acids in rat cecum</td></tr>
<tr><td>연구목적</td><td colspan="7">만노올리고당이 장내 미생물총 및 단쇄지방산 생성에 미치는 in vivo 효과를 동물실험을 통해 확인</td></tr>
<tr><td>연구유형</td><td colspan="7">동물시험</td></tr>
<tr><td>Species</td><td colspan="4">Rat</td><td>Age</td><td colspan="2">4주령</td></tr>
<tr><td>Strain</td><td colspan="4">Spraque-Dawley</td><td>Sex</td><td colspan="2">□ male　　　□ female</td></tr>
<tr><td>시험물질</td><td colspan="7">커피박을 분쇄하고 물을 첨가하여 슬러리를 제조한 후 220℃ 반응기에서 가수분해물을 얻었다. 활성탄과 이온교환수지를 이용하여 여과, 탈색, 탈염을 수행하여 단당 및 올리고당 혼합물을 얻었다. 이후 활성탄 크로마토그래피를 이용하여 단당류를 제거하였다.</td></tr>
<tr><td>투입형태</td><td colspan="7">■ 식이　　□ 음료　　□ 강제경구　　□ 기타</td></tr>
<tr><td rowspan="8">시험디자인</td><td rowspan="3">대조군</td><td>placebo</td><td colspan="5">총 40마리의 rats 중 10마리는 다음과 같은 control 식이 섭취 (α-옥수수전분 65%, 카제인 15%, 콩기름 10%, AIN-93G 비타민혼합물 1%, AIN-93G 미네랄 혼합물 4%, 셀룰로우즈 5%)</td></tr>
<tr><td>positive</td><td colspan="5">① Rat 10마리는 5% 프락토올리고당 식이 섭취(α-옥수수전분 60%, 프락토올리고당 5%, 그 외 성분은 대조구와 동일)
② Rats 10마리는 5% 만노오스 식이 섭취</td></tr>
<tr><td>negative</td><td colspan="5"></td></tr>
<tr><td colspan="2">시험군</td><td colspan="5">Rat 10마리는 5% 만노올리고당 식이 섭취(α-옥수수전분 60%, 만노올리고당 5%, 그 외 성분은 대조구와 동일)</td></tr>
<tr><td colspan="2" rowspan="2">디자인</td><td colspan="3" rowspan="2">총 40마리의 Rat을 4그룹(대조구, 5% 만노올리고당 식이구, 5% 프락토올리고당 식이구, 5% 만노오스 식이구)로 나누어 식이와 물을 28일 동안 자유롭게 섭취</td><td>섭취량</td><td>자유 섭취</td></tr>
<tr><td>섭취기간</td><td>4주</td></tr>
<tr><td colspan="2">식이조절</td><td colspan="5"></td></tr>
<tr><td colspan="2">바이오마커</td><td colspan="5">식이섭취량, 체중, 소화기관 중량, 맹장 내 미생물 조성, 맹장 pH와 단쇄지방산 조성</td></tr>
<tr><td colspan="3">통계처리</td><td colspan="5">그룹별 10마리 rat에 대한 평균과 표준편차, One-way Anova와 Scheff's F test 수행, 유의수준은 위험률 5% 미만으로 설정</td></tr>
<tr><td colspan="3">시험결과</td><td colspan="5">- bifidobacteria 비율(대조군: 9×10^8 → 시험군 :11×10^9) 증가(대조군대비 p<0.05)</td></tr>
<tr><td colspan="3">비고</td><td colspan="5"></td></tr>
</table>

c. 인체적용시험 요약본 예시

연구유형: T1

논문코드: A0413531130(시스템 등록과 동시에 생성됨)

연구의 질: QL1 21

학술지정보	American Journal of Clinical Nutrition					
	Vol	53	게재연도	1991	시작페이지	1,130
논문제목	Postprandial thermogenesis in lean and obese subjects after meals supplemented with medium-chain triglycerides					
연구목적	MCT의 작용기전(식후열생성)을 규명하고자 함.					
연구유형	인체시험			IRB 구성 및 승인		Y
실험설계	Double-blind		Randomized		Cross-over	

대상자특징	대상자선정 (제외)기준	normal response to OGTT, weight-maintenance diet
	특징	6명의 마른 남성(28.7±1.5세, 체중 66.8±1.7kg, BMI 23.1±0.7) 6명의 비만 남성(35.1±3.7세, 체중 133.6±6.6kg, BMI 47.1±2.9)

	시험물질	- 시험물질(MCT 식이): 15% 단백질(58g), 55% 탄수화물(194g), 30% 지질[8g 동물지방+30g MCT 함유] - 대조물질(LCT 식이): 15% 단백질(58g), 55% 탄수화물(194g), 3% 지질[8g 동물지방+30g LCT(옥수수유) 함유]

시험디자인	대조군	placebo	LCT 식이(단회섭취), n=마른형6, 비만형6(cross-over)		
		positive	없음.		
		negative	없음.		
	시험군	MCT 식이(단회섭취), n=마른형6, 비만형6(cross-over)			
	디자인	1. 시험물질 단회 섭취 후, 0~3시간, 3~6시간 및 1~6시간의 식후열생성 및 호흡률(RQ) 측정 2. 시험물질 섭취 후, 0, 1, 2, 3 및 6시간에 혈액 채취(포도당, 인슐린, 유리지방산 분석)	섭취량	시험물질 참조	
				섭취기간	6시간	
	식이조절	평상시 식이습관 유지, 지방섭취량 일정량 유지, 24시간 회상법으로 식이섭취량 측정			

바이오마커	식후열생성: 간접열량측정법, 노중질소배설량(Micro-Kjeldahl법), 호흡률(respiratory quotient, RQ): VCO2-VO2 ratio
통계처리	3-way analysis of variance(ANOVA), Turkey's test, Wilcoxon & Friedman test
시험결과	1. RMR(resting metabolic rate)은 비만형피험자가 마른형피험자보다 높게 나타났다(LCT食: 6.38±0.30 vs. 4.54±0.14kJ/min, MCT食: 6.47±0.28 vs. 4.62±0.18kJ/min). 2. 식후열생성(Postprandial thermogenesis)은 양 그룹 모두에서 MCT食이 LCT食보다 유의하게 높았으며(p<0.05), 마른형과 비만형의 유의한 차이는 없었다. 3. MCT는 LCT와 비교하여 마른형 피험자의 식후 호흡률(RQ)의 증가가 감소되었지만, 비만형에서는 감소되지 않았다.
비고	MCT oil: C6:0(2%), C8:0(56%), C10:0(40%), C12:0(2%)

(이상 식품의약품안전처 "2014년 기능성 원료 인정 신청을 위한 제출자료" 자료)

참고문헌

기능성 원료 인정을 위한 제출자료 작성 가이드. 2014. 식품의약품안전처.

건강기능식품 개발자를 위한 기능성 원료 표준화 지침서(예시 중심으로). 2008. 식품의약품안 전처.

건강기능식품 인체적용 시험 설계 안내서. 2012. 식품의약품안전평가원, 바이오푸드 네트워 크, (주)바이오푸드씨알오.

건강기능식품 산업동향 보고서. 2013. 농업기술실용화재단.

건강기능식품의 기능성 원료 인정 현황. 2013. 식품의약품안전처.

임상시험 관련 정책방향. 2013. 식품의약품안전처.

건강기능식품의 인체적용시험 이해. 2011. 전북대학교병원 기능성식품임상시험지원센터.

건강기능식품의 인체적용시험. 2008. 식품의약품안전처.

Alves-Rodrigues, A. 2004. Absorption of lutein vs lutein ester: do we know the differences?. Technical Literature. 1-7. Kemin Helath, L. C. www.medop.com.

Bhattacharjee, A., Bansal, M. 2005. Collagen structure: the madras triple helix and the current scenario. IUBMB Life. 57: 161-172.

Gross, S., Iannone, R., Xiao, S., Bertram, A. K. 2009. Reactive uptake studies of NO3 and N2O5 on alkenoic acid, alkanoate, and polyalcohol substrates to probe nighttime aerosol chemistry. Physical Chemistry Chemical Physics. 11: 7792-7803.

Hussein, H. S., Campbell, J. M., Bauer, L. L., Fahey, G. C., Hogarth, A. J. C. L., Wolf, B. W., Hunter, D. E. 1998. Selected fructooligosaccharide composition of pet-food ingredients. Journal of Nutrition. 128: 2803S-2805S.

Kalaiselvan, V., Kalaivani, M., Vijayakumar, A., Sureshkumar, K., Venkateskumar, K. 2010. Current knowledge and future direction of research on soy isoflavones as a therapeutic agents. Pharmacognosy Review. 4:111-117.

Mahapatro, A., Singh, D. K. 2011. Biodegradable nanoparticles are excellent vehicle for site directed in-vivo delivery of drugs and vaccins. Journal of Nanobiotechnology. 9: 1-11.

www.wikipedia.org

www.suflux.com

찾아보기

허선진

현) 중앙대학교 생명자원공학부 조교수
중앙대학교 생명자원공학부(동물생명공학)
e-mail: hursj@cau.ac.kr

이승연

중앙대학교 생명자원공학부(동물생명공학)

이승재

중앙대학교 생명자원공학부(동물생명공학)

최동수

농촌진흥청 국립농업과학원 농업공학부

건강기능식품의 개발

초판인쇄 2014년 12월 31일
초판발행 2014년 12월 31일

지은이 허선진 · 이승연 · 이승재 · 최동수
펴낸이 채종준
펴낸곳 한국학술정보㈜
주소 경기도 파주시 회동길 230(문발동)
전화 031) 908-3181(대표)
팩스 031) 908-3189
홈페이지 http://ebook.kstudy.com
전자우편 출판사업부 publish@kstudy.com
등록 제일산-115호(2000. 6. 19)

ISBN 978-89-268-6745-7 93590